PERFECT GUIDE | 기계시리즈 3

유체역학

김정배 지음

세진사

머리말

유체역학은 공업계 고등학교에서 기계계열 대학교에서 중요한 전공필수 교과로 이수했으리라 본다. 본 수험서는 국가기술자격시험 및 공무원, 철도청, 회사공채, 편입시험에 필수적인 기계계열의 중요한 과목이다.

본 서는 십여 년간의 강의 경험과 현장실무를 바탕으로 시험에 응시했던 수험생들의 의견을 모아 그 동안 시행하지 못했던 On-line 및 Off-line 강의를 이 교재를 통해서 할 수 있게 되어, 인터넷을 통하여 강의를 들을 수 있도록 하였다.

본 교재는 수험생이 알아야 할 중요한 내용을 요약·정리하였고, 예상문제 및 기출문제를 엄선하여 수록했으며 쉽고 자세한 해설을 넣었다.

질의·응답 및 동영상 강의 사이트
www.khanyang.com

[본 수험서의 특징]

▶ 국가기술자격시험 및 공무원, 철도청, 회사공채, 편입시험을 단기간에 완성할 수 있도록 하였다.

▶ 각 단원별로 요약정리 및 예상문제를 엄선하여 수록하고, 쉽고 자세한 해설을 넣어 학습자 스스로가 문제를 해결할 수 있도록 하였다.

▶ 최근 출제문제 및 예상문제를 넣어 학습한 내용을 확인하고 스스로 평가할 수 있도록 하였다.

▶ On-line과 Off-line 강의를 동시에 실시하므로 학습효과가 뛰어나다.

본 교재를 충분히 공부하여 공무원, 철도청, 회사공채, 편입, 국가기술자격시험에 합격되시기를 기원하며 차후 변형되는 출제경향 및 기출문제 등을 수록하여 보완해 나갈 것이며, 본서를 출간함에 있어 도움을 주신 도서출판 세진사 직원 여러분에게 진심으로 감사를 드립니다.

저 자

차례

제1편. 유체역학

제1장 유체의 기본성질

제2장   유체정역학

제3장   유체운동학

제4장 역적과 운동량의 원리

제5장 점성유체의 흐름

제6장   관로의 유체유동

제9장 압축성 유동

제10장   유체계측

제2편. 과년도 출제문제

유 체 역 학

제1장. 유체의 기본성질

1-1 유체의 정의

유체(fluid)란 극히 작은 전단력(shear force)이라도 물질 내부에 존재하기만 하면 연속적으로 변형하는 물질 즉, 정지상태로 있을 수 없는 물질을 유체이다.

개념예제

1. 다음 중 유체(fluid)를 가장 잘 설명한 것은?

   ㉮ 유체는 전단응력이 정지상태에서만 작용된다.
   ㉯ 유체는 분자간의 응집력이 고체보다 크다.
   ㉰ 유체는 아무리 작은 전단력이라도 계속적으로 저항할 수 없는 물질이다.
   ㉱ 어떠한 용기를 채울 때에는 항상 팽창한다.

   Sol) 유체(fluid)에 대한 정의를 명확하게 간단히 말할 수는 없으나 일반적으로 극히 작은 전단력이라도 작용하면 연속적으로 변형이 일어나는 물질을 말한다. **답** ㉰

1-2 유체의 분류

1) 압력변화에 따른 분류

① 압축성 유체(compressible fluid)

   압력변화에 대하여 밀도(ρ)의 변화가 있는 유체 즉, 일반적으로 기체(gas) 상태의 물질
   [예] 공기(air), 수소(H), 산소(O_2) 등

② 비압축성 유체(incompressible fluid)

   압력변화에 대하여 밀도(ρ) 변화가 없는 유체 즉, 일반적으로 액체(liquid) 상태의 물질
   [예] 물(H_2O), 기름(oil) 등

2) 점성(viscosity)의 유·무에 따른 분류

① 점성 유체(=실제유체 : real fluid) : 점성(viscosity)을 고려한 모든 실제유체

② 비점성 유체(ideal fluid) : 점성(viscosity)이 없는 유체

※ 이상유체 : 비점성이며, 비압축성인 유체

POINT

압축성 유체(compressible fluid)란 유체운동에서 유체에 미치는 압축력 즉, 힘이 커서 밀도(ρ)·비중량(γ) 등의 변화를 고려한 경우의 유체이고, 반대로 비압축성 유체(incompressible fluid)란 유체에 미치는 압축력 즉, 힘이 작아서 밀도(ρ)·비중량(γ) 등의 변화가 없이 일정하다고 본 경우의 유체를 말한다.

개념예제

2. 다음 중 이상유체(ideal fluid)의 정의 중 옳은 것은?

㉮ 점성이 있는 모든 유체

㉯ 비점성이고 비압축성인 유체

㉰ 점성이 없고 $P\upsilon = RT$를 만족시키는 유체

㉱ $\tau = \mu \dfrac{du}{dy}$를 만족시키는 압축성인 유체

Sol) 이상유체는 점성이 없고 비압축성인 유체를 말하며 완전유체(perfect fluid)라고도 한다.   답 ㉯

1-3   단위(units)와 차원(dimensions)

1. 단 위

모든 물리량의 크기는 일정한 기본적인 크기를 정해놓고 이것의 비로서 나타내는데 이 기본적인 양을 단위(units)라고 한다.

1) 기본단위 : 물리적 현상을 다루는 데 필요한 기본량(기본단위는 임의성이 있다는 것에 유의)

① 절대(물리)단위제

질량, 길이, 시간을 기본량으로 하여 각각 [kg(m)], [m], [sec]로 나타낸 것

② 중력(공학)단위제 : 힘, 길이, 시간을 기본량으로 하여 각각 [kg], [m], [sec]로 나타낸 것

2) 유도단위

기본단위로부터 유도되는 단위 즉, 기본단위의 조합

[예] 속도[m/sec], 비중량[kg/m³], 밀도＝비질량[kg(m)/m³], 체적[m³] 등

POINT

> 중력(공학) 단위제에서는 질량[km(m)]이 유도단위이고 절대(물리)단위제에서는 힘[kg]이 유도단위가 된다.

표 1-1 단위제와 기본단위

단위제 ＼ 기본단위		질량	힘	길이	시간
SI(국제)단위제		kg(m)	(유도단위)	m	sec
미터제	절대단위제	kg(m)	(유도단위)	m	sec
	중력단위제	(유도단위)	kg	m	sec
영국단위제	절대단위제	lb(m)	(유도단위)	ft	sec
	중력단위제	(유도단위)	lb	ft	sec

2. 차 원

자연현상을 나타내는 물리적 양을 차원으로 표시할 수 있으며, 유체역학에서 사용되는 차원식에는 두 가지 방식이 있다. 즉, 절대(물리) 단위제를 기본으로 하는 M.L.T계 차원과 중력(공학) 단위제를 기본으로 하는 F.L.T계 차원이 있으며, 아래와 같이 (MLT계 차원) ⇄ (FLT계 차원) 동차성에 의한 상호 전환을 할 수 있어야 한다.

M.L.T
⇕
F.L.T

- M : Mass(질량)
- F : Force(힘)
- L : Length(길이)
- T : Time(시간)

POINT

> **Newton's 운동 제2법칙**
>
> $$F = ma = 질량 \times 가속도 = MLT^{-2}$$
>
> $$\therefore 질량\ M = \frac{F}{LT^{-2}} = FL^{-1}T^2 = [kg \cdot sec^2/m]$$

표 1-2 대표적인 물리량의 단위와 차원

양	공학단위	SI단위	MLT계	FLT계
길이	m	m	$[L]$	$[L]$
질량	$kgf \cdot s^2/m$	kg	$[M]$	$[FL^{-1}T^2]$
시간	s	s	$[T]$	$[T]$
면적	m^2	m^2	$[L^2]$	$[L^2]$
체적	m^3	m^3	$[L^3]$	$[L^3]$
속도	m/s	m/s	$[LT^{-1}]$	$[LT^{-1}]$
가속도	m/s^2	m/s^2	$[LT^{-2}]$	$[LT^{-2}]$
각속도	rad/s	rad/s	$[T^{-1}]$	$[T^{-1}]$
비중량	$kgf \cdot m^3$	$kg/m^2 \cdot s^2$	$[ML^{-2}T^{-2}]$	$[FL^{-3}]$
밀도	$kgf \cdot s^2/m^4$	kg/m^3	$[ML^{-3}]$	$[FL^{-4}T^2]$
운동량	$kgf \cdot s$	$kg \cdot m/s$	$[MLT^{-1}]$	$[FT]$
힘, 무게	kgf	N, $kg \cdot m/s^2$	$[MLT^{-2}]$	$[F]$
토크	$kgf \cdot m$	$kg \cdot m/s^2$	$[ML^2T^2]$	$[FL]$
압력(응력)	kgf/cm^2	$Nm^2(Pa)$, bar	$[ML^{-1}T^{-2}]$	$[FL^{-2}]$
에너지, 일	$kgf \cdot m$	J, $N \cdot m$, $kg \cdot m^2/s^2$	$[ML^2T^{-2}]$	$[FL]$
동력	$kgf \cdot m/s$	W, $kg \cdot m^2/s^3$	$[ML^2T^{-3}]$	$[FLT^{-1}]$
점성계수	$kgf \cdot s/m^2$	$N \cdot s/m^2$	$[ML^{-1}T^{-1}]$	$[FL^{-2}T]$
동점성계수	m^2/s	m^2/s	$[L^2T^{-1}]$	$[L^2T^{-1}]$
온도	℃, °K	℃, °K	$[T]$	$[T]$
공학기체상수	m/°K	kJ/kg, °K	$[LT^{-1}]$	$[LT^{-1}]$

표 1-3 SI단위계에서 유도된 유도단위

물리적 양	단위 명칭	기호	기본단위와의 관계
힘	뉴턴(Newton)	N	$1N = 1kg \cdot m/s^2$
일, 에너지, 열량	줄(Joule)	J	$1J = 1Nm = 1kg \cdot m^2/s^2$
동력	와트(Watt)	W	$1W = 1J/s = 1kg \cdot m^2/s^3$
압력	파스칼(Pascal)	Pa	$1Pa = 1N/m^2$

개념예제

3. 다음 중 SI(국제)단위에서 기본단위가 아닌 것은?

㉮ [kg(m)] ㉯ [m] ㉰ [sec] ㉱ [N]

Sol) SI(국제)단위에서는 힘을 N(=Newton)으로 사용하여 $1[N] = 1[kg(m)] \times 1[m/sec^2]$의 조합으로서 유도단위이다.

답 ㉱

4. 중력가속도 $g = 10[m/sec^2]$인 위성에서 질량이 3[kg]인 물체의 무게는 몇 [N]인가?

㉮ 30 ㉯ 3.06 ㉰ 4.8 ㉱ 29.4

Sol) $F = ma$에서 무게(중량)로 나타내면 $W = mg$이다.

$F = 3 \times 10 = 30[kg \cdot m/sec^2] = 30[N]$

답 ㉮

5. 다음 중에서 차원이 잘못된 것은?

㉮ 밀도 : $FL^{-4}T^2$ ㉯ 힘 : FLT^{-2} ㉰ 질량 : $FL^{-1}T^2$ ㉱ 가속도 : LT^{-2}

Sol) 힘은 뉴턴의 운동 제2법칙으로부터 $F = ma = [MLT^{-2}]$가 된다.

답 ㉯

1-4 비중량(γ), 밀도(ρ), 비체적(v), 비중(S)

1. 비중량(specific weight) : γ

비중량이란 단위체적($1[cm^3]$, $1[m^3]$, $1[ft^3]$, $1[in^3]$)이 갖는 유체의 중량(무게)을 말한다.

$$\gamma = \frac{W}{V} \ [N/m^3, \ kg/m^3]$$

POINT

① 표준기압 4℃ 순수한 물의 비중량 $\gamma_w = 1000[kg/m^3] = 9800[N/m^3] = 62.4[lb/ft^3]$
② 해수의 비중량
③ 수은(Hg)의 비중량 $\gamma_{Hg} = 13600[kg/m^3]$
④ 공기(air)의 비중량 $\gamma_{air} = 1.293[kg/m^3]$

2. 밀도(density) : ρ

밀도(비질량)란 단위체적($1[\text{cm}^3]$, $1[\text{m}^3]$, $1[\text{ft}^3]$, $1[\text{in}^3]$)이 갖는 유체의 질량(mass)을 말한다.

$$\rho = \frac{m}{V} \, [\text{kg/m}^3]$$

(단, 국제단위제에서는 $[\text{kg/m}^3]$ 차원도 $[ML^{-3}]$)

물의 밀도 $\rho_w = 1000[\text{kg/m}^3]$

3. 비체적(specific volume) : v

비체적이란 단위 kg이 갖는 체적 즉, 비중량의 역수 또는 밀도의 역수로 정의한다.

$$v = \frac{V}{kg} \quad \text{(단위 : } [\text{m}^3/\text{kg}])$$

> ### POINT
>
> **비체적과 비중량 밀도의 관계**
>
> $v = \dfrac{1}{\gamma} \, [\text{m}^3/\text{N}]$, 국제단위에서는 $v = \dfrac{1}{\rho} \, [\text{m}^3/\text{kg}]$

4. 비중(specific gravity) : S(무차원수 : 단위가 없다.)

비중이란 무차원수로서 어떤 유체의 비중량(γ)과 $4[\text{℃}]$ 순수한 물의 비중량(γ_w)의 비로 정의한다. 즉,

$$\text{비중 } S = \frac{\text{어떤 유체의 비중량}(\gamma)}{4[\text{℃}] \text{ 순수한 물의 비중량}(\gamma_w)} = \frac{\text{어떤 유체의 밀도}(\rho)}{\text{물의 밀도}(\rho_w)}$$

따라서 여기서 알고자 하는 어떤 유체의 비중량(γ)은

$$\gamma = \gamma_w \cdot S = 9800 \cdot S [\text{N/m}^3]$$

또한 밀도(ρ)는

$$\rho = \rho_w \cdot S$$

이다.

1-5 　Newton의 점성법칙

유체의 점성은 전단력에 대한 저항력을 결정하는 유체의 성질이다. 그런데 기체(gas)의 점성은 온도의 증가와 더불어 증가하는 경향이 있고 액체(liquid)의 경우는 반대로 온도가 상승하면 점성은 감소한다. 이러한 현상은 기체의 주된 점성 원인이 분자 상호간의 운동인데 비해 액체는 분자간 응집력이 점성을 크게 좌우하기 때문이다. 그림 1-1과 같이 두 평행 평판 사이에 점성유체가 가득 채워져 있는 경우를 생각하자.

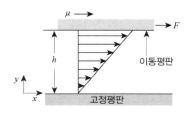

그림 1-1 Newton의 점성법칙

실험에 의하면 윗평판을 일정한 속도 U[m/sec]로 운동시키는 데 필요한 힘 F는 평판이 유체에 접촉된 면적 A와 속도 U에 비례하고 두 평판 사이의 거리(틈새) h에 반비례한다.

$$F \propto A\frac{u}{h} \ \ \text{또는} \ \ \frac{F}{A} \propto \frac{u}{h} = \frac{du}{dy}$$

여기서 $\dfrac{F}{A}$는 전단응력을 나타내고 τ로 표시하며 $\dfrac{u}{h}$를 미분형으로 나타내면 $\dfrac{du}{dy}$ 비례관계를 등식으로 표기하기 위해서 비례상수 μ를 사용한다.

$$\therefore \ \tau = \mu\frac{du}{dy}$$

이때 μ를 점성계수(coefficient of viscosity)라 정의하고 이식을 뉴턴의 점성법칙(Newton's law of viscosity)이라 한다.

1) 뉴턴유체 또는 비뉴턴유체

뉴턴유체란 뉴턴의 점성법칙 $\left(\tau = \mu\dfrac{du}{dy}\right)$을 만족시키는 유체를 말하며 만족시키지 못하는 유체를 비뉴턴유체라고 한다.

2) 점성계수(μ)의 단위와 차원

$$\tau = \mu \frac{du}{dy}$$

여기서, 점성계수 $\mu = \dfrac{\tau}{\dfrac{du}{dy}} = \dfrac{\tau \cdot dy}{du} = \dfrac{[\mathrm{N/m^2}] \times [\mathrm{m}]}{[\mathrm{m/sec}]} = [\mathrm{N \cdot sec/m^2}]$

차원은 F.L.T(중력계)로 FLT^{-2}, M.L.T(절대계)로 $ML^{-1}T^{-1}$이다.

3) 점성계수(μ)의 유도단위

$1\mathrm{poise}(포아즈) = 1[\mathrm{dyne \cdot sec/cm^2}] = \dfrac{1}{10}[\mathrm{N \cdot S/m^2}]$ ⇐ 암기

$1\mathrm{centipoise}(=1\mathrm{cp}) = \dfrac{1}{100}\mathrm{poise}$

4) 동점성계수(kinematic viscosity, v) : 점성계수를 밀도로 나눈 값이다.

$$v = \frac{\mu}{\rho} = \frac{\mu \cdot g}{\gamma}[\mathrm{m^2/sec}]\ \ 차원 : L^2T^{-1}$$

5) 동점성계수(v)의 유도단위

$1\mathrm{stokes}(스토크스) = 1[\mathrm{cm^2/sec}]$ ⇐ 암기

$1\mathrm{centistokes}(=1\mathrm{cst}) = \dfrac{1}{100}\mathrm{stokes}$

개념예제

6. 점성계수가 0.8[poise(포아즈)]이고 밀도가 882[kg/m³]인 기름의 동점성계수는 몇 [m²/sec]인가?

㉮ 88.9×10^{-14}　　㉯ 88.9×10^{-6}　　㉰ 90.7×10^{-6}　　㉱ 90.7×10^{-14}

Sol) 동점성계수 $v = \dfrac{\mu}{\rho} = \dfrac{0.8 \times \dfrac{1}{10}[\mathrm{N \cdot sec/m^2}]}{88.2[\mathrm{kg/m^3}]} = 90.7 \times 10^{-6}[\mathrm{m^2/sec}]$　　**답** ㉰

7. Newton의 점성법칙과 관계있는 것만으로 구성된 것은?

㉮ 전단응력·속도구배·점성계수　　㉯ 동점성계수·속도·전단응력
㉰ 압력·동점성계수·전단응력　　㉱ 속도구배·온도·점성계수

Sol) 뉴턴의 점성법칙 $\tau = \mu \dfrac{du}{dy}$ (τ : 전단응력, μ : 점성계수, $\dfrac{du}{dy}$: 속도구배)　　**답** ㉮

1-6   기체의 상태 방정식

기체의 압력을 P, 체적을 V, 기체상수를 R, 절대온도를 T라고 할 때 보일과 샤를(Boyle & Charles)의 법칙에 의하면 $PV = RT$이다. 이것을 기체의 상태 방정식이라고 한다.

1. 기체의 비중량

완전기체의 상태 방정식 $PV = RT$로부터

$$P \cdot \frac{1}{\rho} = RT \qquad \therefore \ \rho = \frac{P}{RT} [\text{kg/m}^3]$$

또한 $\gamma = \rho g$로부터

$$\rho = \frac{\gamma}{g} [\text{kg/m}^3]$$

> **POINT**
>
> 유체역학에서는 일반적으로 완전기체(perfect gas)에 대한 문제가 나오면 비중량(γ)을 구하고 밀도(ρ)를 구하라는 문제가 가장 많이 출제된다.
>
> 기체상수의 단위 $R = \dfrac{p \cdot v}{T} = \dfrac{[\text{N/m}^2] \times [\text{m}^3/\text{kg}]}{[\,^\circ \text{K}\,]} = [\text{N} \cdot \text{m/kg} \cdot \,^\circ \text{K}]$

1-7   체적탄성계수와 압축률

1. 체적탄성계수(Bulk modulus of elasticity)

유체의 체적탄성계수(K)는 그림에서와 같이 강체의 용기에 가해진 압력(dP) 변화와 체적의 감소율$\left(-\dfrac{dV}{v} \right)$의 비로써 정의한다.

$$K = -\frac{dp}{\dfrac{dV}{v}} = -\frac{V \cdot dP}{dV} \tag{a}$$

식 (a)에서 $\dfrac{dV}{v}$의 단위는 없기 때문에 체적탄성계수(K)의 단위는 압력(P) 단위와 같다.

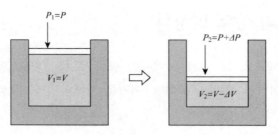

그림 1-2 유체의 탄성

압력변화량 $P_2 - P_1 = \Delta P$

체적변형률 $\epsilon_V = \dfrac{V_2 - V_1}{V_1} = \dfrac{(V - \Delta V) - V}{V} = -\dfrac{\Delta V}{V}$

또한 체적의 감소율$\left(-\dfrac{dV}{v}\right)$은 상대적으로 비중량의 증가$\left(\dfrac{d\gamma}{\gamma}\right)$와 밀도의 증가$\left(\dfrac{d\rho}{\rho}\right)$를 의미하므로

$$-\frac{dv}{v} = \frac{d\rho}{\rho} = \frac{d\gamma}{\gamma}$$

$$\therefore \ K = \gamma\frac{dp}{d\gamma} = \rho\frac{dp}{d\rho}\,[\text{N/m}^2] \tag{b}$$

2. 압축률(compressibility)

압축률(β)은 체적탄성계수(E)의 역수로 정의된다.

$$\beta = \frac{1}{K} = [\text{cm}^2/\text{N}] \ \ \text{차원} \ [L^2 F^{-1}]$$

1-8   표면장력과 모세관현상에 의한 액면상승높이

1. 표면장력(surface tension)

표면장력(σ)이란 액체표면의 단위길이당 작용하는 힘 또는 단위면적당 에너지로 정의된다.

$$\sigma = \frac{pd}{4} \qquad \begin{bmatrix} p \ : \ \text{내부초과압력} \\ d \ : \ \text{구(물방울)의 직경} \end{bmatrix}$$

■ 표면장력의 단위와 차원

　단위 : [N/m](국제단위로는 [N/m]) 차원 $[FL^{-1}]$

그림 1-3과 같이 직경(d)인 작은 구형(球刑) 물방울에 있어서 표면장력(σ)과 내부초과압력(p)에 의해서 이루어진 힘과 평형을 이루고 있을 때를 가정하여 식을 유도한다.

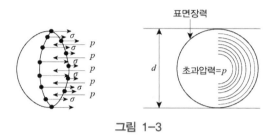

표면장력

초과압력$=p$

그림 1-3

즉, $\sigma \pi d = p \cdot \dfrac{\pi d^2}{4}$ 양변을 정리하면

$$\therefore \ \sigma = \frac{pd}{4}$$

표 1-4 물의 표면장력($\sigma \times 10^3 [\text{kg/m}]$)

온도[°K]		0	10	20	30	40	60	80
표면상태	습공기	7.703	7.552	7.401	7.248	7.096	6.73	6.36
	포화증기	7.470	7.341	7.204	7.051	6.888	6.56	6.21

개념예제

8.　물의 표면장력 σ가 7.5×10^{-3}[N/m]일 때 지름이 3[mm]인 물방울 내부의 초과압력은 몇 [kg/cm^2]인가?

　　㉮ 0.1　　　　　㉯ 0.001　　　　　㉰ 10　　　　　㉱ 100

　　Sol) $\sigma = \dfrac{pd}{4}$ 에서 $p = \dfrac{4\sigma}{d} = \dfrac{4 \times 7.5 \times 10^{-3}}{3 \times 10^{-3}} = 10[\text{N/m}^2] = 0.001[\text{N/cm}^2]$　　　　㉯

2. 모세관현상(capillarity in tube)에 의한 액면상승높이 h

모세관현상이란 직경이 매우 작은 관을 액체 중에 꽂았을 때 그림 1-4와 같이 액면이 상승하거나 하강하는 현상을 말한다.

> **POINT**
>
> 물질을 구성하는 분자 사이에 작용하는 힘을 분자력이라고 하는데 같은 종류의 분자 즉, 액체와 액체 간에 작용하는 분자력을 응집력이라고 하며, 고체와 액체간에 작용하는 분자력을 부착력이라고 한다.

> **POINT**
>
> 물(H_2O)인 경우 → 액면상승 → 이유 : 응집력 < 부착력
> 수은(Hg)인 경우 → 액면하강 → 이유 : 응집력 > 부착력

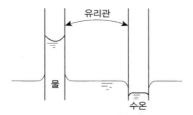

그림 1-4 모세관 현상

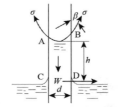

그림 1-5 물의 모세관 현상

그림 1-5에서 공기(air)와 접촉하고 있는 물(H_2O)의 액면상승높이(h)를 구해보자.

(상승된 액체 무게)=(표면장력에 의한 수직분력)

$$F = \gamma \cdot \frac{\pi d^2}{4} h = \pi d \sigma \cos\beta$$

양변을 정리하면 다음과 같다.

$$h = \frac{4\sigma\cos\beta}{\gamma d}$$

- h : 상승높이[cm]
- σ : 표면장력[N/cm]
- γ : 물의 비중력[N/cm³]
- d : 유리관의 직경[cm]
- β : 액면 접촉각

제1장 적중 예상문제

01

표준대기압 4[℃]일 때 물의 밀도를 다음 중에서 골라라.

㉮ $100[\text{kg/cm}^3]$

㉯ $10^3[\text{kg/m}^3]$

㉰ $10[\text{kg/m}^3]$

㉴ $10^3[\text{kg/cm}^3]$

02

중력 단위계에서 질량의 차원은 다음 중 어느 것인가?

㉮ $FL^{-1}T^2$

㉯ $FL^{-1}T^{-1}$

㉰ MLT^{-2}

㉴ $FL^{-1}T^{-2}$

03

체적이 $12[\text{m}^3]$, 무게가 $91728[\text{N}]$인 어떤 기름(oil)의 비중은?

㉮ 0.78

㉯ 0.84

㉰ 0.87

㉴ 0.88

04

3[PS](마력)은 몇 [kW]인가?

㉮ 2.47

㉯ 2.21

㉰ 1.47

㉴ 1.21

05

다음 중 완전기체(perfect gas)를 정의한 것 중 옳은 것은?

㉮ 실제유체를 말한다.

㉯ 비압축성 유체를 말한다.

㉰ $Pv = RT$를 만족시키는 유체를 말한다.

㉴ 일정한 점성계수를 갖는 유체를 말한다.

01

4[℃]일 때 물 $1[\text{m}^3]$의 무게는 $1000[\text{kg}]$이므로 비중량(γ)

$$\gamma = \frac{W}{V} = \frac{1000[\text{kg}]}{1[\text{m}^3]}$$
$$= 1000[\text{kg/m}^3] = 9800[\text{N/m}^3]$$
$$\rho = \frac{\gamma}{g} = \frac{9800}{9.8} = 1000[\text{kg/m}^3]$$

답 ㉯

02

Newton의 운동 제2법칙에서
$F = ma$ 즉, 힘=질량×가속도이므로

$$질량 \times \frac{\text{힘}}{\text{가속도}} = \frac{F}{LT^{-2}} = FL^{-1}T^2$$

답 ㉮

03

$$\gamma = \frac{W}{V} = \frac{91728}{12} = 7644[\text{N/m}^3]$$
$$\therefore \ S = \frac{\gamma}{\gamma_w} = \frac{7644}{9800} = 0.78$$

답 ㉮

04

$1[\text{PS}] = 75[\text{kg}\cdot\text{m/sec}] = 0.7355[\text{kW}]$
따라서
$3 \times 0.7355 = 2.21[\text{kW}]$

답 ㉯

05

완전기체란 이상기체의 상태식 $Pv = RT$를 만족시키는 기체를 말한다.

답 ㉰

06

다음 중 Newton의 점성법칙과 관계있는 것은?

- ㉮ 전단응력·점성계수·속도구배
- ㉯ 동점성계수·속도·전단응력
- ㉰ 압력·전단응력·점성계수
- ㉱ 점성계수·온도·속도구배

07

Newton 유체는 다음 중 어느 것을 만족시키는 유체인가?

㉮ $Pv = RT$ ㉯ $\tau = \mu \dfrac{du}{dy}$ ㉰ $F = ma$ ㉱ $\sqrt{\dfrac{dp}{dy}}$

08

동점성계수의 유도단위로 stokes를 사용하는데 stokes란?

㉮ $[\text{ft}^2/\text{sec}]$ ㉯ $[\text{m}^2/\text{sec}]$ ㉰ $[\text{cm}^2/\text{sec}]$ ㉱ $[\text{m}^2/\text{min}]$

09

점성계수의 유도단위로 poise를 사용하는데 poise란?

㉮ $[\text{Newton}\cdot\text{sec/m}^2]$ ㉯ $[\text{dyne}\cdot\text{sec/cm}^2]$

㉰ $[\text{dyne/cm}\cdot\text{sec}]$ ㉱ $[\text{g(m)/cm}^2]$

10

실린더 내에서 압축된 액체가 압력 1000[Pa]에서는 0.4[m³]인 체적을, 압력 2000[Pa]에서는 0.396[m³]인 체적을 갖는다. 이 액체의 체적 탄성계수(K)는 몇 [Pa]인가?

㉮ 100   ㉯ 1000   ㉰ 10000   ㉱ 100000

11

이상기체를 등온압축시킬 때 체적탄성계수(K)는 얼마인가?

㉮ $\dfrac{1}{P}$ ㉯ ηP ㉰ EP ㉱ P

해설 및 정답

06

뉴턴의 점성법칙은 $\tau = \mu \dfrac{du}{dy}$ 이므로 전단응력은 점성계수(μ) 특성값으로서 일정하고 속도구배 $\left(\dfrac{du}{dy}\right)$ 에는 정비례한다.

답 ㉮

07

Newton 유체란 뉴턴의 점성법칙 $\left(\tau = \mu \dfrac{du}{dy}\right)$ 을 만족시키는 유체를 말한다.

답 ㉯

08

$1\text{stokes}(\text{스토크스}) = 1[\text{cm}^2/\text{sec}]$

답 ㉰

09

$1\text{poise}(\text{포아즈}) = 1[\text{dyne}\cdot\text{sec/cm}^2]$
$= 1[\text{g(m)/cm}\cdot\text{sec}]$

답 ㉯

10

$$K = \frac{dp}{\dfrac{dv}{V}} = -\frac{\dfrac{P_2 - P_1}{V - V_1}}{V}$$
$$= -\frac{2000 - 1000}{\dfrac{0.396 - 0.4}{0.4}} = 10^5[\text{Pa}]$$

답 ㉱

11

Boyle's law(보일의 법칙=등온법칙)은 $Pv = c$ 이므로 이것을 미분하면 $Pdv + vdP = 0$
$\therefore K = -v\dfrac{dp}{dv} = P$

답 ㉱

12

이상기체를 단열압축시킬 때 체적탄성계수(K)는 얼마인가?

㉮ P ㉯ $\dfrac{1}{P}$ ㉰ kP ㉭ EP

13

10[mm]의 간극(틈새)을 가지는 평행평판 사이에 점성계수가 15poise 인 액체가 채워져 있다. 아래 평판을 고정하고 위 평판을 3[m/sec]의 속도로 움직일 때 액체 속에 일어나는 전단응력은 얼마인가?

㉮ 20[Pa]   ㉯ 30[Pa]   ㉰ 40[Pa]   ㉭ 450[Pa]

14

표준기압 20[℃]인 공기(air) 속에서 음속은 몇 [m/sec]인가? (단, 공기의 비열비는 1.4, 기체상수 $R = 287$[N·m/kg·°K]이다).

㉮ 343   ㉯ 348   ㉰ 368   ㉭ 376

15

점성계수의 차원이 맞는 것은?

㉮ $FL^{-1}T$ ㉯ $FL^{-2}T$

㉰ $ML^{-1}T$ ㉭ $ML^{-2}T$

16

압축률(β)에 대한 차원이 맞는 것은?

㉮ FL^{-1} ㉯ ML^{-2}

㉰ $M^{-1}LT^2$ ㉭ L^2F

17

모세관의 직경비가 1 : 2 : 3인 3개의 모세관 속을 올라가는 물의 상승높이의 비는?

㉮ 1 : 2 : 3   ㉯ 3 : 2 : 1

㉰ 6 : 3 : 2   ㉭ 2 : 3 : 6

12

단열변화일 때는 $Pv^x = c$이므로 이것을 미분하면
$$dpv^x + xpv^{x-1}dv = 0$$
$$\therefore \ E = -v\frac{dp}{dv} = kp$$

답 ㉰

13

$$\tau = \mu\frac{du}{dy} = 15 \times \frac{1}{10} \times \frac{3}{0.01} = 450[\text{Pa}]$$

답 ㉭

14

$$C = \sqrt{kRT} = \sqrt{1.4 \times 287 \times (273 + 20)}$$
$$= 343[\text{m/sec}]$$

답 ㉮

15

$\tau = \mu\dfrac{du}{dy}$ 에서
$$\mu = \frac{\tau \cdot dy}{du} = \frac{[\text{N/m}^2] \times [\text{m}]}{[\text{m/sec}]} = [\text{N·sec/m}^2]$$
$$= FTL^{-2} = (MLT^{-2})TL^{-2} = ML^{-1}T^{-1}$$

답 ㉯

16

답 ㉰

17

모세관의 액면상승높이 $h = \dfrac{4\sigma\cos\beta}{\gamma d}$

즉, 모세관의 액면상승높이(h)와 관의 직경(d)은 반비례(역비례)하므로
$$\therefore \ \frac{1}{1} : \frac{1}{2} : \frac{1}{3} = 6 : 3 : 2$$

답 ㉰

18

체적탄성계수(E)는?

㉮ 압력의 차원을 갖는다.

㉯ 온도와 무관하다.

㉰ 압력과 더불어 감소한다.

㉱ 압축성유체가 비압축성유체보다 크다.

18

체적탄성계수(E)

온도와 압력에 따라 영향을 받고 압력의 상승에 따라 상승하며, 또한 압력과 같은 차원(단위)을 가지며 압축성유체보다 비압축성유체의 체적탄성계수(E)가 더 크다.

  답 ㉮

19

모세관 속의 액체가 상승하는 이유는?

㉮ 모세관 속의 액면은 항상 수평이다.

㉯ 모세관 속의 액면 상승 높이는 관의 직경에 정비례한다.

㉰ 부착력이 응집력보다 작을 때만 상승한다.

㉱ 부착력이 응집력보다 클 경우 상승한다.

19

모세관현상

직경이 작은 유리관을 액체에 꽂았을 때 액면이 상승하거나 하강하는 현상을 말하며, 부착력이 응집력보다 클 경우는 물과 같이 액면이 상승하고 부착력이 응집력보다 작을 경우는 수은(Hg)과 같이 액면이 하강한다.

  답 ㉱

20

등온하에서 압력이 10[kPa]인 공기의 체적탄성계수(E)는?

㉮ 15[kPa]　　　㉯ 15[Pa]

㉰ 10[kPa]　　　㉱ 10[Pa]

20

등온하에서는 체적탄성계수

$K = P$

$\therefore\ K = 10[\text{kPa}]$

답 ㉰

21

그림에서 모세관현상으로 액주의 높이 h를 계산하면?

㉮ $h = \dfrac{4\sigma\cos\beta}{\gamma d}$

㉯ $h = \dfrac{4\gamma\cos\beta}{\sigma d}$

㉰ $h = \dfrac{\gamma d}{4\sigma\cos\beta}$

㉱ $h = \dfrac{\sigma d}{4\gamma\cos\beta}$

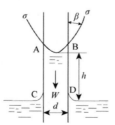

21

모세관현상에서 올라간 액주의 자중(自重)은 표면장력에 의한 힘의 수직분력과 평형을 이루고 있다.

• 모세관현상으로 올라간 액주의 무게

$W = \gamma h \cdot \dfrac{\pi d^2}{4}$

• 표면장력의 수직분력

$F_\sigma = \pi\sigma d \cos\beta$

• 두 힘을 같게 놓고 정리하면

$h = \dfrac{4\sigma\cos\beta}{\gamma d}$

 답 ㉮

22

다음 그림 중에서 Newton의 점성법칙을 바르게 나타낸 것은?
(단, μ는 점성계수, $\dfrac{du}{dy}$ 는 속도구배이고 τ 는 전단응력이다).

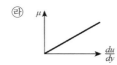

22

뉴턴의 점성법칙 $\left(\tau = \mu \dfrac{du}{dy}\right)$은 유체유동시 전단응력과 속도구배의 관계가 원점을 지나는 직선관계를 가지며 이때 비례상수에 해당하는 것이 점성계수이다. 따라서 뉴턴유체의 점성계수는 속도구배에 관계없이 일정한 값을 갖는다.

답 ㉮

23

체적탄성계수(K)는?

㉮ 압력에 따라 증가한다.

㉯ 온도와 무관하다.

㉰ 압력차원의 역수이다.

㉱ 비압축성 유체보다 압축성유체가 크다.

23

체적탄성계수는 등온변화에서 $K = P$, 단열변화에서는 $K = kP$ 이므로 압력에 따라 증가하며 또, 체적탄성계수는 압력의 단위와 같다. 그리고 비압축성유체일수록 체적탄성계수(K)는 크다.

답 ㉮

24

표면장력의 차원은?

㉮ $ML^{-1}T^{1}$ 　　　㉯ FL^{2}

㉰ FLT^{-1} 　　　㉱ FL^{-1}

24

표면장력의 단위는 [kg/cm]이므로 FL^{-1}

답 ㉱

25

$\sigma = 850[\text{kg/m}^3]$ 유체가 지름 10[cm]인 원관 속을 $u = 2 - 800r^2[\text{m/s}]$의 속도분포로 흐르고 있다. 관 벽에서 전단응력이 3.2[N/m²]이면 이 유체의 동점성계수는 몇 [m²/s]인가? (단, 여기서 r은 관 중심에서 [m] 단위로 잰 거리이다).

㉮ 2.7×10^{-3} 　　　㉯ 3.7×10^{-4}

㉰ 4.7×10^{-5} 　　　㉱ 5.7×10^{-6}

25

벽에서 전단응력 τ_w는
$$\tau_w = \mu \dfrac{du}{dy}\bigg|_{y=0} = \mu \dfrac{du}{dy}\bigg|_{r=0.05}$$
$$= -\mu(-1600|_{r=0.05}) = 80\mu$$
여기서 $\tau_w = 3.2[\text{N/m}^2]$이므로 $3.2 = 80\mu$
$$\therefore \mu = 0.04[\text{N}\cdot\text{s/m}^2]$$
그러므로
$$\nu = \dfrac{\mu}{\rho} = \dfrac{0.04}{850} = 4.7 \times 10^{-5}[\text{m}^2/\text{s}]$$

답 ㉰

제1장 — 응용문제

01

속도분포의 방정식이 $u = ay^2$[m/s]일 때 벽면으로부터 20[cm]에서의 속도구배는?

㉮ $0.3a\dfrac{1}{\text{sec}}$

㉯ $0.4a\dfrac{1}{\text{sec}}$

㉰ $0.35a\dfrac{1}{\text{sec}}$

㉱ $0.45a\dfrac{1}{\text{sec}}$

01

$u = ay^2$에서 $\dfrac{du}{dy} = 2ay$

$\left.\dfrac{du}{dy}\right|_{y=0.2} = 2a \times 0.2 = 0.4a\dfrac{1}{\text{sec}}$

 답 ㉯

02

액체가 흐르는 원관의 내벽에서 수직거리 y[m] 떨어진 위치의 유속이 $u = 5y - y^2$[m/sec]로 표시될 때 관벽에서 마찰응력을 구하여라 (단, 유체의 점성계수는 3.9×10^{-3}[N·sec/m²]이며 원의 내경은 10[cm]이다).

㉮ 0.188[N/m²]

㉯ 0.0188[N/m²]

㉰ 0.00188[N/m²]

㉱ 18.8[N/m²]

02

$\dfrac{du}{dy} = 5 - 2y|_{y=0} = 5\,[1/\text{sec}]$

$\tau = \mu\dfrac{du}{dy} = 3.9 \times 10^{-3} \times 5 = 0.0195\,[\text{N/m}^2]$

 답 ㉯

03

절대압력 196[kPa]이고 온도가 25[℃]인 산소의 비중량은 몇 [N/m³]인가? (단, 산소의 기체상수는 260[J/kg·°K]이다).

㉮ 12.8

㉯ 16.4

㉰ 21.4

㉱ 24.8

03

- 절대압력
  $P = 19.6 \times 10^4\,[\text{N/m}^2]$
- 절대온도
  $T = 273 + 25 = 298\,[°\text{K}]$
- 기체상수
  $R = 260\,[\text{J/kg·°K}] = 260[\text{N·m/kg·°K}]$
- 밀도
  $\rho = \dfrac{P}{RT}$
- 비중량
  $\gamma = \dfrac{P}{RT} \cdot g = \dfrac{2 \times 10^4 \times 9.8}{260 \times 298} \times 9.8$
  $\fallingdotseq 24.8\,[\text{N/m}^3]$

 답 ㉱

04

절대압력이 250[kPa], 밀도가 1.3[kg/m^3]인 메탄가스(CH₄)의 온도는 몇 [℃]인가?

㉮ 78

㉯ 85

㉰ 97

㉭ 104

05

그림과 같이 직경 d인 모세관을 물속에 α만큼 기울여서 세웠을 때 상승 높이 h는 몇 [mm]인가? (단, $d = 5$[mm], $\theta = 10°$, $\alpha = 15°$, 표면장력은 82.32×10^{-3}[N/m]이다).

㉮ 5.6

㉯ 6.6

㉰ 7.6

㉭ 8.6

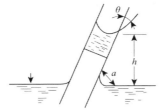

06

직경이 0.2[cm]인 물방울을 10[cm]까지 팽창시키는 데 필요한 일은 몇 [J]인가?(단, 물의 표면장력은 4.2×10^{-3}[N/m]이다.)

㉮ 1.318×10^{-4}

㉯ 1.715×10^{-4}

㉰ 2.326×10^{-3}

㉭ 2.781×10^{-2}

04

절대압력 $P = 250[\text{kPa}] = 250 \times 10^3[\text{kP}]$
$\qquad = 250 \times 10^3[\text{N/m}^2]$

밀도 $\rho = 1.3[\text{kg/m}^3]$

기체상수 $R = \dfrac{8313}{M}[\text{N·m/kg·°K}]$

$\qquad = \dfrac{8313}{16} \fallingdotseq 520[\text{N·m/kg·°K}]$

상태방정식 $\dfrac{P}{\rho} = RT$에서

$\quad T = \dfrac{P}{\rho R} = \dfrac{250 \times 10^3}{1.3 \times 520} \fallingdotseq 370[°\text{K}] = 97[℃]$

($\because$ CH₄의 분자량 $M = 12 + 4 = 16$이므로)

답 ㉰

05

모세관이 기울어졌더라도 액체의 상승높이(h)는 같다.

$h = \dfrac{4\sigma \cos\theta}{\gamma d} = \dfrac{4 \times 82.32 \times 10^{-3} \times \cos 10°}{9800 \times 5 \times 10^{-3}}$

$\quad \fallingdotseq 6.6 \times 10^3[\text{m}]$

$\quad = 6.6[\text{mm}]$

답 ㉯

06

체적을 팽창시키는 데 필요한 일은

$W = \displaystyle\int_1^2 p \cdot dV$

비눗방울의 체적은 $V = \dfrac{4}{3}\pi r^3$

양변을 미분하면 $dV = 4\pi r^2 dr$

또, 내부초과압력은 $p = \dfrac{2\sigma}{r}$

따라서

$W = \displaystyle\int_{r_1}^{r_2} p \cdot dV = \int_{r_1}^{r_2} \dfrac{2\sigma}{r} \cdot 4\pi r^2 dr$

$\quad = 8\pi\sigma \displaystyle\int_{r_1}^{r_2} r \cdot dr = 8\pi\sigma \left(\dfrac{r_2^2 - r_1^2}{2}\right)$

$\quad = 4\pi\sigma(r_2^2 - r_1^2) = 4\pi \times 4.2 \times 10^{-3}$

$\qquad \times (0.05^2 - 0.001^2) = 1.318 \times 10^{-4}[\text{J}]$

답 ㉮

07

두 평판이 간격 δ를 유지하면서 평행하게 수면과 $\alpha°$만큼 기울어져 있다. 물과 평판의 접촉각은 θ, 물의 표면장력은 σ, 비중량은 γ라고 할 때 모세관현상으로 인한 상승높이 h를 구하면 어떻게 되겠는가?

㉮ $h = \dfrac{4\sigma\cos\theta}{\gamma\delta}$

㉯ $h = \dfrac{2\sigma\cos\theta}{\gamma\delta}$

㉱ $h = \dfrac{6\sigma\cos\theta}{\gamma\delta}$

㉲ $h = \dfrac{2\sigma}{\gamma\delta\cos\theta}$

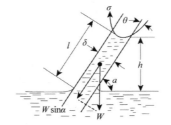

07

그림에서 지면(紙面)과 수직방향으로 단위폭에 대해서 생각한다.
표면장력으로 인해서 수면과 α만큼 기울어진 방향으로 작용하는 힘 F는

$$F = 2\sigma \times 1 \times \cos\theta$$

이 힘은 수면과 $\alpha°$만큼 기울어진 방향의 물기둥 무게 성분, $W\sin\alpha$와 같아야 한다.

$$F = W\sin\alpha$$

$$2\sigma\cos\theta = \gamma\delta l\sin\alpha = \gamma\delta h, \quad h = \frac{2\sigma\cos\theta}{\gamma\delta}$$

즉, 수면과 모세관의 각도 α는 상승높이 h와 무관하다.

답 ㉯

08

그림에서 보듯이 경사각 30°인 경사면 위에 무게 300[N]인 block(크기 : 20[cm]×20[cm]×20[cm])이 있다. block과 경사면 사이의 간극은 0.025[mm]이고, 그 사이에는 점성계수가 0.02[kg/m·s]인 기름이 있다. block을 경사면에 따라서 3[m/s]의 속도로 끌어올리는 데 필요한 힘 F는 얼마인가?

㉮ 426[N]

㉯ 624[N]

㉱ 246[N]

㉲ 345[N]

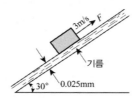

08

block의 자중에 의하면 경사면 아래로 작용하는 힘 F_1은

$$F_1 = W\sin 30° = 150[\text{N}]$$

기름의 점성에 의한 마찰력 F_2는

$$F_2 = \tau \cdot A = \left(\mu\frac{u}{h}\right)A$$

$$= 0.02\frac{3}{0.025 \times 10^{-3}}(0.2)^2 = 96[\text{N}]$$

따라서 끌어올리는 데 필요한 힘 F는

$$F = F_1 + F_2 = 150[\text{N}] + 96[\text{N}] = 246[\text{N}]$$

답 ㉱

09

100[mm]의 축이 240[rpm]으로 베어링 안에서 회전한다. 축과 베어링 간극이 0.15[mm]라고 할 때, 기름막에서의 전단응력[Pa]은 얼마가 되는가? (단, 기름의 점성계수는 1.0×10^{-3}[N·s/m²]이다).

㉮ 83.79　　　㉯ 17.1

㉱ 90.47　　　㉲ 78.4

09

축의 접선속도 V는

$$V = r_0\omega = (0.05[\text{m}]) \times \left(\frac{2\pi \times 240}{60}[\text{rad/sec}]\right)$$

$$= 1.257[\text{m/sec}]$$

$$\tau = \mu\frac{V}{h}$$

$$= 1.0 \times 10^{-3}[\text{N·sec/m}^2] \times \frac{1.257[\text{m/sec}]}{0.15 \times 10^{-3}[\text{m}]}$$

$$= 83.79$$

답 ㉮

10

그림과 같이 내부의 실린더를 고정된 실린더 속에서 30[rpm]으로 회전시키는데 0.04[N·m]의 회전력이 필요하다. 실린더의 길이가 45[cm]라 하고, 원통 양 끝단에서의 영향을 무시할 때 기름의 점성계수는 몇 [N·sec/m²]인가?

㉮ 6.64×10^{-4}

㉯ 6.58×10^{-13}

㉰ 5.68×10^{-4}

㉱ 5.68×10^{-3}

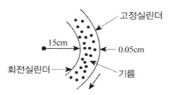

고정실린더
15cm
0.05cm
회전실린더
기름

11

두개의 고정된 평판이 2[mm] 떨어져 있고, 그 평판 사이에는 SAE30 기름($\mu = 1.48 \times 10^{-2}$[N·s/m²])이 채워져 있다. 그 틈속 가운데 두께가 1[mm]이고, 단면적이 0.4[m²]인 평판이 1[m/s]의 속도로 끌어당겨지고 있다. 이때 이 평판을 끌어당기는 데 필요한 힘은 얼마인가?

㉮ 15.27[N]

㉯ 19.39[N]

㉰ 23.68[N]

㉱ 28.76[N]

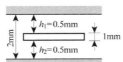

2mm
$h_1 = 0.5mm$
$h_2 = 0.5mm$
1mm

12

어떤 뉴턴 유체에 4[dyne/cm²]인 전단응력이 작용하여 1[rad/s]의 각변형률을 얻었다. 이 유체의 점성계수는 몇 [centipoise]인가?

㉮ 4

㉯ 40

㉰ 400

㉱ 4000

10

내부 실린더의 접선속도는

$$u = r\omega = 0.15 \frac{2\pi \times 30}{60} = 0.47 [\text{m/s}]$$

실린더 사이에 틈새가 작기 때문에 속도구배를 직선으로 가정하면 속도구배는

$$\frac{du}{dy} = \frac{0.471}{0.05 \times 10^{-2}} = 942 [\text{s}^{-1}]$$

작용한 회전력=저항회전력이므로

$$0.04 = \tau A r$$
$$= \tau \cdot \left\{ 2\pi \times \left(15 + \frac{0.05}{2}\right) \times 10^{-2} \times 0.45 \right\}$$
$$\times (15.025 \times 10^{-2})$$

$$\therefore \ \tau = 0.626 [\text{N/m}^2]$$

그러므로 $\tau = \mu \dfrac{du}{dy}$ 에서

$$\mu = \frac{\tau}{du/dy} = \frac{0.626}{942}$$
$$= 6.64 \times 10^{-4} [\text{N·s/m}^2]$$

답 ㉮

11

평판이 받는 전단력은

$F =$ 윗면이 받는 전단력 + 아랫면이 받는 전단력

$$F = \mu A \frac{u}{h_1} + uA = \frac{u}{h_2}$$

여기서 $h_1 = h_2 = h = 0.5 [\text{mm}]$
$= 0.5 \times 10^{-3} [\text{m}]$이므로

$$F = 2\mu A \frac{u}{h}$$
$$= 2 \times 1.48 \times 10^{-2} \times 0.4 \times \frac{1}{0.5 \times 10^{-3}}$$
$$= 23.68 [\text{N}]$$

답 ㉰

12

$\tau = 4 [\text{dyne/cm}^2]$, $\dfrac{du}{dy} = 1 [\text{rad/sec}]$이므로
점성계수

$$\mu = \frac{\tau}{du/dy} = \frac{4}{1} = 4 [\text{dyne·sec/cm}^2]$$
$$= 4 [\text{poise}] = 400 [\text{centipoise}]$$

답 ㉰

제2장. 유체정역학

2-1 압력(pressure) : P

압력이란 가상적인 단위 면적당 작용하는 힘의 세기를 압력이라 정의한다.

$$P = \frac{F}{A}\,[\text{N/m}^2]$$

압력의 차원은 FL^{-2} 또는 $ML^{-1}T^{-2}$

> **POINT**
>
> $1[\text{Pa}] = 1[\text{N/m}^2]$
> $1[\text{bar}] = 10^5[\text{Pa}] = 10^5[\text{N/m}^2]$
> $1[\text{ata}] = 1[\text{kg/cm}^2] = 10[\text{mAq}]$

2-2 압력의 분류

1. 대기압(atmospheric pressure)

지구를 둘러싸고 있는 공기(air)를 대기라 하고 그 대기에 의하여 누르는 압력을 대기압이라고 말하며, 표준대기압(atm)과 국소(지방) 대기압으로 구분한다.

- 표준대기압(atm) $= 760[\text{mmHg}]$ $= 1.01325[\text{bar}]$
  $= 101325[\text{Pa}](=[\text{N/m}^2])$ $= 10.33[\text{mAq}](=\text{mH}_2\text{O})$
  $= 1013.25[\text{hPa}]$

2. 게이지압력(gauge pressure, 계기압력)

게이지압력(p_g)이란 대기압을 기준해서 측정한 압력을 말하며 다음과 같이 두 가지로 구분한다.

즉, 게이지압력 ┌ 정압(+압) : 대기압보다 높은 압력
　　　　　　　 └ 부압(−압)＝진공압 : 대기압보다 낮은 압력

3. 절대압력(absolute pressure) : P_a 또는 P_{abs}

절대압력이란 완전진공(진공 100[%])을 기준해서 측정한 압력으로서 다음과 같이 나타낸다.

① 절대압력(P_g)＝대기압(P_0) ± 게이지압(P_g) [ata]
② 진공도란 : 진공압을 백분율, 즉 퍼센트[%]로 나타낸 값

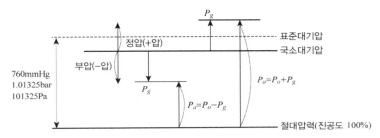

그림 2-1 절대압력(P_a)과 게이지압력(P_g)의 관계

2-3 정지유체의 기본적 성질

1) 임의의 한 점에 작용하는 압력의 크기는 모든 방향에서 같다.

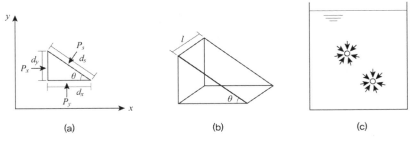

그림 2-2 한 점에 대한 압력

그림 2-2에서는 그림(b)의 단위폭($b=1$)을 갖는 입체모형의 삼각형 단면만을 그림 2-2(a)에 그린 것이며 θ는 임의의 각이다. 지금 3방향에서 압력의 크기가 같다는 것을 증명하기 위하여 그림 2-2(a)의 자유물체도에서 힘의 평형방정식을 세우면

$\sum F_x = 0$ 에서

$$p_x dy - p_s ds \sin\theta = 0 \quad \text{(그림 2-2(a)에서 } \sin\theta = \frac{dy}{ds} \text{이므로)}$$

$$p_x dy - p_s ds = \frac{dy}{ds} = 0$$

$$\therefore \ p_x = p_s$$

$\sum F_y = 0$ 에서

$$p_y dx - p_s ds \cos\theta - \frac{dx \cdot dy}{2} \cdot \gamma = 0 \quad \text{(그림 2-2(a)에서 } \cos\theta = \frac{dx}{ds} \text{이므로)}$$

$$p_x dx - p_s dx \times \frac{dx \cdot dy}{2} \cdot \gamma = 0$$

또한 임의의 한 점에서 작용하는 3방향 압력은 같다.

$$\therefore \ p_x = p_y = p_s$$

2) 동일 수평면상의 임의의 두 점에서의 압력의 크기는 같다.

정지 유체속에서 그림 2-3과 같은 자유물체도를 생각하고 수평방향의 평형조건으로부터 방정식을 세우면

$$\sum F_x = 0$$

$p_1 dA - p_2 dA = 0$ 이 되므로

$$\therefore \ p_1 = p_2$$

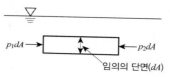

그림 2-3 수평방향의 압력변화

3) 수직방향의 압력변화율은 유체비중량의 크기에 비례한다.

그림 2-4와 같이 수평기준면에서 연직 상방향으로 z 축을 잡고 단면적 dA, 높이 dZ인 원기둥의 자유물체를 취하여 여기에 미치는 힘의 평형을 계산한다.

$$\sum F_y = 0$$

$$p dA - \left(p + \frac{dp}{dz}dz\right)dA - \gamma dA\, dz = 0$$

$$\therefore \frac{dp}{dz} = -\gamma = \rho g$$

$$\left(\because \frac{dp}{dy} = -\gamma \cdots\cdots (a)'\right)$$

(a)

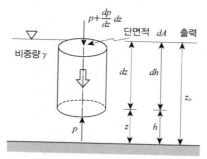

그림 2-4 연직방향의 압력변화

식(a)는 유체의 압력과 높이 z와의 관계를 나타낸 미분방정식이다.

압력은 위로 갈수록 감소($-$)한다. 그리고 압력의 변화율$\left(\dfrac{dp}{dz}\right)$은 유체의 비중량($\gamma$)와 같다.

여기서 비압축성 유체 즉, 액체인 경우는 비중량(γ)을 일정하다고 생각하고 식(a)를 적분하면

$$p = -\gamma z + c \tag{b}$$

여기서, c : 적분상수

그림 2-4에서 경계조건(boundary condition) $z = z_0$일 때 $p = p_0$(대기압)이므로

$$p_0 = -\gamma z_0 + c$$
$$\therefore \ \ C = p_0 + \gamma z_0 \tag{c}$$

따라서 정지유체 속의 임의의 점에 대한 압력은

$$P = p_0 + \gamma(z_0 - z) = p_0 + \gamma h \tag{d}$$

이다.

4) 밀폐된 용기 중에 정지유체의 일부에 가해진 압력은 유체 중의 모든 부분에 일정하게 전달된다.
(Pascal의 원리)

$$p = \frac{F_1}{A_1} = \frac{F_2}{A_2} \quad \text{(피스톤에 작용하는 압력은 같다.)}$$

$$F_2 = F_1\left(\frac{A_2}{A_1}\right) \tag{a}$$

$$S_1 A_1 = S_2 A_2 \text{ (유체의 이동한 체적은 같다.)}$$

$$S_2 = S_1\left(\frac{A_1}{A_2}\right)$$

$$F_2 S_2 = F_1\left(\frac{A_2}{A_1}\right) \cdot S_1\left(\frac{A_1}{A_2}\right) = F_1 S_1 \tag{b}$$

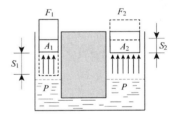

그림 2-5 수압기의 원리

개념예제

1. 두 피스톤의 지름이 각각 25[mm], 5[mm]일 때, 5[kN]의 힘이 큰 피스톤에 걸리게 하면 작은 피스톤에는 얼마만한 힘을 가해야 하는가?

   ㉮ 0.2[kN]   ㉯ 0.4[kN]

   ㉰ 0.6[kN]   ㉱ 0.8[kN]

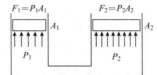

  Sol) Braham은 Pascal의 원리를 이용하여 수압기를 고안하였다.

    여기서 $P = \dfrac{F_1}{A_1} = \dfrac{F_2}{A_2}$ 인 관계가 성립함을 알 수 있다.

$$\frac{A_1}{A_2} = \left(\frac{d_1}{d_2}\right)^2 = \left(\frac{5}{25}\right)^2 = \frac{1}{25}$$

$$F_1 = \frac{F_2 A_1}{A_2} = \frac{5 \times 1}{25} = 0.2[\text{kN}]$$

                                                    답 ㉮

2. 피스톤 A_2의 반지름이 A_1의 반지름의 2배일 때 힘 F_1과 F_2 사이의 관계는?

   ㉮ $F_1 = F_2$ ㉯ $F_2 = 2F_1$ ㉰ $F = 4F_2$ ㉱ $F_2 = 4F_1$

  Sol) Pascal의 원리에 의하여 피스톤 A_1, A_2의 반지름을 각각 d_1, d_2라고 하면

$$\frac{F_1}{A_1} = \frac{F_2}{A_2}, \quad \frac{F_1}{F_2} = \left(\frac{d_1}{d_2}\right)^2 = \left(\frac{1}{2}\right)^2 = \frac{1}{4} \qquad \therefore \ F_2 = 4F_1$$

                                                    답 ㉱

2-4   압력의 측정

절대압력을 측정하는 기구로는 Aneroid 압력계와 수은기압계(1643년 Torricelli에 의함)가 있으며, 대기압에 대한 상대적 압력인 계기압력 측정기구로는 Bourdon 압력계와 액주계 등이 있다. 또, 압력계의 구별에 있어서 Bourdon 압력계와 Aneroid 압력계 등을 기계적 압력계라 한다.

절대압력계로는 주로 대기압과 진공압력을 측정하고 기계적 계기압력계는 대체로 높은 압력(수백 기압까지)을 측정하는 데 이용된다. 따라서 $p = \gamma h$의 관계를 이용하는 액주계로는 비교적 작은 압력파(10[Pa] 이내)를 측정하는 데 적절하며 더욱 정밀한 압력측정에는 미압계를 이용한다.

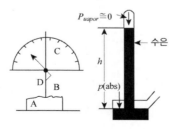

그림 2-6 Aneroid압력계

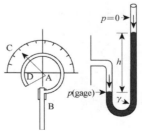

그림 2-7 Bourdon압력계

그림 2-8에서 보는 바와 같이 유리(glass)로 된 눈금기둥을 측정하고자 하는 압력원에 연결하여 액주의 높이를 읽게 되어 있는 것이 액주계인데, 액주계의 액체가 측정하려 하는 유체와 같을 경우는 피에조미터(Piezometer)라 하고 다른 유체를 사용하는 경우에는 마노미터(manometer)라 한다. 그림 2-8의 오른쪽 세 기둥은 모두 피에조미터로서 액주 높이는 동일할 것이므로 어느 것을 이용하여도 결과는 같을 것이다.

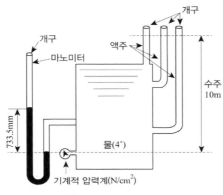

그림 2-8 마노미터와 피에조미터

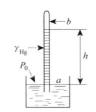

그림 2-9 수은기압계

1. 수은기압계(mercury barometer)

대기의 절대압력을 측정하는 장치이다. 수은의 비중량을 γ_{Hg}라 하면 대기압 P_0는

$$P_0 = \gamma_{Hg}\, h \tag{a}$$

수은주의 높이는 대기압을 표시하며 760[mmHg]는 곧 1기압이다.

2. 피에조미터(piezometer)

탱크나 관 속의 작은 유체압을 측정하는 액주계이다. A점의 절대압력 P는

$$P = P_0 + \gamma(H' - y) = P_0 + \gamma H \quad \text{(이것이 piezometer 압력산출식이다.)} \tag{b}$$

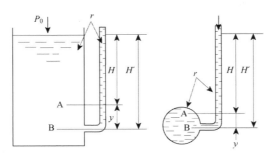

그림 2-10 피에조미터

3. U자관

그림 2-11에서와 같이 정지유체 내의 같은 수위(水位, 높이)의 압력은 모두 같으므로

$$P + \gamma H = P_0 + \gamma' H'$$

$$\therefore P = P_0 + \gamma' H' - \gamma H \tag{c}$$

그림 (b)에서

$$P = P_0 + \gamma'(H_1' + H_2' + H_3') - \gamma(H_1 + H_2 + H_3) \tag{d}$$

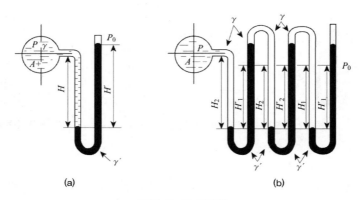

(a)   (b)

그림 2-11 U자관

4. 시차액주계(differential manometer)

두 개의 탱크나 관 속의 액체의 압력차를 측정할 경우 시차액주계를 쓴다.

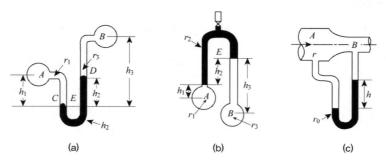

(a)   (b)   (c)

그림 2-12 시차액주계

그림 2-12(a)에서는 $P_C = P_E$이므로

$$P_C = P_A + \gamma_1 h_2, \quad P_E = P_D + \gamma_2 h_2, \quad P_D = P_B + \gamma_3(h_3 - h_2)$$

이것을 대입하여 정리하면

$$P = P_A - P_B = \gamma_3(h_3 - h_2) + \gamma_2 h_2 - \gamma_1 h_1 \tag{e}$$

그림 2-12(b)에서는 같은 방법으로

$$P = P_A - P_B = \gamma_1 h_1 + \gamma_2 h_2 - \gamma_3 h_3 \tag{f}$$

이때 역 U자관에 공기를 넣으면 공기의 비중량 γ_2는 극히 작으므로 $\gamma_2 \fallingdotseq 0$이므로

$$P = P_A - P_B = \gamma_1 h_1 - \gamma_3 h_3 \tag{g}$$

그림 2-12(c)에서

$$P = P_A - P_B = (\gamma_0 - \gamma)h \tag{h}$$

5. 미압계(micromanometer)

미압계란 아주 미소한 압력차를 측정하는 액주계이다.
그림 2-13에서 $P_C = P_D$이므로

$$P_A + \gamma_1(y_1 + \Delta y) + \gamma_2\left(y_2 - \Delta y + \frac{h}{2}\right) = P_B + \gamma_1(y_1 - \Delta y) + \gamma_2\left(y_2 + \Delta y + \frac{h}{2}\right)$$

$$P_A - P_B = \gamma_3 h + \gamma_2(2\Delta y - h) - 2\Delta y \cdot \gamma_1$$

여기서 $\Delta y \cdot A = \dfrac{h}{2} \cdot a$이므로

$$\Delta y = \frac{h}{2} \cdot \frac{a}{A}$$

이다. 따라서

$$P_A - P_B = \gamma_3 h + \gamma_2 h\left(\frac{a}{A} - 1\right) - \gamma_1 h\frac{a}{A} = \left[\gamma_3 - \gamma_2\left(1 - \frac{a}{A}\right) - \gamma_1\frac{a}{A}\right] \tag{i}$$

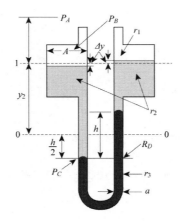

그림 2-13 미압계

6. 경사미압계(inclined micromanometer)

경사미압계란 아주 작은 계기압의 측정 또는 기체끼리의 작은 압력차를 측정하는 기구이다. 그림 2-14에서 보는 바와 같이 압력차가 없을 때 A의 점선 위치에 평형을 이루고 있다. C에 D보다 높은 압력을 연결했을 때 경사유리관을 따라서 l만큼, 수직거리로는 h만큼 관 속의 액면은 상승하고 단면적이 큰 C의 액면은 조금 하강할 것이다. 기체의 자중은 무시하고 C, D의 관 단면적을 각각 A, a 경사각을 α라고 하면

$$P_C = P_D + \gamma \left(\sin\alpha + \frac{a}{A} l \right)$$

$$\therefore P_C - P_D = \gamma l \left(\sin\alpha + \frac{a}{A} \right) \tag{j}$$

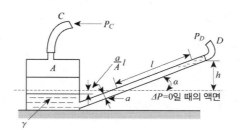

그림 2-14 경사미압계

따라서 l의 길이만 측정되면 압력차를 알 수 있다. 이때 경사각 α가 너무 작으면 오히려 자체 오차를 증가시키므로 30° 이하의 작은 경사는 피해야 한다. 만일 C의 계기압력만을 측정하려면 d를 대기압에 연결하면 되고 액주가 직접 압력이나 속도를 읽을 수 있도록 보정될 때는 흔히 통풍계(draft gauge)라 칭한다.

2-5 평면에 작용하는 유체의 전압력

전압력은 면에 작용하는 압력에 의한 힘을 말하며 힘은 벡터(Vector)로서 크기, 방향, 작용점의 위치가 주어져야 한다. 또한 유체의 정압은 면에 수직인 방향으로만 작용하므로 전압력의 방향은 면에 수직이다.

1. 수평면의 한쪽 면에 작용하는 유체의 전압력

그림 2-15에서 전압력 F는

① 크기 : $F = PA = \gamma h A[\text{N}]$

(여기서, A : 평면의 한쪽 면적)

② 방향 : 면에 수직한 방향

③ 작용점 : 평면의 도심

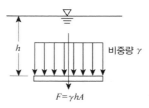

그림 2-15

2. 경사면(Gradient plane)의 한쪽에 작용하는 유체의 전압력

그림 2-16과 같이 경사면에 미치는 유체의 전압력을 구하기 위하여 액체표면과 θ의 경사를 가지는 일반평면을 생각하고 평판의 안쪽 면에 작용하는 전압력을 구한다. 깊이 h인 곳에 미소면적 dA를 잡고 dA의 전압력을 dF라고 하면

$$dF = PdA = \gamma h dA \quad \text{(그림에서 } h = y\sin\theta\text{)}$$

이므로, 따라서

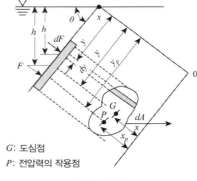

G: 도심점
P: 전압력의 작용점

그림 2-16

$$dF = \gamma y \sin\theta \, dA \, [\text{N}] \tag{a}$$

면적 A에 작용하는 유체의 전압력은 식(a)를 적분하면

$$F = \gamma \sin\theta \int_A y dA \quad \left(\int_A y dA = A\bar{y} \text{는 단면1차모멘트} \right)$$
$$= \gamma \bar{y} \sin\theta A \quad \text{(그림에서 } \hbar = \bar{y}\sin\theta\text{)}$$
$$= \gamma \hbar A \, [\text{N}] \tag{a'}$$

POINT

만약 θ가 90°로 평면이 액면에 수직인 경우는 $\sin\theta = 1$로서 $\overline{y} = \overline{h}$이다. 전압력의 크기 즉, 힘의 크기는 평면도형의 도심의 위치를 알면 쉽게 구할 수 있다. 그러나 압력의 크기가 깊이에 따라 다르므로 도심 $(\overline{x}, \overline{y})$과 힘의 작용점$(x_p, y_p)$은 일치하지 않으며 힘의 작용위치를 구하는 데는 Varignon's theorem (바리뇽의 정리) "합력의 모멘트는 분력의 모멘트의 합과 같다"는 원리를 적용한다.

미소면적 dA에 작용하는 미소전압력 dF의 x점에 대한 미소모멘트는

$$dM = dF \cdot y(dF = \gamma y \sin\theta A) = \gamma y^2 \sin\theta dA [\text{N, m}] \tag{b}$$

평면 전체에 대한 모멘트는 식 (b)를 적분하면

$$M = \gamma\sin\theta \int_A y^2 dA \tag{c}$$

여기서 $\displaystyle\int_A y^2 dA$: 단면 2차모멘트를 평행축정리하면 $I_x{}' = I_G + A\overline{y}^2$이 되며 그림에서 y_p는 전압력의 작용점까지의 거리이므로

$$M = F \cdot y_p = \gamma\sin\theta \cdot I_x{}'$$

따라서

$$y_p = \frac{\gamma\sin\theta I_x{}'}{F} = \frac{\gamma\sin\theta I_x}{\gamma\sin\theta A\overline{y}} = \frac{I_x}{A\overline{y}} = \frac{I_G + A\overline{y}^2}{A\overline{y}} = \overline{y} + \frac{I_G}{A\overline{y}}$$

여기서, I_G : 관성모멘트(도형 A의 G점을 지나는 축에 관한 관성모멘트)

개념예제

3. 그림에서 수면에서 4[m]인 곳에 45°로 기울어지게 설치된 지름 2[m]의 원형 수문이 있다. 수문의 자중을 무시하고 수문이 받는 전압력을 그림을 참조하여 구하면 몇 [kN]인가?

   ㉮ 1078.9

   ㉯ 1278.7

   ㉰ 144.84

   ㉱ 1378.7

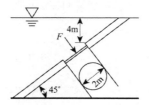

Sol) $F = \gamma\overline{h}A = 9.8(4 + 1\sin45°) \times \dfrac{\pi}{4} \times 2^2 = 144.84[\text{kN}]$

 답 ㉰

4. 그림에서 폭 1[m], 길이 2[m]인 정사각형 평판이 수면과 수직을 이루고 있다. 평판의 윗면 1[m]의 수심이 20[cm]일 때 평판에 작용하는 전압력과 그 작용점의 깊이는?

㉮ 2400[kgf], 1.478[m]

㉯ 2000[kgf], 1.2[m]

㉰ 2400[kgf], 1.2[m]

㉱ 2000[kgf], 1.478[m]

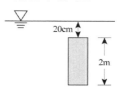

Sol) $F = \gamma \bar{h} A = 1000 \times 1.2 \times (2 \times 1) = 24000 [\text{kg}]$

전압력의 작용위치 $y_p = \bar{y} + \dfrac{I_G}{A\bar{y}} = 1.2 + \dfrac{\dfrac{1 \times 2^3}{12}}{(2 \times 1) \times 1.2} = 1.478 [\text{m}]$ **답** ㉮

2-6 곡면(1/4 원통)에 작용하는 유체의 전압력

그림 2-17과 같이 잠겨 있는 곡면 AB에 작용하는 힘은 자유물체도의 정역학적 평형으로부터 구할 수 있다.

1. 수평분력(horizontal component) : F_x

잠겨 있는 곡면의 수평분력은 곡면을 수직면에 수평으로 투영한 투영면적에 작용하는 힘과 같고, 작용선은 투영면적의 압력중심과 일치한다.

$$\sum F_H = F_{BC} - F_H' = 0 \qquad \begin{cases} F_H' = F_{BC} \\ F_V' = W_{ABC} + F_{AC} \end{cases}$$

2. 수직분력(vertical component) : $F_v = F_y$

곡면 위의 유체무게와 같다.

$$\sum F_v = \sum F_y = F_v' = W_{ABC} - F_{AC} = 0$$

F_{AC}와 F_{BC}는 식 (a)'에서 구할 수 있고, W는 자유체의 체적을 V, 그 액체의 비중량을 γ 라 할 때 $W = \gamma V =$ 자유물체도에 포함된 유체의 중량이며 작용하는 중심이 된다.

$F_w = F_v'$, $F_H = F_H'$ 은 크기가 같고 방향이 반대이다.

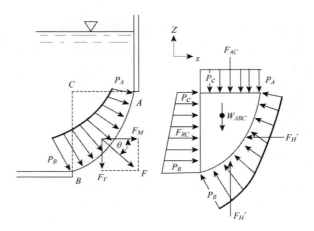

그림 2-17 잠겨 있는 곡면에 작용하는 힘

AB면에 작용하는 전압력 F는

$$F = \sqrt{F_H^2 F_v^2} \quad \theta = \tan^{-1}\frac{F_v}{F_H} = \tan^{-1}\frac{F_y}{F_x}$$

개념예제

5. 그림과 같이 AB 곡면은 4분의 1 원통면이다. 면 ABC가 받는 전압력의 크기와 방향을 구하라 (단, 폭은 5[m]이다).

    ㉮ 1873.4[kN], 11.24°
    ㉯ 2873.5[kN], 20.45°
    ㉰ 8173.5[kN], 18.5°
    ㉱ 2856.2[kN], 57.25°

Sol) $\frac{1}{4}$ 원통 ABC의 자유체를 그림과 같이 취하면

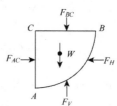

$F_H = F_{AC} = \gamma \overline{h} A = 9800 \times (5+2.5) \times (5 \times 5) = 1837.5[\text{kN}]$

$F_V = F_{BC} = W + W_{ABC} = \gamma\{(V' + V_{ABC})\}$

$\quad = 9800 \times \left\{(5 \times 5 \times 5) + \dfrac{\pi \times 5^2}{4} \times 5\right\} = 2186.6[\text{kN}]$

따라서 전압력 $F = \sqrt{F_H^2 + F_v^2} = \sqrt{(1837.5)^2 + (2186.6)^2} = 2856.2[\text{kN}]$

전압력(F)가 수평을 이루는 각 $\theta = \tan^{-1}\dfrac{F_V}{F_H} = \tan^{-1}\dfrac{2856.2}{1837.5} = 57.25°$

답 ㉱

2-7 부력(buoyant force) : F_B

부력에 관한 원리는 BC 200년경 Archimedes가 발견한 것으로 정지유체 속에 잠겨 있거나 또는 떠 있는 물체에 작용하는 표면적의 결과력을 부력이라고 한다. 정지유체이므로 물체에 작용하는 표면력은 유체압력뿐이다.

지금 중력장에 놓여 있는 액체 속에 잠겨 있는 물체(임의의 형상)에 작용하는 표면력을 생각해 보자. 그림 2-18과 같이 수면에 x축, 수면과 수직방향으로 y축을 취하고 그 속에 잠겨 있는 물체가 받는 부력을 생각하자. 물체에 수직방향으로 미소 원통 dv를 취하면 물체의 윗부분 dA_1에 작용하는 전압력은 $dF_1 = \gamma y_1 dA_1$이고 물체의 아랫부분 dA_2에 작용하는 전압력은 $dF_2 = \gamma y_2 dA_2$이다. 또 이들 힘의 수직방향 성분은 각각 다음과 같다.

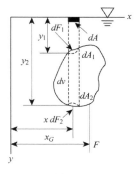

그림 2-18

$$dF_{10} = \gamma y_1 dA$$

$$dF_{20} = \gamma y_2 dA$$

따라서 물체의 윗부분과 아랫부분이 받는 전압력차 즉, 부력은

$$F_B = \int_v (dF_{20} - dF_{10}) = \gamma \int_v (y_2 - y_1) dA = \gamma V$$

$$\therefore \ F_B = \gamma V$$

$\left[\begin{array}{l} V : \text{유체 속에 잠긴 물체의 체적} \\ \gamma : \text{유체의 비중량} \end{array}\right.$

개념예제

6. $30 \times 40 \times 20 [\text{cm}^3]$의 치수를 갖는 돌을 물에 넣고 잰 무게가 49[N]이었다. 이 돌의 무게(공기 중의 무게)는 얼마인가?

    ㉮ 190[N]   ㉯ 284.2[N]   ㉰ 290[N]   ㉱ 354.2[N]

Sol) 돌의 무게를 W, 물속에서의 부력을 F_B라고 하면

    $W - F_B - 5 = 0$

    $\therefore \ W = F_B + 5 = \gamma V + 5 = (9800 \times 0.3 \times 0.4 \times 0.2) + 49 = 284.2 [\text{N}]$ **답** ㉯

2-8 부양체(floating body)의 안정

1) 유체 위에 떠 있는 부양체는 자체의 무게와 같은 무게의 유체를 배제한다.

$$F_B = W = \gamma \times (\text{배제된 체적})$$

2) 표면에 떠 있는 배, 또는 유체 속에 잠겨져 있는 기구나 잠수함에 있어서 그의 부력과 중력은 상호작용하여 불안정한 상태를 안정된 위치로 되돌려 보내려는 복원 모멘트(righting moment)가 작용하여 늘 안정된 위치를 유지하게 된다(경심이 부양체의 중심보다 위에 있으며 복원 모멘트가 작용하여 안정성이 이루어진다. 두 점이 일치하면 중립평형이다).

3) 배가 너무 기울게 되어 부심의 위치가 중력선 밖으로 빠져나가게 되면 오히려 전복 모멘트 (overturning moment)가 작용되어서 배는 뒤집히게 된다(경심이 부양체의 중심보다 아래에 올 때는 전복 모멘트가 작용하여 뒤집히게 된다).

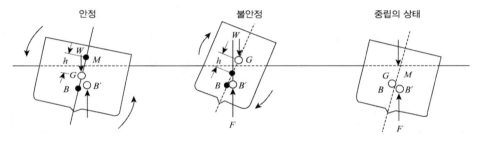

그림 2-19 미터센터의 원리

물 위에 뜨는 배는 그 중량과 부력의 크기가 같고 또 같은 연직선 위에서 평형을 이룬다. 이 연직선을 부양축이라 한다. 그림 2-20(a)에서 부양체의 중량을 G, 그 중심을 C, 부력을 F, 부력의 중심을 B라 하면 그림 2-20(a)는 평형상태를 나타낸다.

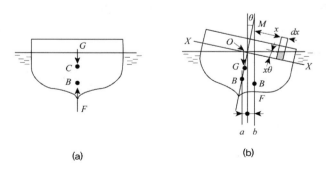

(a)　　　　(b)

그림 2-20 부양체의 안정

그림 2-20(b)에서 배가 수평과 θ만큼 경사지고 있을 때 B'을 지나는 F의 작용선과 부양축과의 교점 M을 미터센터라 한다. M점이 C점 위에 있을 때에는 G와 F가 우력을 이루므로 배는 안정상태이다. M점이 C점과 일치할 때에는 중립상태이며, C점의 아래에 있을 때에는 불안정상태가 된다.

POINT

부양체의 안정조건
(그림 2-20(b) 참조)

$$h = \overline{GM} > 0, \quad \left(\frac{I_0}{V} > \overline{BG} \right) : \text{안정}$$

$$h = \overline{GM} < 0, \quad \left(\frac{I_0}{V} < \overline{BG} \right) : \text{불안정}$$

$$h = \overline{GM} = 0, \quad \left(\frac{I_0}{V} = \overline{BG} \right) : \text{중립}$$

개념예제

7. 부양체는?
   ㉮ 경심이 부양체의 중심과 일치할 때만 안정하다.
   ㉯ 부양체의 중심이 부심보다 아래에 있을 때만 안정하다.
   ㉰ 부양체의 중심이 부심과 일치할 때만 안정하다.
   ㉱ 경심이 부양체의 중심보다 아래에 있지 않을 때만 안정하다.

   Sol) 부양체의 경심(metacenter)이 부양체의 중심보다 위에 있으면 안정하다.   답 ㉱

2-9 상대적 평형(relative equilibrium)

용기와 함께 유체입자들 사이에 상대운동이 없이 일정한 가속도를 받는 병진운동이나 회전운동을 할 경우가 있다. 이때 고체와 같이 일체가 되어 움직일 때의 유체, 즉 점성과 마찰이 고려되지 않으며 이러한 운동을 하고 있는 유체를 상대적 평형상태에 있다고 말한다.

1. 수평등가속도(a_x)를 받는 유체

그림 2-21과 같이 상부가 개방된 용기에 담겨진 액체가 용기와 함께 수평가속도 a_x로 움직이고 있다면 액체의 표면은 수평면과 각 θ만큼 경사를 이룬 상태에서 상대적 평형을 이루게 된다. 그림의 체적 요소에 뉴턴의 운동방정식을 적용시키면

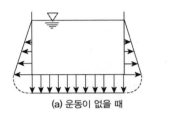
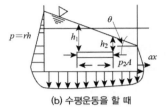

(a) 운동이 없을 때   (b) 수평운동을 할 때

그림 2-21 수평등가속도운동(a_x)

$$\sum F_x = ma_x$$

$$p_1 A - p_2 A = \rho l A a_x = \frac{\gamma}{g} l A a_x$$

위의 식을 정리하면

$$\frac{p_1 - p_2}{\gamma l} = \frac{h_1 - h_2}{l} = \frac{a_x}{g}$$

가 된다. 이 식은 자유표면의 경사도를 나타내므로

$$\tan\theta \frac{a_x}{g} \tag{a}$$

따라서 가속도의 크기 a_x를 알면 자유표면의 경사도를 알 수 있고 반대로 경사도를 측정하면 수평등가속도를 알 수 있다. 이 원리를 이용하여 가속도계를 만들 수 있으며 상부가 개방되지 않은 밀폐된 용기에 대하여도 압력의 변화는 위와 같은 원리가 적용된다.

2. 연직방향의 등가속도(a_y)를 받는 경우의 유체

연직운동을 하는 유체의 자유표면이나 등압면은 정지하고 있을 때와 같으나 압력의 크기는 그림 2-22와 같이 변화한다.

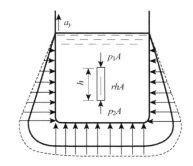

그림 2-22 연직방향 등가속도 운동(a_y)

그림 2-22의 작은 체적요소에 대한 자유체의 운동방정식은
$\sum Y = 0$에서

$$p_2 A - p_1 A = \gamma h A = \rho h A a_y = \frac{\gamma}{g} A h a_y$$

$$p_2 - p_1 = \gamma h \left(1 \pm \frac{a_y}{g}\right) \ (\oplus : 상승, \ominus : 하강) \tag{b}$$

따라서 수직방향 압력변화는 중력에 의한 압력과 가속도 운동에 의한 압력이 합쳐진 것만큼 변화한다. 만일 용기가 자유낙하를 하고 있다면 $a_y = -g$가 되며, 방정식 (b)에서 $p_1 = p_2$가 된다. 즉, 자유낙하를 하고 있는 유체 내부에서는 압력의 변화가 없게 된다.

3. 등속원운동을 받고 있는 유체

그림 2-23과 같이 유체를 담은 용기가 각속도 ω로 회전하는 경우를 생각하자. 그림 2-23과 같이 길이 dr이고 단면적인 dA인 자유 물체에 운동방정식 $\sum F_r = ma_r$을 적용하면

$$pdA - \left(p + \frac{\partial p}{\partial r}dr\right)dA = \frac{\gamma dA \cdot dr}{g}(-r\omega^2) \tag{a}$$

정리하고 적분하면

$$p = \frac{\gamma}{g} \omega^2 \frac{r^2}{2} + C \tag{b}$$

$r = 0$에서 p_0이면 $C = p_0$

$$\therefore \ p = p_0 + \gamma \frac{r^2 \omega^2}{2g} \tag{c}$$

$p_0 = 0$이면 $\quad h\frac{p}{\gamma} = \frac{r^2 \omega^2}{2g} \tag{d}$

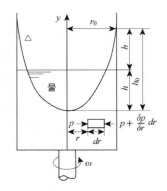

그림 2-23 수직축에 관한 회전운동

원통벽($r = r_0$)에서 상승 높이는

$$h_0 = \frac{r_0^2 \omega^2}{2g} \quad \Leftarrow \boxed{\text{암기}}$$ (e)

또한, 기준면으로부터 올라간 수면의 높이는($h_0 = 2h$이므로)

$$h = \frac{r_0^2 \omega^2}{4g} \, [\text{m}]$$ (f)

즉, 기준면에서 올라간 수면의 높이는 내려간 수면의 높이와 같다.

개념예제

8. 반지름이 50[cm]인 실린더에 잠긴 물이 실린더의 중심축에 대하여 60[rpm]의 일정한 속도로 회전하고 있다. 실린더에서 물이 쏟아지지 않고 있을 때 중심점과 실린더벽 사이의 수면차이는 몇 [m]인가?

㉮ 0.126　　　㉯ 0.50　　　㉰ 2.01　　　㉱ 0.785

Sol) 등회전운동의 액면상승 높이 $h_0 = \dfrac{r_0^2 \omega^2}{2g} = \dfrac{(0.5)^2 \times \left(\dfrac{2\pi \times 60}{60}\right)^2}{2 \times 9.8} = 0.50[\text{m}]$　　　**답** ㉯

제2장 적중 예상문제

01

가로·세로의 길이가 50[cm]인 정사각형을 밑면으로 하고 높이가 160[cm]인 직육면체의 탱크에 물을 가득 채웠다. 한 측면에 미치는 유체의 전압력은 얼마나 되겠는가?

㉮ 3200[N]

㉯ 4400[N]

㉰ 5612[N]

㉱ 6272[N]

01

$$F = \gamma \overline{h} A = 9800 \times \frac{1.6}{2} \times (0.5 \times 1.6)$$
$$= 6272 [\text{N}]$$

답 ㉱

02

아래 그림과 같은 길이 2[m], 폭 1[m]인 직사각형 평판이 수면과 수직을 이루고 있다. 평판의 윗변 1[m]가 수면으로부터 20[cm]만큼 잠겨 있을 때 이 평판에 작용하는 전압력은?

㉮ 1500[N]

㉯ 2000[N]

㉰ 23520[N]

㉱ 29320[N]

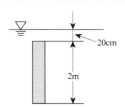

02

전압력
$$F = \gamma \overline{h} A = 9800 \times \left(\frac{2}{2} + 0.2 \right) \times (1 \times 2)$$
$$= 23520 [\text{N}]$$

답 ㉰

03

두 피스톤의 지름이 각각 25[cm], 5[cm]일 때 5[kN]의 힘이 큰 피스톤에 걸리게 하자면 작은 피스톤에는 얼마만한 힘을 가해야 하는가?

㉮ 0.2[kN]

㉯ 0.4[kN]

㉰ 0.6[kN]

㉱ 0.8[kN]

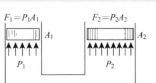

03

Braham은 Pascal의 원리를 이용하여 수압기를 고안하였다. 여기서
$$P = \frac{F_1}{A_1} = \frac{F_2}{A_2}$$
관계가 성립함을 알 수 있다.
$$\frac{A_1}{A_2} = \left(\frac{d_1}{d_2} \right)^2 = \left(\frac{5}{25} \right)^2 = \frac{1}{25}$$
$$F_1 = \frac{F_2 A_1}{A_2} = 5 \times \frac{1}{25} = \frac{1}{5} = 0.2 [\text{kN}]$$

답 ㉮

04

반지름이 30[cm]인 원통 속에 물을 담아 20[rpm]으로 회전시킬 때 수면의 상승 높이는?

㉮ 0.2

㉯ 2

㉱ 0.02

㉰ 0.002

05

해면에 얼음이 떠 있다. 해면상의 부분의 체적이 30[m³], 얼음의 비중이 0.88이다. 이 얼음의 전체 중량은 몇 [kN]인가? (단, 해수의 비중은 1.025이다).

㉮ 1886

㉯ 193

㉱ 1828.87

㉰ 213.45

06

그림과 같이 50[cm]×3[m]의 수문평판 AB를 30°로 기울어져 놓았다. A지점에서 힌지(hinge)로 연결되어 있으며 이 문을 열기 위한 힘 F (수문의 수직력)는 몇 [N]인가?

㉮ 7350[N]

㉯ 1125[N]

㉱ 2746[N]

㉰ 1574[N]

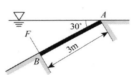

07

다음 액주계에서 비중량을 γ, γ_1이라고 표시할 때 압력 P_x는?

㉮ $P_x = \gamma_1 l - \gamma h$

㉯ $P_x = \gamma_1 l + \gamma h$

㉱ $P_x = \gamma_1 h - \gamma l$

㉰ $P_x = \gamma_1 h + \gamma l$

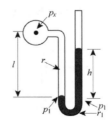

04

$$h = \frac{r^2 \omega^2}{2g} = \frac{(0.3)^2 \times (2.09)^2}{2 \times 9.8} = 0.02\,[\text{m}]$$

$$\omega = \frac{2\pi n}{60} = \frac{2\pi \times 20}{60} = 2.09\,[\text{rad/sec}]$$

답 ㉱

05

얼음 무게=부력=$0.88 \times \gamma_w \cdot (V' + 30)$
$\qquad\qquad = 1.025\gamma_w V'$

$\therefore V' = 182.068\text{m}^3$

전체 체적= $V = 182.068 + 30 = 212.068\text{m}^3$

$\therefore$ 얼음 무게=$0.88 \times 9.8 \times 212.068$
$\qquad\qquad = 1828.87\text{kN}$

답 ㉱

06

$$F_1 = \gamma \bar{h} A = 9800 \times 1.5 \sin 30° \times (0.5 \times 3)$$
$$= 11025\,[\text{N}]$$

$$y_F = \bar{y} + \frac{I_G}{A\,\bar{y}} = 1.5 + \frac{\dfrac{0.5 \times 3^3}{12}}{(0.5 \times 3) \times 1.5} = 2\,[\text{m}]$$

$$\sum M_A = 0 : F \times 3 - F_1 \times y_F = 0$$

$$\therefore F = \frac{F_1 \times y_F}{3} = \frac{11025 \times 2}{3} = 7350\,[\text{N}]$$

답 ㉮

07

$$P_1 = P_1$$
$$P_x + \gamma l = \gamma_1 h$$
$$\therefore P_x = \gamma_1 h - \gamma l$$

답 ㉱

08

그림에서 평판이 받는 전압력(F)는 몇 [N]인가?

㉮ 1100[N]

㉯ 1500[N]

㉰ 1372[N]

㉱ 1412[N]

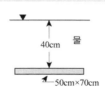

40cm 물

50cm×70cm

09

어떤 물체의 공기 중에서 잰 무게는 588[N]이고, 이것을 수중에서 잰 무게는 98[N]이었다. 이 물체의 체적과 비중은 얼마인가? (단, 공기의 무게는 무시한다.)

㉮ 0.05, 1.5

㉯ 0.05, 1.2

㉰ 0.08, 1.5

㉱ 0.08, 1.2

10

비중 S인 액체가 수면으로부터 h[m] 깊이에 있을 때 그 점의 압력은 수은주로 몇 [mm]인가? (단, 수은의 비중은 13.6이다.)

㉮ 13600Sh

㉯ 1.36Sh

㉰ $\dfrac{Sh}{13.6}$

㉱ $\dfrac{1000Sh}{13.6}$

11

밑면이 1[m] × 1[m] 높이가 0.5[m]인 나무토막 위에 1960[N]의 추를 올려놓고 물에 띄웠다. 나무의 비중을 0.6이라 할 때 물속에 잠긴 부분의 체적은 몇 [m³]인가?

㉮ 0.45

㉯ 0.55

㉰ 0.5

㉱ 0.78

08

$F = \gamma h A$
$= 9800 \times 0.4 \times (0.5 \times 0.7) = 1372[\text{N}]$

답 ㉱

09

물체의 수중에서의 무게를 F, 물속에서 받는 부력을 F_B, 물체의 무게, 즉 공기중에서 무게를 W라고 하면

$W = F + F_B$

따라서 $588 = 98 + 1000 \times V$, 여기서 V는 물체의 체적이다.

$\therefore V = \dfrac{490}{9800} = 0.05\,[\text{m}^3]$

$\therefore w = \gamma \cdot V = S \cdot \gamma_w \cdot V$

$S = \dfrac{588}{9800 \times 0.05} = 1.2$

답 ㉯

10

$P = \gamma h = S \cdot \gamma_w h\,[\text{kg/m}^2]$

또한

$P = \gamma_{Hg} h$ 에서 $h = \dfrac{P}{\gamma_{Hg}} = \dfrac{S \cdot \gamma_w h}{1.36 \cdot \gamma_w}$

$= \dfrac{Sh}{13.6}\,[\text{mHg}] = \dfrac{1000Sh}{13.6}\,[\text{mmHg}]$

답 ㉱

11

부양체인 경우 부양체의 무게와 부력이 같으므로 물속에 잠긴 체적을 $V\,[\text{m}^3]$라고 하면

부력 $F_B = \gamma_w \cdot V$

또 부양체의 무게=나무+추

$\overline{W} = 0.6 \times \gamma_w \cdot 1 \times 1 \times 0.5 + 1960$

$\therefore V = \dfrac{0.6 \times \gamma_w \times 0.5 + 1960}{\gamma_w} = 0.5\,[\text{m}^3]$

답 ㉰

12

$S_1 = S_3 = 0.82$, $S_2 = 13.6$[cm], $h_1 = 38$[cm], $h_3 = 15$[cm]이다. $P_A = P_B$가 되는 h_2는 얼마인가?

㉮ 1.39[cm]

㉯ 2.29[cm]

㉰ 5.49[cm]

㉱ 4.59[cm]

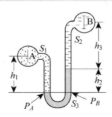

12

$P_A + \gamma_1 h_1 = P_B + \gamma_3 h_3 + \gamma_2 h_2$

$P_C = P_D$이므로

$h_2 = \dfrac{1}{\gamma_2}(\gamma_1 h_1 - \gamma_3 h_3)$

$= \dfrac{0.82 \times 9800}{9800 \times 13.6} \times (0.38 - 0.15) = 1.39$[cm]

답 ㉮

13

그림과 같이 수문이 열리지 못하도록 하기 위하여 그의 하단에서 받쳐주어야 할 힘 P는 얼마인가? (단, 수문의 폭은 1[m]이다.)

㉮ 1059[N]

㉯ 15.4[N]

㉰ 17.2[N]

㉱ 19.2[N]

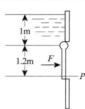

13

$F = \gamma \bar{h} A = 9800 \times 1.6 \times 1.2 \times 1 = 18816$[N]

$y_F - \bar{y} = \dfrac{\frac{1 \times 1.2^3}{12}}{1.6 \times 1.2} = 0.675$[m]

따라서 힘 F의 힌지(hinge)로부터 0.675[m]의 거리에 있게 되므로 힌지에 모멘트를 취하면

$18816 \times 0.675 = P \times 1.2$

$\therefore P = 10584$[N] $\fallingdotseq 10.59$[kN]

답 ㉮

14

5.66[m/sec^2]의 일정한 가속도로 달리고 있는 열차 위에 물그릇을 놓았다. 이 물은 수평면에 대하여 얼마의 각도로 기울어지겠는가?

㉮ 30°

㉯ 40°

㉰ 45°

㉱ 60°

14

$\tan\theta = \dfrac{a_x}{g} = \dfrac{5.66}{9.8} = 0.578$

$\therefore \theta = 30°$

답 ㉮

15

길이 2[m]의 파이프에 비중량 γ[N/m^3]인 액체를 가득 채우고 밀폐한 다음 수평방향으로 일정가속도 98[m/sec^2]으로 등가속도 운동할 때, 파이프 양단 사이에 생기는 압력차는 몇 [Pa]인가?

㉮ 10γ

㉯ 20γ

㉰ 10gγ

㉱ 20gγ

15

$\tan\theta = \dfrac{98}{9.8} = 10$

파이프 양단 사이에 생기는 등압면의 수위차 h는

$h = 2 \times \tan\theta = 20$[m]

따라서

$\Delta P = \gamma h = 20\gamma$[Pa]

답 ㉯

16

그림에서 힘의 작용점의 위치는?

㉮ 중심보다 37.9[cm] 밑에 있다.

㉯ 중심보다 52.2[cm] 위에 있다.

㉰ 중심보다 60.6[cm] 밑에 있다.

㉱ 중심보다 6.06[cm] 위에 있다.

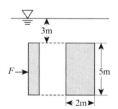

16

$$y_F - \bar{y} = \frac{I_G}{\bar{y}A} = \frac{\frac{2 \times 5^3}{12}}{5.5 \times (2 \times 5)}$$

$$= 0.379[\text{m}] = 37.9[\text{cm}]$$

즉, 중심보다 37.9[cm] 밑에 작용한다.

 ㉮

17

길이 X, 높이 Y인 수차에 물이 H의 높이까지 담겨 있다. 수차가 수평방향으로 a_x인 가속도를 가지고 운동하기 때문에 그림과 같이 탱크에서 넘쳐 흐르려고 한다. 이때 가속도를 구하라.

㉮ $a_x = \dfrac{2g(Y-H)}{X}$

㉯ $a_x = \dfrac{2g(H-Y)}{X}$

㉰ $a_x = \dfrac{g(Y-2H)}{X}$

㉱ $a_x = \dfrac{X(H-Y)}{2g}$

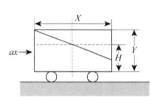

17

$$\tan\theta = \frac{a_x}{g}$$

$$a_x = \tan\theta \cdot g = \frac{2(Y-H)}{X} \cdot g$$

$$= \frac{2g(Y-H)}{X}[\text{m/sec}^2]$$

 ㉮

18

비중 0.95의 빙산이 비중 1.025의 해수면에 떠 있다. 수면 위에 나온 빙산체적이 150[m³]이면 빙산의 전체적은 얼마인가?

㉮ 1464[m³]

㉯ 1364[m³]

㉰ 2050[m³]

㉱ 2130[m³]

18

빙산의 전체적을 V라 하면 빙산의 전중량은 $0.92V$로 되며 배제된 해수의 체적은 $(V-150)$[m³]이므로 부력 F_B, 배제된 해수의 무게는

$$\gamma_W \cdot 1.025(V-150) = 0.95\gamma_W \cdot V$$

따라서 $\gamma_1 V = \gamma_2 (V - V_0)$

$$0.95V = 1.025(V-150)$$

$$\therefore V = 2050[\text{m}^3]$$

 ㉰

19

그림과 같은 2[m]×2[m]×2[m]의 내부 치수를 갖는 탱크에 비중량이 γ [N/m³]인 액체를 반 정도 채우고 수평 등가속도 9.8[m/sec²]으로 운동시킬 때, 밑면 모퉁이 A점의 압력은 몇 [Pa]인가?

㉮ γ

㉯ 2γ

㉰ 9.8γ

㉱ 4γ

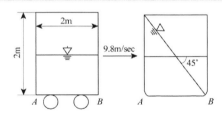

19

그림에서 수평면과 등압면이 각도를 θ라 하면

$$\tan\theta = \frac{a_x}{g} = \frac{9.8}{9.8} = 1, \quad \theta = \frac{\pi}{4}$$

따라서 A점에서의 수위는 2[m], B점에서의 수위는 0이다.

A점에서의 압력

$$P_A = \gamma \cdot h = 2\gamma[\text{Pa}]$$

 ㉯

20

그림과 같은 경사미압계에서 A점의 게이지압력(P_gA)는 몇 [Pa]인가? (단, 미압계 속에는 물이 있으며 경사각(α)=10°, 길이(l)=40 [mm]이다.)

㉮ 0.67

㉯ 9.67

㉰ 5.88

㉱ 68.11

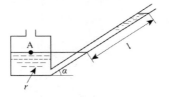

21

다음 그림과 같이 물속 5[m] 깊이에 있는 4분원통면 AB가 받는 힘의 크기는 몇 [kN]인가? (단, 4분원통의 길이는 5[m]이다.)

㉮ 780[kN]

㉯ 659[kN]

㉰ 810[kN]

㉱ 872[kN]

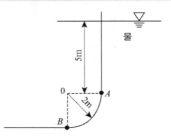

22

유체 속에 잠겨 있는 물체에 작용되는 부력은?

㉮ 물체의 무게와 같다.

㉯ 무거운 물체일수록 큰 부력을 받는다.

㉰ 물체에 의하여 배제된 유체의 무게와 같다.

㉱ 유체 속에 잠겨 있는 물체를 평형시키는데 필요한 힘이다.

20

$$P_gA = \gamma\,l\sin\alpha$$
$$= 9800 \times 0.04 \times \sin 10° = 68.11 [\text{Pa}]$$

답 ㉱

21

다음 그림에서 수평력은 AC면에 작용하는 전압력과 같고 연직력은 AB면의 수직상방에 있는 물의 무게와 같다.

① 수직분력
$$F_x = \gamma\bar{h}A = 9800 \times (5+1) \times (2 \times 5)$$
$$= 58000 [\text{N}] = 588 [\text{kN}]$$

② 수직분력
$$F_y = \gamma V = 9800 \times \left(5 \times 2 + \frac{\pi \times 2^2}{4}\right) \times 5$$
$$= 643860 [\text{N}] = 643.86 [\text{kN}]$$

③ 합력
$$F = \sqrt{F_x^2 + F_y^2} = 871.9 [\text{kN}] ≒ 872 [\text{kN}]$$

답 ㉱

22

유체 속에 잠겨 있는 물체에 작용되는 부력은 물체에 의하여 배제된 유체의 무게와 같다.

답 ㉰

23

부력의 작용선은?

㉮ 부양체의 중심을 통과한다.

㉯ 유체 속에 잠겨 있는 물체의 중심선을 통과한다.

㉱ 물체에 의하여 배제된 유체의 중심을 통과한다.

㉴ 잠겨 있는 물체의 상방에 있는 액체의 중심을 통과한다.

24

경심(metercenter : 미터센터)의 높이는?

㉮ 부심에서 부양축에 내린 수선이다.

㉯ 부심과 미터센터 사이의 거리이다.

㉱ 중심과 미터센터 사이의 수직거리이다.

㉴ 중심과 부심 사이의 거리이다.

25

곡면에 작용하는 수평분력(F_x)은?

㉮ 곡면의 연직상방향의 유체무게와 같다.

㉯ 곡면의 도심점까지 압력과 곡면의 x방향 투영단면적의 상승적이다.

㉱ 곡면의 가장 아래 부분의 압력과 높이를 제곱한 것이다.

㉴ 곡면에 의해 지지된 액체와 같거나 작다.

26

액체 속에 잠겨진 곡면에 작용하는 수직분력(F_y)은?

㉮ 곡면에 의해 배제된 액체의 무게와 같다.

㉯ 곡면의 중심에서의 압력과 단면적을 곱한 것과 같다.

㉱ 곡면의 중심에서의 압력과 단면적을 나눈 것과 같다.

㉴ 곡면이 떠받고 있는 연직상방향의 액체무게와 같다.

27

등가속도운동을 받고 있는 액체는?

㉮ 액체의 층 상호간에 상대적인 운동이 존재하지 않는다.

㉯ 액체의 자유표면은 계속적으로 이동된다.

㉱ 액체의 층과 층 사이에 상대운동이 존재한다는 것을 가정한 유체이다.

㉴ 정지액체에서와 같이 자유표면은 항상 수평면을 이룬다.

해설 및 정답

23

부력은 작용선의 물체에 의하여 배제된 중심을 통과한다.

답 ㉱

24

미터센터(metercenter) 높이, 즉 경심고란 부양체의 중심과 미터센터 사이의 수직높이를 말한다.

답 ㉱

25

곡면에 작용하는 수평분력(F_x)은 곡면판의 도심점 압력과 곡면판의 투영단면적과의 상승적이다. 즉, $F_x = \gamma \bar{h} A$ [kg]이다.

답 ㉯

026

곡면에 작용하는 수직(연직)분력(F_y)은 곡면이 떠받고 있는 연직상방향의 액체의 무게와 같다.

답 ㉴

27

등가속도운동이란 액체의 층과 층 사이에 상대운동이 작용하지 않는 것을 가정한 경우의 운동을 말한다.

답 ㉮

28

액체가 강체처럼 수직축에 관해서 일정한 각속도(ω)로 회전할 때 압력은?

㉮ 중심방향 거리의 세제곱에 따라서 감소한다.

㉯ 중심거리에 따라 선형적으로 증가한다.

㉰ 어떤 수직선에 따르는 높이의 증가의 제곱에 따라서 감소한다.

㉱ 중심방향 거리의 제곱에 따라 변화한다.

28

상대적 평형(relative equilibrium)
등회전운동에서의 액면상승높이

$$h = \frac{r^2 \omega^2}{2g}$$

답 ㉱

29

어떤 물체를 공기 속에서 잰 무게는 686[N]이고 물속에서 잰 무게는 245[N]이었다. 이 물체의 체적은 몇 [m³]인가? (단, 공기의 무게는 무시한다.)

㉮ 0.045

㉯ 0.035

㉰ 45

㉱ 35

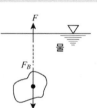

29

공기 속에서 잰 무게를 W, 물속에서 잰 무게를 F, 물체가 물속에서 받는 부력을 F_B라고 하면 그림과 같이 힘의 평형을 이룬다.

따라서 $W = F + F_B = F + \gamma V$

$$\therefore \ V = \frac{W - F}{\gamma} = \frac{686 - 245}{1000} = 0.045 [\text{m}^3]$$

답 ㉮

30

유체 속에 잠겨 있는 판면의 압력중심(전압력의 작용점)은?

㉮ 잠겨 있는 면적의 중심이다.

㉯ 압력의 작용선과 항상 일치된다.

㉰ 압력프리즘의 중심에 있다.

㉱ 면적의 위치에는 영향을 받지 않는다.

30

판면의 전압력 작용점은 압력프리즘의 중심으로부터 구한다.

답 ㉰

31

그림과 같이 직삼각형의 밑면은 수면에 있고, 꼭짓점은 아래로 내려가 있다. 전압력의 중심은 수면하 어디에 있는가?

㉮ $\dfrac{h}{4}$ ㉯ $\dfrac{h}{3}$

㉰ $\dfrac{h}{2}$ ㉱ $\dfrac{2h}{3}$

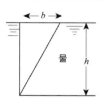

31

도심의 위치 : $\dfrac{1}{3}h$

면적 : $\dfrac{bh}{2}$

$$I_G = \frac{bh^3}{36}$$

$$\therefore \ y_F = \frac{1}{3}h + \frac{\dfrac{bh^3}{36}}{\dfrac{1}{3}h \times \dfrac{bh}{2}} = \frac{1}{3}h + \frac{1}{6}h = \frac{1}{2}h$$

답 ㉰

32

그림과 같이 단면적 30[cm²]인 원통형물체가 그림과 같이 물 위에 떠 있다. 물체의 무게는 몇 [N]인가?

㉮ 1.47[N]

㉯ 1.9[N]

㉰ 15[N]

㉱ 150[N]

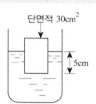
단면적 30cm²
5cm

32
$$F_B = \gamma V$$
$$= 9800 \times (30 \times 5) \times 10^{-6} = 1.47 [N]$$
 답 ㉮

33

그림과 같이 30°로 경사진 원형수문이 있다. 이 수문에 작용하는 힘은 몇 [kN]인가?

㉮ 246.3[kN]

㉯ 524[kN]

㉰ 344[kN]

㉱ 672[kN]

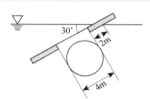
30°
2m
4m

33
$$F = \gamma \bar{y} \sin\theta A = 9800 \times 4 \times \sin 30 \times \frac{\pi}{4} \times 4^2$$
$$= 246303 [N] \fallingdotseq 246.3 [kN]$$
 답 ㉮

34

두 피스톤의 지름이 각각 25[cm]와 5[cm]이다. 큰 피스톤 25[cm]를 1[cm]만큼 움직이면 작은 피스톤 5[cm]은 몇 [cm]나 움직이겠는가? (단, 누설량과 압축은 무시한다.)

㉮ 15

㉯ 20

㉰ 25

㉱ 5

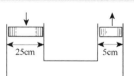
25cm
5cm

34
큰 피스톤이 움직인 거리 S_1, 작은 피스톤이 움직인 거리를 S_2라 하면 $A_1 S_1 = A_2 S_2$
따라서
$$S_2 = \frac{A_1}{A_2} \cdot S_1 = \left(\frac{d_1}{d_2}\right)^2 \times S_1 = \left(\frac{25}{5}\right)^2 \times 1$$
$$= 25 [cm]$$
답 ㉰

35

비중이 S인 액체의 표면으로부터 x[m] 깊이에 있는 점의 압력은 수은주로 몇 [mm]인가? (단, 수은의 비중은 13.6이다.)

㉮ 13.6Sx

㉯ 13600Sx

㉰ $\frac{1000Sx}{1.36}$

㉱ $\frac{Sx}{13.6}$

35
압력 $p = \gamma_w \cdot S \cdot x = 13.6 \times \gamma_w \cdot h$
수은주
$$h = \frac{Sx}{13.6} [m] = \frac{1000Sx}{13.6} [mm]$$
 답 ㉰

36

오른쪽 그림과 같이 60° 기울어진 4[m]×8[m]의 수문이 A지점에서 힌지로 연결되어 있다. 이 수문을 열기 위한 힘 F는 몇 [kN]인가?

㉮ 1839[kN]

㉯ 1738[kN]

㉰ 1637[kN]

㉱ 1537[kN]

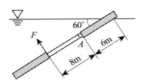

36

$$F = \gamma \bar{y} \sin\theta A$$
$$= 9800 \times (6+4) \times \sin 60 \times 32$$
$$= 2715854[\mathrm{N}] \fallingdotseq 2715.8[\mathrm{kN}]$$

$$y_P = \frac{I_C}{\bar{y}A} + \bar{y} = \frac{\frac{1}{12} \times 4 \times 8^3}{10 \times 32} + 10 = 10.53[\mathrm{m}]$$

$$\therefore \ \sum M_A = 0 : F \times 8 - 2715.8(10.53 - 6) = 0$$
$$F = 1537[\mathrm{kN}]$$

답 ㉱

64__

제2장 응용문제

01

그림에서 수직평판의 한쪽 면에 작용되는 힘은 얼마인가?

㉮ 31.3[kN]

㉯ 39.2[kN]

㉰ 15.89[kN]

㉱ 156.89[kN]

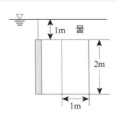

01

$$F = \gamma \bar{h} A = 9800 \times (1+1) \times (1 \times 2)$$
$$= 39200[\text{N}] = 39.2[\text{kN}]$$

답 ㉯

02

그림과 같이 1/4원으로 된 곡면의 길이가 2[m]일 때 1/4원통의 AB면에 작용하는 수직분력은 몇 [N]인가? (단, 액체의 비중량은 $\gamma[\text{kg/m}^3]$이다).

㉮ $(\pi+2)\gamma$ ㉯ $\left(\dfrac{\pi}{4}\right)\gamma$

㉰ $\left(\dfrac{\pi}{2}+2\right)\gamma$ ㉱ 3γ

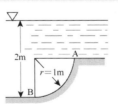

02

곡면에 작용하는 수직분력은 곡면이 떠받고 있는 연직상방향의 액체의 무게와 같으므로

$$F_V = \left(\frac{\pi \times 1^2}{4} \times 2 + 1 \times 1 \times 2\right)\gamma$$
$$= \left(\frac{\pi}{2} + 2\right)\gamma[\text{N}]$$

답 ㉰

03

[문제 2]에서 곡면 AB에 작용하는 수평분력은 몇 [N]인가?

㉮ 3γ ㉯ 1.5γ ㉰ $\dfrac{4}{3}$ ㉱ $(\pi \times 3.5)\gamma$

03

곡면(1/4원통)에 작용하는 수평분력은 곡면의 도심점압력과 x 방향의 투영단면적과의 곱이므로

$$F_h = \gamma \bar{h} A = \gamma \times \left(1 + \frac{1}{2}\right) \times (1 \times 2) = 3\gamma[\text{N}]$$

답 ㉮

04

직방체의 배는 그 깊이가 1.7[m], 폭 3[m], 길이가 12[m]이고 배에 127.4[kN]의 화물을 실었을 때 해수 중에 1[m]만큼 침하하였다. 화물을 싣지 않았을 때 강물 중에서는 몇 [m] 침하하겠는가? (단, 해수의 비중은 1.025이다.)

㉮ 0.567 ㉯ 0.664

㉰ 0.756 ㉱ 0.851

04

배가 해수에서 받는 부력(F_B)은
$$F_B = \gamma V = \gamma_w \times 1.025 \times (3 \times 12 \times 1)$$
$$= 361.62[\text{kN}]$$
배 자체의 무게는
$$361.62 - 127.4 = 234.221[\text{kN}]$$
따라서 강물 중에 침하하는 깊이를 $y[\text{m}]$라고 하면
$$9800 \times (3 \times 12 \times y) = 234.22 \times 1000$$
$$\therefore \ y = 0.664[\text{m}]$$

답 ㉯

05

그림과 같은 사각면적 $ABCD$에 작용하는 물에 의한 합력 F[kN]는?

㉮ 100

㉯ 30

㉰ 50

㉱ 98

06

그림과 같은 수압기에서 피스톤 L, M의 지름이 각각 15[cm]와 120[cm]라고 하면 피스톤 M으로써 1.5[kN]의 중량을 올리기 위해서는 레버 K점에 몇 [N]의 힘을 주어야 하는가?

㉮ 8.9[N]

㉯ 11.7[N]

㉰ 15.7[N]

㉱ 27[N]

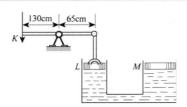

07

그림에서 수면이 상승하면 수문은 자동적으로 열리게 된다. 수문의 자중을 견디지 못하고 수문이 열리게 될 h를 구하라.

㉮ 2[m]

㉯ 1.63[m]

㉰ 1.33[m]

㉱ 0.33[m]

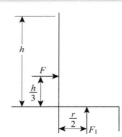 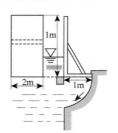

08

그림에서 곡면 AB에 작용하는 힘의 단위길이당 작용점의 위치를 구하라.

㉮ 1.55[m]

㉯ 2.55[m]

㉰ 3.55[m]

㉱ 0.55[m]

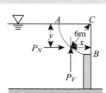

05

$$F_h = \gamma \bar{h} A = 9.8 \times (1.5 + 1) \times (2 \times 2)$$
$$= 98\,[\text{kN}]$$

답 ㉱

06

$P = \dfrac{F_1}{A_1} = \dfrac{F_2}{A_2}$ 에서

$P_L = P_M \Rightarrow \dfrac{F_L}{A_L} = \dfrac{F_M}{A_M}$

$\therefore\ F_L = \dfrac{F_M \times A_L}{A_M} = 1500 \times \left(\dfrac{15}{120}\right)^2 = 23.4\,[\text{N}]$

K점에 필요한 힘을 F_K라고 하면

$F_K \times 1.3 = F_L \times 0.65$

$\therefore\ F_K = 23.4 \times \dfrac{0.65}{1.3} = 11.7\,[\text{N}]$

답 ㉯

07

수문폭을 1[m]로 가정하고 수문하단에서의 힘

$F_1 = \gamma_w \times h \times (1 \times 1) = \gamma_w h$

수문 측면에서의 힘

$F_2 = \gamma_w \times \dfrac{h}{2} \times (h \times 1) = \dfrac{\gamma_w}{2} h^2$

힌지에 대한 모멘트는 $M = 0$에서

$F_1 \times \dfrac{h}{3} - F_2 \times \dfrac{h}{2}$

$\qquad = 1000 h \times \dfrac{h}{3} - 500 \cdot h^2 \times \dfrac{1}{2} h$

$\qquad = \gamma_w h \times \dfrac{h}{3} - \dfrac{\gamma_w}{2} h^2 \times \dfrac{h}{2}$

$\therefore\ h = 1.33\,[\text{m}]$

답 ㉰

08

$P_H = \gamma \bar{h} A = \gamma_w \times 3 \times 6 = 18 \gamma_w$

$P_V = \gamma A \times 1 = \gamma_w \times \left(\dfrac{\pi}{4} \times 6^2 \times 1\right) = 9\pi \cdot \gamma_w$

$\dfrac{1}{4}$ 원의 집점 $x = \dfrac{4r}{3\pi} = \dfrac{4 \times 6}{3\pi} = \dfrac{8}{\pi}\,[\text{m}]$

$\therefore F_y$의 작용점은 BC의 좌측 $\dfrac{8}{\pi} = 2.55\,[\text{m}]$

답 ㉯

09

그림에서 수문을 넘어지게 하는 높이 y를 계산하라. (단, 수문의 폭은 1[m]이다.)

㉮ 0.2[m]

㉯ 0.3[m]

㉰ 0.4[m]

㉱ 0.8[m]

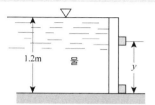

10

직삼각형 평판이 그림과 같이 물속에 수직으로 놓여 있다. 이때 압력 중심의 x, y 좌표는?

㉮ $x=1.5$[m], $y=1.5$[m]

㉯ $x=2$[m], $y=4.5$[m]

㉰ $x=2$[m], $y=2$[m]

㉱ $x=4.5$[m], $y=2$[m]

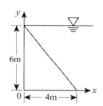

11

그림과 같은 비중계를 4[℃] 물에 띄웠을 때 물속에 잠긴 부피는 V라 한다. 이것을 비중 S인 액체에 띄웠을 때 물보다 l만큼 더 가라앉았다. 액체의 비중은 다음 중 어느 것인가? (단, 비중계의 단면적은 a이다.)

㉮ $\dfrac{V}{3(V+al)}$

㉯ $\dfrac{V}{2(V+al)}$

㉰ $\dfrac{V}{V+al}$

㉱ $\dfrac{2V}{V+al}$

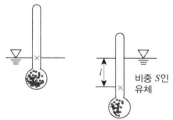

12

그림과 같은 삼각형 ABC의 한쪽 면에 작용하는 힘은?

㉮ $\dfrac{\gamma bh^2}{2}$

㉯ $\dfrac{\gamma bh^2}{3}$

㉰ $\dfrac{2\gamma bh^2}{3}$

㉱ $\dfrac{\gamma bh^2}{4}$

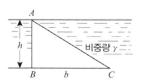

09

$$y_F = \bar{y} + \frac{I_G}{A_y}$$

$$= 0.6 + \frac{\frac{1\times(1.2)^3}{12}}{(1.2\times1)\times0.6} = 0.8[m]$$

$$\therefore\ y = 1.2 - 0.8 = 0.4[m]$$

답 ㉰

10

C는 도심점, P는 작용점으로 하면

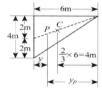

$$y_P = \frac{I_G}{\bar{y}A} + \bar{y} = \frac{\frac{4\times6^3}{36}}{4\times\frac{1}{2}\times4\times6} + 4 = 4.5$$

$$\therefore\ y = 6 - y_p = 6 - 4.5 = 1.5[m]$$

또는 $6:2 = y_p : x$ 이므로

$$x = \frac{2y_p}{6} = \frac{2\times4.5}{6} = 1.5[m]$$

답 ㉮

11

비중계의 무게 W는 비중계의 무게= 비중계의 부력이므로

$$W = \gamma_w V$$

비중 S인 유체에서

$$W = \gamma_w S(V+al)$$

$$\therefore\ S = \frac{V}{V+al}$$

답 ㉰

12

$$F = \gamma\bar{y}\sin\theta A$$

$$= \gamma\left(\frac{2}{h}\right)\sin90\left(\frac{1}{2}bh\right) = \frac{\gamma bh^2}{3}$$

답 ㉯

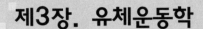

제3장. 유체운동학

3-1 유체 흐름의 특성

1. 정상류와 비정상류

1) **정상류**(steady flow)

정상류란 유동장에서 유체 흐름의 모든 특성 즉, 압력(P), 밀도(∂), 속도(V), 온도(T) 등이 시간에 따라 변화하지 않는 흐름을 말한다.

$$\frac{\partial P}{\partial t} = 0, \ \frac{\partial \rho}{\partial t} = 0, \ \frac{\partial V}{\partial t} = 0, \ \frac{\partial T}{\partial t} = 0$$

2) **비정상류**(unsteady flow)

비정상류란 유동장에서 유체흐름의 모든 특성 즉, 압력(P), 밀도(∂), 속도(V), 온도(T) 등이 시간에 따라 변화하는 흐름을 말한다.

$$\frac{\partial P}{\partial t} \neq 0, \ \frac{\partial \rho}{\partial t} \neq 0, \ \frac{\partial V}{\partial t} \neq 0, \ \frac{\partial T}{\partial t} \neq 0$$

2. 층류와 난류

1) **층류**(laminar flow)

유체입자가 질서정연하게 층과 층이 미끄러지면서 흐르는 흐름을 말한다. 유체의 전단응력은 다음과 같다. 즉, Newton의 점성법칙을 만족시키는 흐름을 의미한다.

$$\tau = \mu \frac{du}{dy}$$

2) 난류(turbulent flow)

유체입자들이 불규칙하게 운동하면서 흐르는 흐름을 말한다. 유체의 전단응력은 다음과 같다.

$$\tau = \eta \frac{du}{dy}$$

η : 와점성계수(eddy viscosity)

[와점성계수(η)는 난류도와 유체의 밀도에 의해 정해지는 인자로서 대체로 점성계수(μ)보다 크다.]

3. 균속도 유동과 비균속도 유동

1) 균속도 유동(uniform flow)＝등속류

어떤 순간에 인접한 유체입자들의 속도 벡터가 같을 때 유동을 말한다. 즉, 거리변화(∂S)에 따른 속도변화(∂V)가 0인 상태의 흐름

$$\frac{\partial V}{\partial S} = 0$$

2) 비균속도 유동(nonuniform flow)＝비등속류

어떤 순간에 임의의 점마다 속도 벡터가 변하는 흐름을 말한다. 즉, 거리변화(∂S)에 대한 속도변화(∂V)가 0이 아닌 상태의 흐름

$$\frac{\partial V}{\partial S} \neq 0$$

그러므로 속도 $V = f(s, t)$이므로 chain을 걸면

$$dV = \frac{\partial V}{\partial s} \cdot ds + \frac{\partial V}{\partial t} \cdot dt$$

에서

가속도 $\quad a = \dfrac{dV}{dt} = \dfrac{ds}{dt} \cdot \dfrac{\partial V}{\partial s} + \dfrac{\partial V}{\partial t} = V \cdot \dfrac{\partial V}{\partial s} + \dfrac{\partial V}{\partial t}$

임을 알 수 있다.

타-란 유선(stream line), 유적선(path line), 유맥선(streak line)

1. 유선(stream line)

유선이란 유체의 흐름에 있어서 모든 점에서 유체 흐름의 속도 vector의 방향을 갖는 연속적인 가상곡선으로 정의한다(정상류(steady flow) 흐름인 경우 유선은 유적선과 일치되며, 비정상류(unsteady flow) 흐름인 경우는 일치되지 않는다).

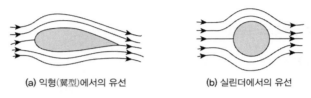

(a) 익형(翼型)에서의 유선   (b) 실린더에서의 유선

그림 3-1 유선의 모양

■ 유선(stream line) 정의로부터 유선의 방정식은 아래와 같이 쓴다.

$$V \times dr = 0$$

V : 속도 벡터(vector)
dr : 유선방향의 미소단위 벡터(vector)

또한 속도 벡터와 변위 벡터의 직교좌표에 의한 성분표시는

$$(U_x i + V_y i + W_z k) \times (dx i + dy i + dz k) = 0$$

$$\frac{dx}{U_x} = \frac{dy}{V_y} = \frac{dz}{W_z}$$ 유선의 미분방정식 ⇐ 암기

2. 유적선(path line)

유적선이란 한 유체입자가 일정한 기간 내에 움직인 경로를 말한다(유체입자의 지나간 자취).

3. 유맥선(streak line)

유맥선이란 모든 유체입자의 순간체적을 말한다.

개념예제

1. 1차원 흐름이란?

    ㉮ 여러 개의 유선으로 이루어지는 유동면으로 정의되는 흐름이다.

    ㉯ 유동특성이 한 개의 유선방향으로만 변화되는 흐름이다.

    ㉰ 면(面)으로는 정의될 수 없고 하나의 체적요소의 공간으로 정의되는 흐름이다.

    ㉱ 유선방향 이외에서 유동특성이 변화되는 흐름이다.

Sol) 차원흐름이란 유동특성이 단지 한 개의 유선을 따라서만 변화되는 흐름을 말한다. 그러나 여러 개의 유선이라도 서로 평행하고 곧으면 1차원 흐름이 된다. **답** ㉯

2. 유선이란?

    ㉮ 유동장의 모든 점에서 속도 벡터에 수직한 방향을 갖는 선이다.

    ㉯ 유동 단면의 중심을 연결한 선이다.

    ㉰ 유체의 입자가 흐르는 궤적이다.

    ㉱ 유동장의 한 선상의 모든 점에서 그은 접선이 그 점에서의 속도방향과 일치되는 선이다.

Sol) 어느 순간에 유동하는 유체 속에 한 개의 선을 가상하여 이 선상의 모든 점에서 접선을 그렸을 때, 이들 접선방향이 그 점에서의 속도방향과 일치될 때의 선을 유선(stream line), 유체의 입자가 시간과 함께 통과하는 운동궤적을 유적 (paths of particles)이라 한다. 유선과 유적은 일반적으로 일치하지 않으나 정사유동에서만은 일치한다. **답** ㉱

ㄱ-ㄱ   연속방정식(continuity equation)

연속방정식이란 "질량보존의 법칙"을 유체유동에 적용한 것으로써 그림 3-2와 같이 단위시간당 ① 단면에 유입하는 유체의 질량과 단위시간당 ② 단면으로 유출되는 유체의 질량은 일정하다고 정의한 식을 말한다.

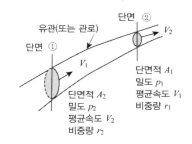

그림 3-2 유관과 검사체적

1. 1차원정상유동에 대한 연속방정식

1) **질량유량**(mass flow rate) : $\dot{M}$ [kg(m)/sec]

$$[\text{일반식}] \quad \dot{M} = \rho A V = C \tag{a}$$

따라서 ① 단면 또는 ② 단면에 적용하면

$$\dot{M} = \rho_1 A_1 V_1 = \rho_2 A_2 V_2$$

또는 연속방정식의 미분형으로서 식(a)를 미분하여 $d(\rho A V)=0$ 정리하면 다음과 같다. 즉,

$$\frac{d\rho}{\rho}+\frac{dA}{A}+\frac{dV}{V}=0 \qquad \text{연속방정식의 미분형} \Leftarrow \boxed{\text{암기}}$$

2) **체적유량**(volumetric flow rate) : $Q\,[\text{m}^3/\text{sec}]$

$$Q = A V = C \quad [\text{일반식}]$$

비압축성 유체인 경우는 밀도(ρ)나 비중량(γ)의 변화가 없다. 즉, 일정하다고 생각하자.
따라서 $\rho_1 = \rho_2$이므로
① 단면과 ② 단면에 적용하면

$$Q = A_1 V_1 = A_2 V_2$$

표 3-1 여러 가지 경우에 대한 연속방정식

	정상상태(steady state)	
	압축성유체(compressible fluid)	비압축성유체(incompressible fluid)
3차원 흐름(x, y, z 방향)	$\dfrac{\partial(\rho u)}{\partial x}+\dfrac{\partial(\rho v)}{\partial y}+\dfrac{\partial(\rho w)}{\partial z}=0$	$\dfrac{\partial u}{\partial x}+\dfrac{\partial v}{\partial y}+\dfrac{\partial w}{\partial z}=0$
2차원 흐름(x, y 방향)	$\dfrac{\partial(\rho u)}{\partial x}+\dfrac{\partial(\rho v)}{\partial y}=0$	$\dfrac{\partial u}{\partial x}+\dfrac{\partial v}{\partial y}=0$
1차원 흐름(x 방향)	$\dfrac{\partial(\rho u)}{\partial x}=0$	$\dfrac{\partial u}{\partial x}=0$
	비정상상태(unsteady state)	
	압축성유체(compressible fluid)	비압축성유체(incompressible fluid)
3차원 흐름(x, y, z 방향)	$\dfrac{\partial(\rho u)}{\partial x}+\dfrac{\partial(\rho v)}{\partial y}+\dfrac{\partial(\rho w)}{\partial z}=-\dfrac{\partial\rho}{\partial t}$	$\dfrac{\partial u}{\partial x}+\dfrac{\partial v}{\partial y}+\dfrac{\partial w}{\partial z}=-\dfrac{\partial\rho}{\partial t}$
2차원 흐름(x, y 방향)	$\dfrac{\partial(\rho u)}{\partial x}+\dfrac{\partial(\rho v)}{\partial y}=-\dfrac{\partial\rho}{\partial t}$	$\dfrac{\partial u}{\partial x}+\dfrac{\partial v}{\partial y}=-\dfrac{\partial\rho}{\partial t}$
1차원 흐름(x 방향)	$\dfrac{\partial(\rho u)}{\partial x}=-\dfrac{\partial\rho}{\partial t}$	$\dfrac{\partial u}{\partial x}=-\dfrac{\partial\rho}{\partial t}$

개념예제

3. 연속방정식(continuity equation)은?

㉮ 에너지와 일과의 관계를 설명한 방정식이다.

㉯ 뉴턴의 제2운동법칙을 만족시키는 방정식이다.

㉰ 질량보존의 법칙을 만족시키는 방정식이다.

㉱ 유선상의 2점에서 단위체적당 모멘텀에 관한 방정식이다.

Sol) 연속방정식은 질량보존의 법칙으로부터 유도된 방정식이다. **답** ㉰

4. 지름이 각각 10[cm]와 20[cm]로 된 관이 서로 연결되어 있다. 지름 20[cm] 관에서의 속도가 2.4[m/sec]일 때 10[cm] 관에서의 평균속도는 몇 [m/sec]인가?

㉮ 0.6 ㉯ 6.5 ㉰ 0.9 ㉱ 9.6

Sol) $A_1 V_1 = A_2 V_2$에서 $\frac{\pi}{4} \times (0.1)^2 \times V_1 = \frac{\pi}{4} \times (0.2)^2 \times 2.4$

$\therefore \ V_1 = 9.6 \, [\mathrm{m/sec}]$ **답** ㉱

5. 비압축성 유체의 속도성분이 $u = 6x + y, \ v = -6y$인 흐름은?

(단, u는 x방향속도, v는 y방향속도이다.)

㉮ 1차원 정상류 ㉯ 2차원 정상류

㉰ 3차원 비정상류 ㉱ 1차원 비정상류

Sol) $u = 6x + y$에서 $\dfrac{\partial u}{\partial x} = 6$

$v = -6y$에서 $\dfrac{\partial v}{\partial y} = -6$ $\therefore \ \dfrac{\partial u}{\partial x} + \dfrac{\partial v}{\partial y} = 0$

이 방정식은 비압축성 유체의 2차원. 정상류에 대한 연속방정식이다. 왜냐하면 일반적인 연속방정식에서

$\dfrac{\partial}{\partial x}(\rho u) + \dfrac{\partial}{\partial y}(\rho v) + \dfrac{\partial}{\partial z}(\rho w) + \dfrac{\partial \rho}{\partial t} = 0$

정상류이면 $\dfrac{\partial \rho}{\partial t} = 0$이고 비압축성 유체이면 ρ는 상수로서 소거되므로 비압축성 유체의 정상류에 대한 연속방정식은

$\dfrac{\partial u}{\partial x} + \dfrac{\partial v}{\partial y} + \dfrac{\partial w}{\partial z} = 0$

또, 2차원 흐름이면 $w = 0$이므로 비압축성 유체의 2차원 정상류에 대한 연속방정식 $\dfrac{\partial u}{\partial x} + \dfrac{\partial v}{\partial y} = 0$ **답** ㉯

3-4 오일러의 운동방정식(Euler's motion equation)

그림 3-3과 같이 질량이 $\rho dAds$인 유체입자가 유선을 따라 움직인다. 이 유체입자의 유동방향의 한쪽 면에 작용하는 압력을 p라 하면 다른 쪽 면에 작용하는 압력은

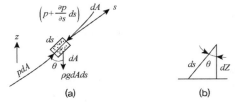

그림 3-3 유선의 유체입자에 작용하는 힘

$$\left(p+\frac{\partial p}{\partial s}ds\right)$$

로 표시할 수 있다. 그리고 유체입자의 무게는 $\rho gdAds$이다. 이들 힘에 대하여 뉴턴의 제2운동법칙 $\sum F_s = ma_s$를 적용하면

$$pdA-\left(p+\frac{\partial p}{\partial s}ds\right)dA-\rho gdAds\cos\theta = \rho dAds\frac{dV}{dt}$$

여기서 V는 유선에 따라 유동하는 유체입자의 속도이다. 위의 식의 양변을 $\rho dAds$로 나누어 정리하면

$$\frac{1}{\rho}\frac{\partial p}{\partial s}+g\cos\theta+\frac{dV}{dt}=0 \qquad\qquad\text{(a)}$$

속도 V는 s와 t의 함수 즉, $V=V(s,t)$이므로

$$\frac{\partial V}{\partial t}=\frac{\partial V}{\partial s}\frac{\partial s}{\partial t}+\frac{\partial V}{\partial t}=V\frac{\partial V}{\partial s}+\frac{\partial V}{\partial t}$$

그리고 그림 3-3(b)에서

$$\cos\theta=\frac{\partial z}{\partial s}$$

$\dfrac{\partial V}{\partial t}$와 $\cos\theta$를 식(a)에 대입하여 얻어지는 식을 Euler의 운동방정식이라 한다.

$$\frac{1}{\rho}\frac{\partial p}{\partial s} + g\frac{\partial z}{\partial s} + V\frac{\partial V}{\partial s} + \frac{\partial V}{\partial t} = 0 \tag{b}$$

정상류에서는 $\dfrac{\partial V}{\partial t} = 0$이므로 Euler의 운동방정식은

$$\frac{1}{\rho}\frac{\partial p}{\partial s} + g\frac{\partial z}{\partial s} + V\frac{\partial V}{\partial s} = 0 \tag{c}$$

식(c)의 양변에 $\partial s\,(ds)$를 곱하고 정리하면

$$\frac{dp}{\rho} + gdz + VdV = 0 \tag{d}$$

식(d)의 양변을 g로 나누면

$$\frac{dp}{\gamma} + dz + \frac{1}{g}VdV = 0 \tag{e}$$

식(c), (d), (e)는 모두 1차원 흐름에 대한 Euler의 운동방정식이다.

개념예제

6. 검사체적(control volume)은 다음 중 어떤 것을 가리키는가?

㉮ 공간에 고정된 범위(region) ㉯ 주어진 질량에 포함한 체적

㉰ 고립된 계(system) ㉱ 밀폐된 계(system)

Sol) 검사체적은 공간에 고정된 범위를 가리킨다. 그 형상과 크기는 문제 분석에 용이하도록 택하나 많은 경우에 고정된 경계와 일치하게 택한다. 이것은 개방된 계와 같다. 답 ㉮

7. 다음 중 오일러(Euler)의 운동방정식은?

㉮ $\dfrac{dx}{u} = \dfrac{dy}{v} = \dfrac{dz}{w}$ ㉯ $\dfrac{P}{\gamma} + \dfrac{v^2}{2g} + Z = \text{const}$

㉰ $\dfrac{\partial u}{\partial x} + \dfrac{\partial v}{\partial y} + \dfrac{\partial w}{\partial z} = 0$ ㉱ $\dfrac{dp}{\rho} + VdV + gdz = 0$

Sol) ㉮ 유선의 미분방정식
㉯ 베르누이 방정식
㉰ 비압축성 유체의 3차원 정상류에 대한 연속방정식
답 ㉱

3-5 베르누이 방정식(Bernoulli's equation)

베르누이 방정식이란 에너지 보존의 법칙을 다음과 같은 가정하에서

1) 정상류일 것
2) 유선을 따라 흐른다.
3) 비점성 즉, 무마찰일 것(정상력＝0)
4) 비압축성 유체($\rho = c$)(임의의 두 점은 같은 유선상에 있음)

유체유동에 작용한 방정식으로서 Euler's 운동방정식을 적분하여 얻는다. 즉, Euler's 운동방정식 $\left(\dfrac{dp}{\gamma} + \dfrac{1}{g}VdV + dz = 0\right)$을 비압축성 유체($\gamma = c$)라고 가정하고 적분하면 아래와 같은 Bernoulli's 방정식을 얻게 되는 것이다.

$$\frac{p}{\gamma} + \frac{V^2}{2g} + Z = C\,(일정)$$

$$\begin{cases} \dfrac{p}{\gamma} & : \text{압력수도(pressure head)} \\ \dfrac{V^2}{2g} & : \text{속도수두(velocity head)} \\ Z & : \text{위치수두(potential head)} \end{cases}$$

따라서 윗 식을 ① 단면과 ② 단면에 적용하면

$$\frac{P_1}{\gamma} + \frac{V_1^2}{2g} + Z_1 = \frac{P_2}{\gamma} + \frac{V_2^2}{2g} + Z_2$$

POINT

만약, 실체유체에 적용을 하게 되면 손실수두(hl)를 오른쪽 항에 가해 준다. 즉,

$$\frac{P_1}{\gamma} + \frac{V_1^2}{2g} + Z_1 = \frac{P_2}{\gamma} + \frac{V_2^2}{2g} + Z_2 + hl$$

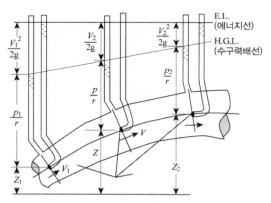

그림 3-4 베르누이 방정식에서의 수두

POINT

이해하고 암기하라(시험에 자주 출제됨)

① 에너지선(Energy Line) : E.L $\qquad$ $E.L = \dfrac{P}{\gamma} + \dfrac{V^2}{2g} + Z = H.G.L + \dfrac{V^2}{2g}$

② 수력구배선(Hydraulic Grade Line) : H.G.L $\qquad$ $H.G.L = \dfrac{P}{\gamma} + Z = E.L - \dfrac{V^2}{2g}$

수력구배선(H.G.L)은 항상 E.L(에너지선)보다 속도수두 $\left(\dfrac{V^2}{2g}\right)$ 만큼 아래에 있다.

개념예제

8. 베르누이 방정식은?

   ㉮ 유체의 마찰효과와는 전혀 관계가 없다.
   ㉯ 주로 비정상류 흐름에 대하여 적용하는 방정식이다.
   ㉰ 같은 유선상이 아니더라도 언제나 임의점에 대해 적용한다.
   ㉱ 압력수두, 속도수두, 위치수두의 합이 일정하다.

   Sol) 베르누이 방정식은 $\dfrac{P}{\gamma} + \dfrac{V^2}{2g} + Z = H = C$ 이다. **답** ㉱

9. 어떤 관 속을 흐르는 물의 압력이 0.392[MPa]일 때 이 단면에서의 압력수두는 얼마인가?

   ㉮ 4[m] ㉯ 40[m] ㉰ 400[m] ㉱ 15[m]

   Sol) $\dfrac{P}{\gamma} = \dfrac{0.392 \times 10^6}{9800} = 40[m]$ **답** ㉯

3-6 베르누이 방정식의 응용

저수지의 유체에 대하여 베르누이 방정식을 생각해 보자. 그림 3-5와 같이 위치가 표시된 저수지 속의 임의의 한 점에 ①에 베르누이 방정식을 적용하면

$$\frac{V^2}{2g} + \frac{P}{\gamma} + Z = 0 + (H-h) + h = H$$

가 되므로 저수지의 유체는 단위중량당 에너지가 어느 점에서든지 일정함을 알 수 있다. 따라서 저수지나 용적이 큰 저장탱크(tank)의 유체는 모두 동일 우선상의 점으로 보아 베르누이 방정식을 적용할 수 있다.

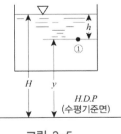

그림 3-5

1. 토리첼리(Torricelli)의 정리

그림 3-6과 같이 유체의 자유표면 ①과 출구단면 ②에 베르누이 방정식을 적용하면 유출하는 유체의 속도를 구할 수 있다.

$$\frac{P_1}{\gamma} + \frac{V_1^2}{2g} + Z_1 = \frac{P_2}{\gamma} + \frac{V_2^2}{2g} + Z_2$$

여기서, $P_1 = P_2 = P_0(대기압) = 0$

$V_2 \gg V_1$

$O + O + Z_1 = O + \frac{V_2^2}{2g} + Z_2$

$\frac{V_2^2}{2g} = Z_1 - Z_2 = h$

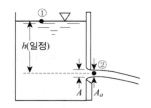

그림 3-6 자유흐름의 오리피스

따라서

$$V_2 = \sqrt{2gh} \ [\text{m/sec}] \tag{a}$$

위 식(a)를 토리첼리(Torricelli)의 정리라고 하며, 이 속도는 물체의 자유낙하속도와 같다.
유출속도(V_2)에 오리피스 단면적 A를 곱하면 유량을 구할 수 있을 것인데, 실제로는 점성효과로 인하여 속도와 유량이 이보다 작다. 실제의 속도 V_a와 이론속도 V를 비교하여

$$V_a = C_v V \ [\text{m/sec}]$$

로 쓰고, 여기서 C_v를 속도계수(coefficient of velocity)라 하며 출구 단면의 크기와 h의 크기에 따라 약간의 변화 있다. 물의 경우 보통 $C_v = 0.97 \sim 0.99$를 취한다. 그리고 유출유체 제크의 단면적(A_a)도 오리피스 단면적(A)보다 조금 작아지는데

$$A_a = C_c A \ \text{또는} \ d_a^2 = C_c d^2$$

라 쓰고, C_c를 수축계수(coefficient of contraction)라고 하며, 물의 경우 대체로 $C_c = 0.61 \sim 0.66$의 값을 취하는 것으로 실험결과가 알려져 있다. 그러면 오리피스에서의 실제 유량(Q_a)은

$$Q_a = A_a V_a = C_v A \cdot C_v V = C_c C_v A V = CA V = CA\sqrt{2gh} \ [\text{m}^3/\text{sec}]$$
유량계수(C) = 속도계수(C_v) × 수축계수(C_c)

로 구해질 것이다. 여기서 C를 유량계수(flow coefficient)라 하고 물의 경우 일반적인 C값을 $0.60 \sim 0.65$ 유량계수라 한다.

2. 벤투리계(venturi meter)

그림 3-7과 같이 점차 축소 확대된 관에서 정압(靜壓)을 측정함으로써 유량을 구할 수 있도록 만든 관을 벤투리관이라 한다.

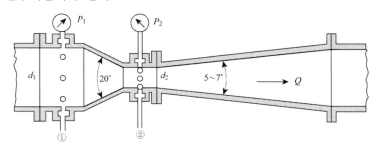

그림 3-7 벤투리계

그림에서 1, 2단면의 평균속도, 압력을 각각 V_1, V_2, p_1, p_2라 하면 Bernoulli의 정리에 의하여

$$\frac{V_1^2}{2g} + \frac{p_1}{\gamma} = \frac{V_2^2}{2g} + \frac{p_2}{\gamma}$$

와 같은 관계를 얻는다. 위 식에서 다시

$$\frac{p_1 - p_2}{\gamma} = \frac{V_2^2 - V_1^2}{2g} \tag{a}$$

단면 ①과 ②에 액주압력계를 세워 그 압력차의 수두를 H로 하면

$$H = \frac{p_1 - p_2}{\gamma} \tag{b}$$

(a)와 (b)로부터

$$\frac{V_2^2 - V_1^2}{2g} \tag{c}$$

양 단면의 단면적을 A_1, A_2로 하고 유량을 Q로 하면

$$H = \frac{\left(\dfrac{Q}{A_2}\right) - \left(\dfrac{Q}{A_1}\right)^2}{2g}$$

또는

$$2gH = Q^2\left(\frac{1}{A_2^2} - \frac{1}{A_1^2}\right) = Q^2\left(\frac{A_1^2 - A_2^2}{A_1^2 A_2^2}\right)$$

따라서 유량은

$$Q = \frac{A_1 A_2}{\sqrt{A_1^2 - A_2^2}} \sqrt{2gH} \tag{d}$$

또 ①, ②단면의 연속방정식과 Bernoulli방정식을 이용 v_1을 소거하면

$$V_2 = \frac{1}{\sqrt{1 - \left(\dfrac{A_2}{A_1}\right)^2}} \sqrt{\frac{2g}{\gamma}(p_1 - p_2)} \tag{e}$$

유량 $Q = A_2 V_2$이므로

$$Q = A_2 V_2 = \frac{A_2}{\sqrt{1 - \left(\dfrac{A_2}{A_1}\right)^2}} \sqrt{\frac{2g}{\gamma}(p_1 - p_2)} \tag{f}$$

그런데 Venturi계가 가지는 Venturi계수 C를 곱하면 실제유량을 구할 수 있다. 실제유량 Q_a는

$$Q_a = CQ$$

C는 $0.96 \sim 0.99$의 값을 가지며 유량계수라고 한다.

3. 피토관(pitot tube)

그림 3-8의 점 ①과 점 ② 사이에 베르누이 방정식을 세우고 $z_1 = z_2$, $V_2 = 0$, $P_2 = P_s$로 놓으면

$$\frac{V_1^2}{2g} + \frac{p_1}{\gamma} = \frac{p_s}{\gamma} \text{ (양변에 비중량 } \gamma \text{를 곱하면)}$$

$$\therefore p_s = p_1 + \frac{\rho V_1^2}{2} : \text{정체점의 압력(stagnation pressure)}$$

따라서

$$V_1 = \sqrt{\frac{2g}{\gamma}(p_s - p_1)} \text{ [m/sec]}$$

액주계(manometer)에서

$$\frac{p_s - p_1}{\gamma} = h\left(\frac{\gamma_s}{\gamma} - 1\right) \qquad \therefore V_1 = \sqrt{2gh\left(\frac{\gamma_s}{\gamma} - 1\right)} \text{ [m/sec]} \tag{a}$$

그림 3-8과 같이 정압관과 피토관을 연결하여 차압을 측정할 수 있게 한 것을 피토-정압관이라고 하는데 여기서 차압은 동압(dynamic pressure)을 의미한다.

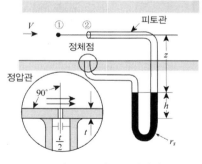

그림 3-8 피토-정압관

개념예제

10. 그림에서 피토관이 설치되어 있다. 이때 ①점에서 유속은 베르누이 방정식을 이용하여 측정하면 어떻게 되는가?

㉮ $\sqrt{g\Delta h}$

㉯ $\sqrt{2g\Delta h}$

㉰ $\sqrt{2gH}$

㉱ $\sqrt[2]{2g(H+\Delta h)}$

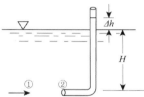

Sol) 그림에서 ②점에서의 유속은 정체점이므로 0이 된다.
①점과 ②점에 대하여 베르누이 방정식을 적용시키면

$$\frac{P_1}{\gamma}+\frac{V_1^2}{2g}+Z=\frac{P_2}{\gamma}+\frac{V_2^2}{2g}+Z$$

동일수평선이므로 $Z_1=Z_2$, 여기서 $P_1=\gamma H \cdot R_2=\gamma(H+\Delta h)$가 되므로 $H+\dfrac{V_1^2}{2g}+0=H+\Delta h+0$

$\therefore V_1=\sqrt{2g\Delta h}\,[\text{m/sec}]$ ㉯

11. 그림과 같이 축소된 통로에 물이 흐르고 있다. 두 압력계의 읽음이 같게 되는 지름은 얼마인가?

㉮ 5.56[cm]

㉯ 13.55[cm]

㉰ 55.54[cm]

㉱ 23.56[cm]

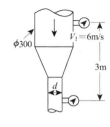

Sol) 두 점에 대하여 베르누이 방정식을 적용시키면

$$\frac{P_1}{\gamma}+\frac{V_1^2}{2g}+Z_1=\frac{P_2}{\gamma}+\frac{V_2^2}{2g}+Z_2,\ \text{문제에서}\ \frac{p_1}{\gamma}=\frac{p_2}{\gamma}\ \text{의 조건이므로}$$

$$\frac{V_1^2}{2g}+(Z_1-Z_2)=\frac{V_2^2}{2g}$$

따라서 $V_2^2=36+3\times2\times9.8=94.8$

연속방정식으로부터 $Q=A_2V_2=\dfrac{\pi}{4}\times(0.3)^2\times6=\dfrac{\pi}{4}d^2\sqrt{94.8}$

$\therefore d^2=\dfrac{6\times0.09}{\sqrt{94.8}}=0.0555 \Rightarrow d=\sqrt{0.0555}=0.2356\,[\text{m}]=23.56\,[\text{cm}]$ ㉱

ㅋ-ㄱ 공동현상(cavitation : 캐비테이션)

액체는 증기압 이하의 압력에서 비등한다. 흐르는 유체도 마찬가지로 국소압력이 증기압으로 강하하면 기포가 발생하는데 이러한 현상을 공동현상이라 한다. 기포는 액체 속에 용해되어 있던 기체가(자로 공기) 유리되면서 액체가 기화된 기체와 합쳐서 생성된다. 액체 속에 용입된 기체량은 압력강하에 따라 줄어듦으로써 유리되고, 온도가 높아지면 증기압도 높아지므로 고압저온의 액체가 저압고온이 될수록 공동현상은 잘 일어난다. 그림 3-9는 밸브로 유량을 조절할 수 있는 장치이다.

액체가 관의 수축부를 통과할 때 베르누이 방정식에 의하여 목(throat) 부분에서 압력이 가장 낮아지고, 이때 압력이 그 유체의 증기압까지 내려가면 기체의 유리와 증기의 발생으로 공동현상을 일으킬 수 있다. 그림에서 A선은 최소 압력이 증기압보다 높은 때의 수력구배선(HGL)이고, B선은 밸브를 좀더 열어 목 부분에서 압력이 최초로 증기압까지 내려갔을 때이다.

C선은 밸브를 더욱 열어도 유량증가는 없이 공동(空洞)의 구역만 확장되고 있는 것을 보여주고 있다. 공동이 유지되는 곳에서는 액체의 평균압력도 증기압이다. 공동의 기체는 빠른 속도로 하류로 이동하다가 갑자기 궤멸되면서 공소를 메우기 위하여 돌진한 액체는 순간적으로 높은 압력을 가지고 유체벽에 손상을 준다.

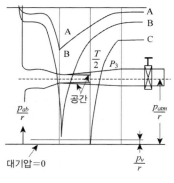

그림 3-9

공동현상에 의한 피해는 고체 경계면의 침식(erosion) 효율의 감소와 심한 진동 등이다. 침식의 직접적인 원인으로는 충격에 의한 손상이 주된 것이며 기포 중의 산소에 의한 산화작용이 부식을 일으키기도 하고 전해작용에 의하여 부식이 일어난다고 한다.

공동현상이 문제가 되는 경우는 터빈, 펌프, 선박의 프로펠러와 같은 고속수력기계 설계에서 높은 댐의 하류구조물, 수중 고속운동체에서 그리고 유압기계의 관로설계 등에 고려하여야 할 중요문제이다.

3-8   피토관

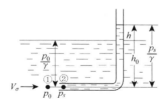

그림 3-10 피토관

①과 ②에 베르누이 방정식을 적용하면

$$\frac{p_0}{\gamma} + \frac{V_o^2}{2g} = \frac{p_s}{\gamma}$$

위 식의 양변에 γ을 곱하면

$$p_s = p_o + \frac{\rho V_o^2}{2}$$

$$\left[\begin{array}{l} p_o \quad : \text{정압(靜壓 : static pressure)} \\ p_s \quad : \text{정체압력(停滯壓力 : stagnation pressure) 또는} \\ \qquad \text{총압(總壓 : total pressure)} \\ \frac{\rho V_o^2}{2} : \text{동압(動壓 : dynamic pressure)} \end{array}\right.$$

개념예제

12. 다음 그림과 같이 잔잔히 흐르는 강에 깊이 8[m] 지점에 물체를 고정시키고 물체 표면에 작용하는 압력을 측정한 결과 최대 83.3[kPa]의 압력을 받았다. 이 깊이에서 흐르는 물의 속도는 몇 [m/s]인가?

㉮ 1.03

㉯ 1.13

㉰ 3.13

㉱ 3.03

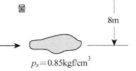

$p_s = 0.85 \text{kgf/cm}^3$

Sol) 정압 p_o는

$p_o = \gamma h = 9800 \times 8 = 78400 [\text{N}/\text{m}^2] = 18.4 [\text{kP a}]$

$p_s = p_o + \gamma \cdot \dfrac{V^2}{2g} = 78400 + 9800 \times \dfrac{V^2}{2 \times 9.8} = 83300$ 에서

$V = 3.13 [\text{m}/\text{s}]$

답 ㉰

3-9 손실수두와 동력(power)

이상유체에 관한 베르누이 방정식의 적용범위를 넓히기 위하여 손실수두항을 첨가하면 실제 유체에 대해서도 이용할 수 있다. 특별히 약속된 사실은 없지만 일반적으로 관류에서 상·하류라 하면 위치에 상관없이 흐름방향으로 생각하여 그림 3-11에서 보는 바와 같이 단면 ①을 상류쪽에 단면 ②를 하류쪽에 잡는다.

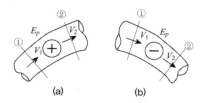

그림 3-11

점성효과로 인하여 흐르는 유체가 손실을 갖는다면 에너지선은 수평 기준면과 평행하지 못하고 단면 ②의 전수두는 단면 ①의 전수두보다 손실수두만큼 작을 것이므로 베르누이 방정식은

$$\frac{\dfrac{V_1^2}{2g}+\dfrac{P_1}{\rho g}+z_1=V_2^2+\dfrac{P_2}{\rho g}+z_2+H_L}{2g} \tag{a}$$

로 표시하게 되고 그림 3-11(a)와 같이 단면 ①과 ② 사이에 펌프(pump)가 설치되어 유체가 펌프로부터 에너지를 공급받는다면

$$\frac{V_2^2}{2g}+\frac{P_1}{\rho g}+z_1+H_p=\frac{V_2^2}{2g}+\frac{P_2}{\rho g}+z_2+H_L \tag{b}$$

로 쓰고 그림 3-11(b)와 같이 단면 사이에 터빈(turbine)이 설치되어 유체로부터 에너지를 빼앗어 간다면

$$\frac{V_1^2}{2g}+\frac{P_1}{\rho g}+z_1=\frac{V_2^2}{2g}+\frac{P_2}{\rho g}+z_2+H_T+H_L \tag{c}$$

로 베르누이 방정식을 수정하여 이용한다. 여기서 손실수두(H_L), 펌프에너지(H_p), 터빈에너지(H_T)는 각각 단위중량의 유체가 잃는 에너지, 공급받는 에너지, 공급하는 에너지이다.

■ **동력**(power) : P[N·m/sec, Joule/sec]

동력이란 단위시간([sec])당 행한 일의 양(에너지)으로 정의된다.

따라서 펌프가 단위중량의 유체에 H_p(펌프에너지)만큼 에너지를 공급한다면 펌프의 동력은

$$P = \gamma H_p Q \left[\frac{\text{N} \cdot \text{m} \cdot \text{m}^3}{\text{m}^3 \cdot \text{s}} \right] = [\text{W, kW}]$$

$\begin{array}{l} H_p \quad : \text{펌프에너지(energy pump) [m]} \\ \gamma \quad : \text{유체의 비중량[N/m}^3] \\ Q \quad : \text{유량[m}^3/\text{sec]} \\ H \quad : \text{전두수[m]} \end{array}$

이다.

개념예제

13. 다음 그림과 같이 매우 넓은 저수지 사이를 $\phi\,500$의 관으로 연결하여 놓았다. 이 계의 동력은 몇 [PS]인가?

㉮ 3.545

㉯ 35.45

㉰ 6.545

㉱ 65.45

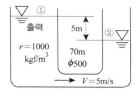

Sol) ①과 ②에 베르누이 방정식을 적용하면

$$\frac{P_1}{\gamma} + \frac{V_1^2}{2g} + Z_1 = \frac{P_2}{\gamma} + \frac{V_2^2}{2g} + Z_2 + h_L$$

여기서 $p_1 = p_2$, $V_1 = V_2 = 0$, $Z_1 - Z_2 = 5$[m]이므로

$\therefore \ h_L = 5\,[\text{m}]$

따라서 손실동력 $p_L = \dfrac{\gamma Q H}{75} = \dfrac{1000 \times \dfrac{\pi (0.5)^2}{4} \times 5 \times 5}{75} = 65.45\,[\text{PS}]$

답 ㉱

14. 어떤 수평관 속에 물이 2.8[m/sec]의 속도와 45.08[kPa]의 압력으로 흐르고 있다. 이 물의 유량이 0.84[m³/sec]일 때 물의 동력은 몇 [kW]인가?

㉮ 41.16　　　　㉯ 56.2　　　　㉰ 420　　　　㉱ 560

Sol) $H = \dfrac{P}{\gamma} + \dfrac{V^2}{2g} = \dfrac{45.08 \times 10^3}{9800} + \dfrac{(2.8)^2}{2 \times 9.8} = 5\,[\text{m}]$

따라서 $P = \gamma \cdot H \cdot Q = 9800 \times 5 \times 0.84 = 41160\,[\text{W}] = 41.16\,[\text{kW}]$

답 ㉮

제3장 — 적중 예상문제

01

정상류(steady flow)란?

㉮ 이상유체의 흐름이다.

㉯ 유체입자가 유선을 따라 질서있게 흐르는 흐름이다.

㉰ 위치변화에 따라 흐름의 특성이 일정하게 변화하는 흐름이다.

㉱ 유동특성이 임의의 모든 점에서 시간에 따라서 변하지 않는 흐름이다.

01

유동장의 모든 점에서 유동특성이 시간에 따라 변하지 않는 유동을 정상류(steady flow)라고 정의한다. 그러므로 정상상태에서는 모든 상태량의 시간에 관한 편미분이 0이다. 즉,

$$\frac{\partial V}{\partial t}=0, \ \frac{\partial P}{\partial t}=0, \ \frac{\partial \rho}{\partial t}=0, \ \frac{\partial T}{\partial t}=0$$

이에 반해서 시간에 따라 유동특성이 변하는 유동을 비정상류(unsteady flow)라고 한다. 즉,

$$\frac{\partial V}{\partial t}\neq 0, \ \frac{\partial P}{\partial t}\neq 0, \ \frac{\partial \rho}{\partial t}\neq 0, \ \frac{\partial T}{\partial t}\neq 0$$

답 ㉱

02

유선(stream line)이란?

㉮ 유동단면의 중심을 연결한 선이다.

㉯ 유동장의 모든 점에서 속도 Vector에 수직한 방향을 갖는 선이다.

㉰ 유동장의 한 선상의 모든 점에서 그은 접선이 그 점에서의 속도방향과 일치되는 선이다.

㉱ 유체입자의 순간궤적이다.

02

유선(stream line)이란 어느 순간에 유동하는 유체 속에 한 개의 선을 가상하여 이 선상의 모든 점에서 접선을 그렸을 때 이들 접선방향이 그 점에서의 속도방향과 일치될 때의 선을 말하며, 유체입자의 순간궤적을 유적선이라고 한다. 유선과 유적선은 일반적으로 일치하지 않으나 정상유동에서만은 일치한다.

답 ㉰

03

연속방정식(continuity of equation)이란?

㉮ 질량보존의 법칙을 만족시키는 방정식이다.

㉯ 후크의 법칙(Hooke's law)을 적용한 방정식이다.

㉰ 에너지와 일과의 관계를 나타낸 방정식이다.

㉱ 유체의 모든 입자에서 뉴턴의 관성법칙을 만족시키는 방정식이다.

03

연속방정식이란 질량보존의 법칙을 만족시키는 방정식이다.

답 ㉮

04

200[ℓ/min]의 글리세린이 70[mm]의 파이프 내를 흐른다. 파이프의 마찰을 무시할 경우 평균속도를 계산하여라.

㉮ 0.591[m/sec]

㉯ 0.866[m/sec]

㉰ 5.19[m/sec]

㉱ 8.66[m/sec]

04

$Q = AV$ 에서

$$V=\frac{Q}{A}=\frac{0.2}{\pi\frac{(0.07)^2}{4}\times 60}=0.866[\text{m/sec}]$$

답 ㉯

05

유량 1[m³/sec]의 물(비중 1)이 직경 10[cm]의 관을 흐를 때의 평균 속도(V)에 가장 근접하는 것은 다음 중 어느 것인가?

㉮ 127[cm/sec] ㉯ 127[cm/min]

㉰ 127[m/sec] ㉱ 127[m/min]

06

유동하는 물의 속도가 10[m/sec], 압력이 1.05기압이다. 속도수두와 압력수두는 각각 얼마인가?

㉮ 5.1[m], 10.85[m] ㉯ 6.35[m], 9.52[m]

㉰ 7.4[m], 10[m] ㉱ 5.1[m], 9.52[m]

07

유속 5[m/sec]인 물의 흐름 속에 Pitot관을 흐름방향으로 세웠을 때 그 수주의 높이는?

㉮ 0.95[m] ㉯ 4.5[m]

㉰ 0.28[m] ㉱ 1.28[m]

08

큰 탱크의 수면하 3[m]인 곳에 지름 3[cm]인 구멍을 뚫으면 처음에 유출하는 물의 속도와 또 이 때의 유량은?

㉮ 7.67[m/sec], 0.0054[m³/sec] ㉯ 6.76[m/sec], 0.0054[m³/sec]

㉰ 6.76[m/sec], 0.054[m³/sec] ㉱ 7.67[m/sec], 0.54[m³/sec]

09

운동에너지 수정(보정)계수는?

㉮ 이상유체의 흐름에 적용된다.

㉯ 모든 유체 유동에 적용된다.

㉰ 실제유체의 흐름에 적용된다.

㉱ 단면이 일정하면 속도가 균일할 때만 적용된다.

05

$Q = AV$ 에서

$V = \dfrac{Q}{A} = \dfrac{1}{\dfrac{\pi}{4} \times (0.1)^2} = 127\,[\text{m/sec}]$

답 ㉰

06

$\dfrac{V^2}{2g} = \dfrac{(10)^2}{2 \times 9.8} = 5.1\,[\text{m}]$

$\dfrac{P}{\gamma} = \dfrac{1.05 \times 101325}{9800} = 10.85\,[\text{m}]$

답 ㉮

07

$h = \dfrac{V^2}{2g} = \dfrac{5^2}{2 \times 9.8} = 1.28\,[\text{m}]$

답 ㉱

08

$V = \sqrt{2gh} = \sqrt{2 \times 9.8 \times 3} = 7.67\,[\text{m/sec}]$

$Q = AV = \dfrac{\pi \times (0.03)^2}{4} \times 7.67$

$\quad = 0.0054\,[\text{mg}^3/\text{sec}]$

답 ㉮

09

운동에너지 수정(보정)계수란 실제유체와 이상유체 사이에 생기는 손실을 보정하여 주기 위한 계수이다.

답 ㉯

10

그림과 같이 수직벽의 양쪽에 수위가 다른 물이 있다. 벽면에 붙인 오리피스(submerged orifice)를 통하여 수위가 높은 쪽에서 낮은 쪽으로 물이 유출하고 있다. 이 속도 V_2는?

㉮ $\sqrt{2g(Z_1 - Z_2)/\gamma}$

㉯ $\sqrt{2gZ_1/\gamma}$

㉰ $\sqrt{\dfrac{g}{\gamma}(Z_1 - Z_2)}$

㉱ $\sqrt{2g(Z_1 - Z_2)}$

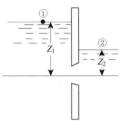

10

① 또는 ②점에 대하여 Bernoulli eq'n을 적용시키면

$$\frac{P_1}{\gamma} + \frac{V_1^2}{2g} + Z_1 + \frac{P_2}{\gamma} + \frac{V_2^2}{2g} + Z_2$$

$V_1 = 0$, $P_1 = P_0 = 0$, $Z_2 = 0$, $P_2 = \gamma Z_2$

따라서 $0 + 0 + Z_1 = Z_2 + \dfrac{V_2^2}{2g} + 0$

$$\therefore Z_1 - Z_2 = \frac{V_2^2}{2g}$$

$$\therefore V_2 = \sqrt{2g(Z_1 - Z_2)}\,[\text{m/sec}]$$

답 ㉱

11

다음 식 중에서 연속방정식이 아닌 것은?

㉮ $d(\rho A V) = 0$

㉯ $\dfrac{dx}{u} = \dfrac{dy}{V} = \dfrac{dz}{\omega}$

㉰ $A_1 V_1 = A_2 V_2$

㉱ $\gamma_1 A_1 V_1 = \gamma_2 A_2 V_2$

11

㉮, ㉰, ㉱는 연속방정식이고, ㉯번은 유선의 미분방정식이다.

답 ㉯

12

유체가 V[m/sec]의 속도로 유동할 때 이 유체 1[kg]의 중량이 할 수 있는 운동에너지는?

㉮ $\dfrac{\rho V^2}{2}$ ㉯ $\dfrac{V^2}{2g}$ ㉰ $\dfrac{V^2}{2}$ ㉱ $\dfrac{m V^2}{2}$

12

$\dfrac{\rho V^2}{2}$: 유체 1[m³]가 할 수 있는 운동에너지

$\dfrac{V^2}{2}$: 질량 1[kg·sec²/m]가 할 수 있는 운동에너지

$\dfrac{m V^2}{2}$: 질량 [mkg·sec²/m⁴]가 할 수 있는 운동에너지

답 ㉯

13

물이 안지름 600[mm]의 파이프를 통하여 3[m/sec]의 속도로 흐를 때 유량은 약 몇 [m³/sec]인가?

㉮ 1.25   ㉯ 0.85

㉰ 2.43   ㉱ 4.23

13

$$Q = A V$$
$$= \frac{\pi}{4}(0.6)^2 \times 3 = 0.85\,[\text{m}^3/\text{sec}]$$

답 ㉯

14

내경 100[mm] 파이프에 비중 0.8인 기름이 평균속도 4[m/sec]로 흐를 때 질량 유량은 몇 [kg/s]인가?

㉮ 2.56   ㉯ 3.25

㉰ 25.1   ㉱ 44.8

14

기름의 밀도 $\rho = 0.8 \times 1000 = 800\,[\text{kg/m}^3]$

$$\therefore M = \rho A V = 81.633 \times \frac{\pi}{4}(0.1)^2 \times 4$$
$$= 2.56\,[\text{kg·sec}^2/\text{m·sec}]$$
$$= 800 \times \frac{\pi}{4} 0.1^2 \times 4 = 25\,[\text{kg/s}]$$

답 ㉰

15

그림에서 $p_1 - p_2$는 몇 [MPa]인가?
(단, 수은의 비중은 13.5, 물의 비중은 1이다.)

㉮ 0.1225h

㉯ 0.1235h

㉰ 125h

㉱ 1350h

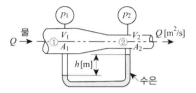

15

$$p_1 + \gamma_w h - \gamma_{Hg} h = p_2 에서$$
$$p_1 - p_2 = \gamma_{Hg} - \gamma_W h = (S_{Hg} - S_W)\gamma_W h$$
$$= (13.5 - 1) \times 9800 \times h$$
$$= 122500 \cdot h\,[\mathrm{Pa}] \times \frac{1}{1000} \times \frac{1}{1000}$$
$$= 0.1225h\,[\mathrm{MPa}]$$

답 ㉮

16

송출구의 지름이 150[mm]인 펌프의 양수량이 2.5[m³/min]일 때 유속은 몇 [m/sec]인가?

㉮ 0.13 ㉯ 1.23

㉰ 23.6 ㉱ 2.36

16

연속방정식 $Q = AV$에서

$$V = \frac{Q}{A} = \frac{\frac{Q}{60}}{\frac{\pi d^2}{4}} = \frac{4Q}{60\pi d^2} = \frac{4 \times 2.5}{60 \times 3.14 \times 0.15^2}$$
$$= 2.36\,[\mathrm{m/sec}]$$

답 ㉱

17

대기중의 풍속을 피토관으로 측정하고자 한다. 이때 전압이 대기압보다 52[mmAq]만큼 높았다. 공기의 비중량은 1.226[kg/m³]이라면 풍속은 얼마가 되겠는가?

㉮ 14.5[m/sec] ㉯ 28.8[m/sec]

㉰ 32.2[m/sec] ㉱ 43.2[m/sec]

17

$$V = \sqrt{2g\frac{p_t - p_s}{\gamma}} = \frac{\sqrt{2 \times 9.8 \times 52}}{1.226 \times 9.8}$$
$$= 28.8\,[\mathrm{m/sec}]$$

답 ㉯

18

기준면에서부터 5[m]인 곳에 유속 5[m/sec]인 물이 흐르고 있다. 이때 압력을 재어보니 0.5[kg/cm²]있다. 전수두는 몇 [m]가 되겠는가?

㉮ 10.28 ㉯ 6.28

㉰ 6.82 ㉱ 11.28

18

베르누이 방정식으로부터

$$H = \frac{p}{\gamma} + \frac{V^2}{2g} + 2 = \frac{0.5 \times 10^4}{1000} + \frac{5^2}{2 \times 9.8} + 5$$
$$= 11.28\,[\mathrm{m}]$$

답 ㉱

19

기름을 채운 내경 156[mm]의 실린더 속에 외경 150[mm]의 피스톤이 0.05[m/sec]의 속도로 운동할 때 피스톤과 실린더 사이의 틈으로 역류하는 기름의 속도는 몇 [m/sec]가 되겠는가?

㉮ 0.61[m/sec] ㉯ 0.061[m/sec]

㉰ 0.31[m/sec] ㉱ 0.031[m/sec]

19

연속방정식에서 $Q = A_1 V_1 = A_2 V_2$에서

$$\frac{\pi \times 150^2}{4} \times 0.05 = \frac{\pi \times (156^2 - 150^2)}{4} \times V_2$$
$$\therefore V_2 = 0.61\,[\mathrm{m/sec}]$$

답 ㉮

20

유량이 1[m³/sec]인 물이 터빈에 10[m]의 수두를 주었을 때 터빈에 전달된 동력은 몇 [kPa]인가?

㉮ 13

㉯ 98

㉰ 68

㉱ 58

21

어떤 수평관 속에 물이 3.5[m/sec]의 속도와 49[kPa]의 압력으로 흐르고 있다. 이 물의 유량이 500[m³/min]일 때 물의 동력은 몇 [kW]인가?

㉮ 525

㉯ 539

㉰ 459.4

㉱ 678

22

다음 중 베르누이 방정식 $\dfrac{p}{\gamma} + \dfrac{V^2}{2g} + z = H$ 를 적용할 수 있는 가정은?

㉮ 정상, 뉴턴 유체, 비압축성, 유선을 따라서

㉯ 정상, 무마찰, 비압축성, 유선을 따라서

㉰ 정상, 무마찰, 비압축성, 유선에는 제한이 없음

㉱ 정상, 비정상, 무마찰, 유선을 따라서

23

다음 중 베르누이 방정식이 아닌 것은?

㉮ $\dfrac{P_1}{\gamma} + \dfrac{V_1^2}{2g} + Z_1 = \dfrac{P_2}{\gamma} + \dfrac{V_2^2}{2g} + Z_2$ ㉯ $\dfrac{P}{\gamma} + \dfrac{V^2}{2g} + Z = C$

㉰ $\dfrac{dA}{A} + \dfrac{d\rho}{\rho} + \dfrac{dV}{V} = 0$ ㉱ $\dfrac{dp}{\gamma} + d\left(\dfrac{V^2}{2g}\right) + dz = 0$

24

정상류 비압축성유체 흐름에서 다음과 같은 흐름은 가능한가?

(1) $u = 4xy + y^2$, $v = 6xy + 3x$
(2) $u = 2x^2 + y^2$, $v = -4xy$

㉮ (a) 불가능, (b) 가능

㉯ (a) 불가능, (b) 불가능

㉰ (a) 가능, (b) 불가능

㉱ (a) 가능, (b) 가능

20

$$P = \gamma H Q = 9.8 \times 10 \times 1 = 98 [\text{kPa}]$$

답 ㉯

21

$$H = \frac{p}{\gamma} + \frac{V^2}{2g} = \frac{49 \times 10^3}{9800} + \frac{(3.5)^2}{2 \times 9.8}$$
$$= 5.625 [\text{m}]$$
$$P = \gamma H Q = 9.8 \times 5.625 \times 500 \times \frac{1}{60}$$
$$= 459.4 [\text{kW}]$$

답 ㉰

22

Euler의 운동방정식은 유동이 정상유동이고, 마찰이 없는 유동에 대하여 한 유선을 따라 유도한 식이다. 베르누이 방정식은 Euler 방정식을 $\rho =$ 일정(비압축성)이라는 가정하에서 적분한 식이다.

답 ㉯

23

㉮, ㉯, ㉱는 Bernoulli eq'n(베르누이 방정식)이고, ㉰는 연속방정식의 미분형이다.

답 ㉰

24

(1) $\dfrac{\partial u}{\partial x} + \dfrac{\partial v}{\partial y} = 4y + 6x \neq 0$: 불가능하다.

(2) $\dfrac{\partial u}{\partial x} + \dfrac{\partial v}{\partial y} = 4x - 4x = 0$: 가능하다.

답 ㉮

25

지름 50[mm]의 오리피스(orifice)로부터 유체가 분출할 때 수축부에서의 지름이 45[mm]이었다. 수축계수(C_c)는 얼마인가?

㉮ 0.65   ㉯ 0.81

㉰ 1.81   ㉱ 0.97

26

유체가 내경 30[cm]의 관 속을 흐르고 있다. 속도분포는 관의 중심에서 최고유속 7[m/sec]를 가진 회전 포물체이다. 이 관 속을 흐르는 유량을 구하라.

㉮ 0.274[m³/sec]   ㉯ 0.247[m³/sec]

㉰ 0.260[m³/sec]   ㉱ 0.28[m³/sec]

27

그림과 같은 사이펀(Siphon)에서 흐를 수 있는 유량은 몇 [l/min]인가? (단, 관로의 손실은 없는 것으로 한다.)

㉮ 154.8

㉯ 69.5

㉰ 365.7

㉱ 903

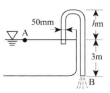

28

그림과 같이 비중이 0.85인 기름이 흐르고 있는 개수로에 피토관을 설치했다. $\Delta h = 30$[mm], $h = 120$[mm]일 때 유속 V는 몇 [m/sec]인가?

㉮ 0.707

㉯ 1.7

㉰ 1.58

㉱ 0.767

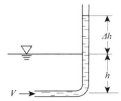

25

수축계수
$$C_c = \frac{\text{수축부 단면적}(A_C)}{\text{오리피스 단면적}(A_0)} = \left(\frac{4.5}{5}\right)^2 = 0.81$$

답 ㉯

26

$$V = \frac{V_{\max}}{2} = \frac{7}{2} = 3.5[\text{m/sec}]$$
$$Q = AV = \frac{\pi}{4}(0.3)^2 \times 3.5 = 0.247[\text{m}^3/\text{sec}]$$

답 ㉯

27

A점과 B점에 대하여 베르누이 방정식을 적용하면
$$\frac{P_A}{\gamma} + \frac{V_A^2}{2g} + Z_A = \frac{P_B}{\gamma} + \frac{V_B^2}{2g} + Z_B$$
여기서
$P_a = P_B = P_0(\text{대기압}) = 0$, $V_A = 0$이므로
$$\frac{V_B^2}{2g} = (Z_A - Z_B)$$
따라서
$$V_B = \sqrt{2g(Z_A - Z_B)} = \sqrt{2 \times 9.8 \times 3}$$
$$= 7.67[\text{m/sec}] = 46020[\text{cm/min}]$$
$$\therefore Q = AV = \frac{\pi}{4} \times 5^2 \times 46020$$
$$= 903143 ≒ 903[l/\min]$$

답 ㉱

28

정체점 압력을 P_s라 하면
$$\frac{P}{\gamma} + \frac{V^2}{2g} = \frac{P_s}{\gamma}$$
$$\frac{V^2}{2g} = \frac{P_s}{\gamma} - \frac{P}{\gamma} = \Delta h$$
$$V = \sqrt{2g\Delta h} = \sqrt{2 \times 9.8 \times 3 \times 10^{-2}}$$
$$= 0.767[\text{m/sec}]$$

답 ㉱

29

그림과 같은 벤투리관에 물이 흐르고 있다. 단면 ①과 단면 ②의 단면적비가 2이고 압력차가 ΔP일 때 단면 ①에서의 속도를 구하라.

㉮ $\sqrt{\dfrac{\Delta P}{4\rho}}$ ㉯ $\sqrt{\dfrac{2\Delta P}{3\rho}}$

㉰ $\sqrt{\dfrac{g\Delta P}{2}}$ ㉱ $\sqrt{\dfrac{2g\Delta P}{3\rho}}$

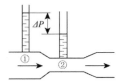

29

$$\frac{P_1 - P_2}{\gamma} = \frac{V_2^2 - V_1^2}{2g} = \frac{3V_1^2}{2g}$$

$$V_1 = \sqrt{\frac{2g\Delta P}{2\gamma}} = \sqrt{\frac{2\Delta P}{3\rho}}$$

답 ㉯

30

900[kg/sec]의 물이 그림과 같은 통로에 흐르고 있다. 각 단면에서의 평균속도는 얼마인가?

㉮ 12.73[m/sec], 28.66[m/sec]

㉯ 14.3[m/sec], 6.40[m/sec]

㉰ 7.1[m/sec], 3.25[m/sec]

㉱ 3.5[m/sec], 1.64[m/sec]

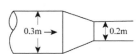

30

$$Q = \frac{G}{\gamma} = \frac{900}{1000} = 0.9\,[\text{m}^3/\text{sec}]$$

$$V_{0.3} = \frac{Q}{V_{0.3}} = \frac{0.9}{\frac{\pi}{4} \times 0.3^2} = 12.73\,[\text{m/sec}]$$

$$V_{0.2} = \frac{0.9}{\frac{\pi}{4} \times 0.2^2} = 28.66\,[\text{m/sec}]$$

또는

$$V_{0.2} = 12.73 \times \frac{0.3^2}{0.2^2} = 28.66\,[\text{m/sec}]$$

답 ㉮

31

정상류 비압축성 3차원 흐름의 연속방정식은?

㉮ $\dfrac{dx}{u} = \dfrac{dy}{v} = \dfrac{dz}{w}$ ㉯ $\dfrac{\partial u}{\partial x} + \dfrac{\partial v}{\partial y} + \dfrac{\partial w}{\partial z} = 0$

㉰ $\dfrac{dp}{\partial t} + v \cdot dv + gdz = 0$ ㉱ $\dfrac{dA}{A} + \dfrac{d\rho}{\rho} + \dfrac{dv}{v} = 0$

31

㉮ 유선의 미분방정식

㉰ 오일러 운동방정식

㉱ 연속방정식의 미분형

답 ㉯

32

단면적 30[cm²]인 단면 ①에 3[m/sec]의 속도로 물이 흘러 들어온다. 면적 20[cm²]인 단면 ③을 통하여 나가는 물의 속도 [m/sec]는?

㉮ 2[m/sec]

㉯ 4[m/sec]

㉰ 3[m/sec]

㉱ 5[m/sec]

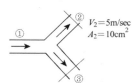

$V_2 = 5\text{m/sec}$
$A_2 = 10\text{cm}^2$

32

$$Q_1 = Q_2 + Q_3$$
$$A_1 V_1 = A_2 V_2 + A_3 V_3$$
$$30 \times 10^{-4} \times 3$$
$$\qquad = 10 \times 10^{-4} \times 5 + 20 \times 10^{-4} \times V_3$$
$$\therefore\ V_3 = 2\,[\text{m/sec}]$$

답 ㉮

33

Euler의 방정식은 유체운동에 대하여 어떠한 관계를 표시하는가?

㉮ 유동장의 한 점에 있어 어떤 순간에 여기를 통과하는 유체분자의 가속도와 그것에 미치는 힘과의 관계를 표시한다.

㉯ 유체가 가지는 에너지와 이것이 하는 일과의 관계를 표시한다.

㉰ 유선에 따른 유체의 질량이 어떻게 변화하는가를 표시한다.

㉱ 유체분자의 운동경로와 힘의 관계를 나타낸다.

34

다음 Bernoulli 정리를 증명하기 위하여 질량 출입시의 각종 Energy를 고려한 것인데, 그중에서 위치 Energy를 표시한 식은?

㉮ 질량×중력가속도 ㉯ 질량×높이

㉰ 질량×높이×중력가속도 ㉱ 높이

35

에너지선(Energy line)은?

㉮ 속도수두와 위치수두의 합이다.

㉯ 항상 수평선이 되어야 한다.

㉰ 수력구배선보다 속도수두만큼 위에 있다.

㉱ 수력구배선보다 속도수두만큼 아래에 있다.

36

오리피스(Orifice)의 수축계수는 무엇의 비로 표시되는가?

㉮ $\dfrac{\text{오리피스의 단면적}}{\text{수조의 단면적}}$ ㉯ $\dfrac{\text{Vena Contracta의 단면적}}{\text{오리피스의 단면적}}$

㉰ $\dfrac{\text{Vena Contracta의 단면적}}{\text{수조의 단면적}}$ ㉱ $\dfrac{\text{수조의 단면적}}{\text{오리피스의 단면적}}$

37

피토-정압관(Pitot static tube)은 무엇을 측정하는 계기인가?

㉮ 정지하고 있는 유체에 대한 정압

㉯ 유동하고 있는 유체에 대한 동압

㉰ 유동하고 있는 유체에 대한 정압

㉱ 유동하고 있는 유체에 대한 정압과 동압의 차

해설 및 정답

33

오일러의 운동방정식(Euler's motion eq'n)은 다음과 같은 가정 즉, 정상류일 것. 무마찰(점성력 0일 것), 유선을 따라 흐를 것, 압축과 비압축성 유체에 모두 적용할 수 있는 방정식으로 유선상의 임의의 두 점 사이에 뉴턴의 제2운동법칙 ($\sum F_s = m a_s$)을 적용하여 압력에 의한 힘과 중력에 의한 힘을 고려하여 얻은 미분방정식이다.

답 ㉮

34

위치에너지(Potential energy)는 중량×수직높이=질량×중력가속도×수직높이로부터 얻을 수 있는 에너지이다.

답 ㉰

35

에너지선 $E.L = \dfrac{P}{\gamma} + Z + \dfrac{V^2}{2g} = H.G.L + \dfrac{V^2}{2g}$

즉, 에너지선은 수력구배선(H.G.L)보다 속도수두 $\left(\dfrac{V^2}{2g}\right)$만큼 위에 있다.

답 ㉰

36

수축계수 $C_c = \dfrac{\text{수축부 단면적}(A_C)}{\text{오리피스 단면적}(A_0)}$

답 ㉯

37

피토-정압관(Pitot static tube)은 유체의 동압(dynamic pressure)을 측정한다.

답 ㉯

38

$d_1 = 50[\text{cm}]$, $d_2 = 30[\text{cm}]$이다. 압력계의 읽음이 같을 때 유량을 계산하여라.

㉮ $12.17[\text{m}^3/\text{sec}]$

㉯ $0.558[\text{m}^3/\text{sec}]$

㉰ $0.624[\text{m}^3/\text{sec}]$

㉱ $0.474[\text{m}^3/\text{sec}]$

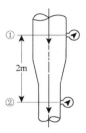

39

수력구배선(H.G.L)은?

㉮ 항상 수평선이다.

㉯ 에너지선보다 위에 있다.

㉰ 압력수두와 속도수두의 합이다.

㉱ 압력수두와 위치수두의 합이다.

40

그림에서 물이 들어 있는 탱크 밑의 ②부분에 작은 구멍이 뚫려 있을 때, 이 구멍으로부터 흘러나오는 물의 속도는 다음 중 어느 것인가? (단, 물의 자유표면 ① 및 ②에서 압력을 P_1, P_2라 하고 작은 구멍으로부터 표면까지의 높이를 h 라고 한다. 또 구멍은 작고 정상류로 흐른다.)

㉮ $V_2 = \sqrt{h + 2g\left(\dfrac{P_1 - P_2}{\gamma}\right)}$

㉯ $V_2 = \sqrt{2g\left(h - \dfrac{P_1 - P_2}{\gamma}\right)}$

㉰ $V_2 = \sqrt{h - 2g\left(\dfrac{P_1 - P_2}{\gamma}\right)}$

㉱ $V_2 = \sqrt{2g\left(\dfrac{P_1 - P_2}{\gamma} + h\right)}$

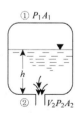

38

$$\frac{P_1}{\gamma} + \frac{V_1^2}{2g} + Z_1 = \frac{P_2}{\gamma} + \frac{V_2^2}{2g} + Z_2$$

$$P_1 = P_2, \quad \frac{V_1^2 - V_2^2}{2g} = (Z_2 - Z_1)$$

$$V_1 = \sqrt{\frac{2gZ}{1 - \left(\dfrac{A_1}{A_2}\right)^2}} = \sqrt{\frac{2 \times 9.8 \times (-2)}{1 - \left(\dfrac{d_1}{d_2}\right)}}$$

$$= \sqrt{\frac{2 \times 9.8 \times (-2)}{1 - \left(\dfrac{0.5}{0.3}\right)^4}} = 2.42[\text{m/sec}]$$

$$\therefore \ Q = A_1 V_1$$
$$= \frac{\pi}{4}(0.5)^2 \times 2.42 = 0.474[\text{m}^3/\text{sec}]$$

 ㉱

39

수력구배선(Hydraulic grade line)은 압력수두와 위치수두의 합이며 에너지선(E.L)보다 속도수두만큼 아래에 있다. 즉,

$$HGL = \frac{P}{\gamma} + Z = E.L - \frac{V^2}{2g}$$

 ㉱

40

$$\frac{P_1}{\gamma} + Z_1 + \frac{V_1^2}{2g} = \frac{P_2}{\gamma} + Z_2 + \frac{V_2^2}{2g}$$

$$V_1 = 0, \quad Z_1 - Z_2 = h$$

 ㉱

41

베르누이 방정식 $\frac{P}{\gamma} + \frac{V^2}{2g} + Z = \mathrm{const.}$ 를 유도하는 데 필요한 가정이 아닌 것은?

㉮ 비점성 유체 　　　㉯ 정상류

㉰ 압축성 유체 　　　㉱ 동일 유선상의 유체

42

$\int \frac{dP}{\gamma} + \frac{V^2}{2g} + Z = \mathrm{const.}$ 인 베르누이 방정식은 다음과 같은 가정하에서 성립한다. 아래 가정 중 틀린 것은?

㉮ 비점성 유체이다.

㉯ 유체의 흐름 상태가 정상류이다.

㉰ 동일유선을 따라 흐르는 유체이다.

㉱ 유체가 비압축성이다.

43

다음 그림과 같이 커다란 탱크에 붙어있는 노즐에서의 유출속도는 몇 [m/sec]인가?

㉮ 16.15

㉯ 18.15

㉰ 14.58

㉱ 22.4

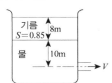

44

그림과 같은 관 내를 비압축성 유체가 흐르고 있다. 관 A의 지름은 d이고, 관 B의 지름은 $\frac{1}{2}d$이다. 관 A에서 유체의 흐름속도를 V라 하면 관 B에서의 유체의 유속은?

㉮ $\frac{1}{2}V$ 　　　㉯ $2V$

㉰ $\frac{1}{\sqrt{2}}V$ 　　　㉱ $4V$

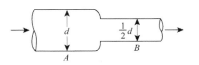

 41

베르누이 방정식은 Euler의 운동방정식을 적분한 방정식으로 적분과정에서 압축성 유체인 경우와 비압축성 유체인 경우는 서로 다른 결과를 얻는다. 즉, 압축성 유체는 밀도 ρ가 압력 P의 함수이므로 $\int \frac{dP}{\rho} \neq \frac{P}{\rho}$ 이다. 따라서 압축성 유체의 경우는 $\int \frac{dP}{\gamma} + \frac{V^2}{2g} + Z = \mathrm{const.}$ 가 된다.

답 ㉰

 42

비압축성 유체에 대한 베르누이 방정식은 $\frac{P}{\gamma} + \frac{V^2}{2g} + Z = \mathrm{const.}$ 로 된다.

답 ㉱

 43

기름의 깊이가 생기는 압력에 상당하는 물의 깊이는 $\gamma_w \times 0.85 \times 8 = \gamma_w \times he$

$\therefore\ he = 0.85 \times 8 = 6.8\,[\mathrm{m}]$

따라서 노즐까지의 물의 길이는

$6.8 + 10 = 16.8\,[\mathrm{m}]$에 상당하므로

$\sqrt{2gh} = \sqrt{2 \times 9.8 \times 16.8} = 18.15\,[\mathrm{m/sec}]$

답 ㉯

 44

비압축성 유체에서는 $\rho_1 = \rho_2$이므로 연속방정식은 $Q = A_1 V_1 = A_2 V_2$

$\frac{\pi 1^2}{4} \cdot V_A = \frac{\pi 2^2}{4} \cdot V_B$이므로 $V_B = 4V_A$

답 ㉱

45

다음 중에서 2차원 비압축성 유동의 연속방정식을 만족하지 않는 속도벡터는?

㉮ $V = (3xy^2 + 2x + y^2)i + (x^2 - 2y - y^3)j$

㉯ $V = (2x^2 + 3y^2)i + (-3xy)j$

㉰ $V = (2x - 36)ti + (x - 2y)tj$

㉱ $V = (x - 2y)ti - (2x + y)tj$

46

정상유동과 관계가 있는 식은?
(단, V는 속도벡터, s는 임의방향의 좌표, t는 시간이다.)

㉮ $\dfrac{\partial V}{\partial t} = 0$ ㉯ $\dfrac{\partial V}{\partial s} \neq 0$ ㉰ $\dfrac{\partial V}{\partial t} \neq 0$ ㉱ $\dfrac{\partial V}{\partial s} = 0$

47

그림에서 유량을 2배로 늘리면 액주계의 h값은?

㉮ 4배로 된다.

㉯ 2배로 된다.

㉰ 변하지 않는다.

㉱ 1/4로 된다.

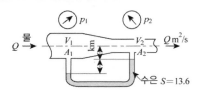

45

㉮ $\Delta \cdot V = \dfrac{\partial}{\partial X}(3xy^2 + 2x + 2y^2)$
$\qquad + \dfrac{\partial}{\partial y}(x^2 - 2y - y^3)$
$\quad = 3y^2 + 2 - 2 - 3y^2 = 0$
∴ 만족한다.

㉯ $\Delta \cdot V = \dfrac{\partial}{\partial X}(2x^2 + 3y^2) + \dfrac{\partial}{\partial y}[(x - 2y)t]$
$\quad = 2t - 2t = 0$
∴ 만족하지 않는다.

㉰ $\nabla \cdot V = \dfrac{\partial}{\partial x}[(2x - 36)t] + \dfrac{\partial}{\partial y}[(x - 2y)t]$
$\quad = 2t - 2t = 0$
∴ 만족한다.

㉱ $\nabla \cdot V = \dfrac{\partial}{\partial x}[(x - 2y)t] - \dfrac{\partial}{\partial y}[(2x + y)t]$
$\quad = t - t = 0$
∴ 만족한다.

답 ㉯

46

정상유동이란 유체흐름의 특성이 시간에 따라 변화하지 않는 흐름을 말한다. 즉,
$$\dfrac{\partial V}{\partial t} = 0$$

답 ㉮

47

1과 2에 베르누이 방정식을 적용하면

$$\dfrac{P_1}{\gamma} + \dfrac{V_1^2}{2g} = \dfrac{P_2}{\gamma} + \dfrac{V_2^2}{2g}$$

$$\dfrac{p_1 - p_2}{\gamma} = \dfrac{V_2^2 - V_1^2}{2g} = \dfrac{1}{2g}\left[\left(\dfrac{Q}{A_2}\right)^2 - \left(\dfrac{Q}{A_1}\right)^2\right]$$

$$= \dfrac{Q_1^2}{2g}\left[\left(\dfrac{1}{A_2}\right)^2 - \left(\dfrac{1}{A_1}\right)^2\right]$$

유량이 2배로 증가하면
압력차$(p_1 - p_2)$는 4배로 증가한다.

답 ㉮

제3장 응용문제

01

다음 그림에서 $d_1 = 30[cm]$, $d_2[cm]$이고 유량 $Q = 0.3[m^3/sec]$일 때 액주계 눈금이 수평을 이루고 있다면 ①, ②단면 중심이 높이차는 몇 [m]인가?

㉮ 1.25
㉯ 2.63
㉰ 3.73
㉱ 4.25

02

다음 중에서 비압축성 유체의 2차원 정상류에 대한 연속방정식을 만족하는 것은?

㉮ $V = (2x^2 + 3y^2)i + (-4xy)j$
㉯ $V = (6x^2 + 2xy^2)i + (2xy - 2y^2)j$
㉰ $V = (2x^2 + 2y^2)i + (-3xy)j$
㉱ $V = (4x^2 + 2y^2)i + (6xy - 3x)j$

01

$$V_1 = \frac{4Q}{\pi d_2^2} = \frac{4 \times 0.3}{\pi \times 0.3^2} \fallingdotseq 4.25[m/sec]$$

$$\therefore V_1 = \frac{4Q}{\pi d_1^2} = \frac{4 \times 0.3}{\pi \times 0.2^2} = 9.55[m/sec]$$

①점과 ②점 사이에 베르누이 방정식을 적용하면

$$\frac{P_1}{\gamma} + \frac{V_1^2}{2g} + Z_1 = \frac{P_2}{\gamma} + \frac{V_2^2}{2g} + Z_2$$

또 $P_1 = P_2$이므로

$$\therefore Z_1 - Z_2 = \frac{V_2^2 - V_1^2}{2g}$$

$$= \frac{9.55^2 - 4.25^2}{2 \times 9.8} \fallingdotseq 3.73[m]$$

답 ㉰

02

일반적인 연속방정식

$$\frac{\partial}{\partial x}(\rho u) + \frac{\partial}{\partial y}(\rho v) + \frac{\partial}{\partial z}(\rho w) + \frac{\partial \rho}{\partial t} = 0$$에서

비압축성 유체이므로 $\rho = const.$로서 소거되고 정상류이므로 $\frac{\partial \rho}{\partial t} = 0$. 또 2차원이므로 x, y 방향의 속도변화만 존재하고 z 방향의 속도변화는 없다. 즉, $\frac{\partial w}{\partial z}$이다. 따라서 비압축성 유체의 2차원 정상류에 대한 연속방정식은 다음과 같다.

$$\frac{\partial u}{\partial x} + \frac{\partial v}{\partial y} = 0$$

㉮ $\frac{\partial}{\partial x}(2x^2 + 3y^2) + \frac{\partial}{\partial y}(-4xy) = 4x - 4x$
$= 0$
$\therefore$ 만족한다.

㉯ $\frac{\partial}{\partial x}(6x^2 + 2xy) + \frac{\partial}{\partial y}(2xy - 2y^2)$
$= 12x + 26 + 2x - 4y = 14x - 2y \neq 0$

㉰ $\frac{\partial}{\partial x}(2x^2 + 2y^2) + \frac{\partial}{\partial y}(-3xy) = 4x - 3x$
$\neq 0$

㉱ $\frac{\partial}{\partial x}(4x^2 + 2y^2) + \frac{\partial}{\partial y}(6xy - 3x)$
$= 8x + 6x \neq 0$

답 ㉮

03

그림과 같은 노즐을 수평으로 설치하여 $h=2$[m]인 곳에서 $l=5$[m]인 거리에 물이 도달하도록 하자면 유속은 얼마로 해야 하는가?

㉮ 5.78[m/sec]

㉯ 5.87[m/sec]

㉰ 7.85[m/sec]

㉱ 7.58[m/sec]

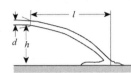

04

그림의 Venturi계에 33[l/sec]의 물이 흐르고 있을 때 U자관의 수은주의 높이 h는 몇 [mm]가 되는가? (단, $D_1=200$[mm], $D_2=90$[mm]이다.)

㉮ $h=100$[mmHg]

㉯ $h=110$[mmHg]

㉰ $h=105$[mmHg]

㉱ $h=115$[mmHg]

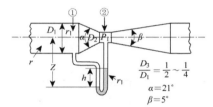

05

$d_1=20$[cm], $d_2=10$[cm], 액주계 읽음이 $h=27$[mm]일 때 유량을 계산하여라.

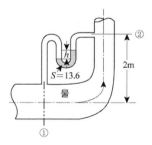

㉮ $Q_1=0.81$[m³/sec], $Q_2=0.02$[m³/sec]

㉯ $Q_1=0.081$[m³/sec], $Q_2=0.2$[m³/sec]

㉰ $Q_1=0.081$[m³/sec], $Q_2=0.02$[m³/sec]

㉱ $Q_1=0.81$[m³/sec], $Q_2=0.02$[m³/sec]

03

노즐의 유출속도를 V라 하면 유체입자가 지상에 낙하할 때까지는

$$t=\frac{1}{V} \quad \cdots\cdots(a)$$

인 시간을 요한다. 한편 h인 높이에서 지상으로 낙하하면

$$h=gt^2 \quad \cdots\cdots(b)$$

에 의해서 정해지는 시간을 필요로 한다.
식(a), (b)에서

$$\therefore V=\sqrt{\frac{g}{2h}\times l}=\sqrt{\frac{9.8}{2\times2}\times5}$$
$$=7.85\,[\text{m/sec}]$$

답 ㉰

04

$$h=\frac{\left(\frac{Q}{A_2}\right)^2\left[1-\left(\frac{D_2}{D_1}\right)^4\right]}{2g\left(\frac{\gamma_s}{\gamma}\right)-1}$$

$$=\frac{\left[33\times\left(\frac{10^{-13}}{\pi/4}\right)\times(0.090)^2\right]^2\left[1-\left(\frac{90}{200}\right)^4\right]}{\left[2\times9.80\left(13.55\times\frac{10^3}{10^3}\right)-1\right]}$$

$$=1.102\,[\text{m}]=105\,[\text{mmHg}]$$

답 ㉰

05

$$V=\sqrt{2gh\left(\frac{\gamma_s}{\gamma_w}-1\right)}\ \text{에서}$$

$$V=\sqrt{2\times9.8\times27\times10^{-3}\sqrt{\left(\frac{13.6\times\gamma_w}{\gamma_w}-1\right)}}$$

$$=2.58\,[\text{m/sec}]$$

$$Q_1=A_1V_1=\frac{\pi}{4}\times0.2^2\times2.58=0.08\,[\text{m}^3/\text{sec}]$$

$$Q_2=A_2V_2=\frac{\pi}{4}\times0.1^2\times2.58=0.02\,[\text{m}^3/\text{sec}]$$

답 ㉰

06

그림과 같은 피토-정압관의 액주계 눈금이 $h = 150$[mm]이고 관 속의 유속이 6.09[m/sec]로 물이 흐르고 있다면 액주계 액체의 비중은 얼마인가?

⑦ 5.632

⑭ 11.132

⑮ 12.142

⑯ 13.615

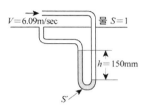

06

$$V = \sqrt{2gh\left(\frac{S'}{S} - 1\right)}$$

$$6.09 = \sqrt{19.6 \times 0.15\left(\frac{S'}{1} - 1\right)}, \ S' = 13.615$$

답 ⑯

07

그림에서 수평관의 협류부 A의 안지름 $d_1 = 10$[cm], 관단 B의 안지름 $d_2 = 30$[cm]이다. 그림 (b)는 (a)와 모든 차원은 같으나 협류부에 구멍이 뚫려 있다. 이 두 그림에서 Q_a와 Q_b의 관계는?
(단, 관로손실은 없는 것으로 한다.)

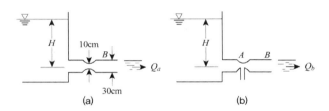

(a)   (b)

⑦ $Q_a = Q_b$이다.

⑭ $Q_a = Q_b$의 3배이다.

⑮ $Q_a = Q_b$의 6배이다.

⑯ $Q_a = Q_b$의 9배이다.

07

그림 (a)에서는 관단 B에서 대기압으로 되므로 자유표면과 B 사이에 베르누이 정리를 적용하면 관단 B를 유출하는 유속은

$$V = \sqrt{2gH}$$

따라서 $Q_a = \frac{\pi}{4} \times 0.3^2 \sqrt{2gH} \, [\text{m}^3/\text{sec}]$

한편, 그림 (b)에서는 합류부 A에서 대기압이므로 협류부에서 유출되는 유속이

$V = \sqrt{2gH}$ 가 된다. 그러므로

$$Q_b = \frac{\pi}{4} \times 0.1^2 \sqrt{2gH}$$

Q_a와 Q_b를 비교하면 $Q_a = 9Q_b$

답 ⑯

08

그림과 같이 유량 0.03[m³/sec]의 물이 흐르고 있다. 펌프의 동력은 몇 [kW]인가?

⑦ 8.5[kW]

⑭ 9[kW]

⑮ 9.5[kW]

⑯ 10.5[kW]

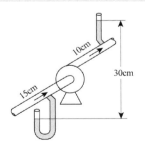

08

$$V_1 = \frac{0.03}{\frac{\pi}{4}(0.15)^2} = 1.698 \, [\text{m/sec}]$$

$$V_2 = 1.698 \times \left(\frac{15}{10}\right)^2 = 3.82 \, [\text{m/sec}]$$

$$\frac{P_1}{\gamma} + \frac{V_1^2}{2g} + H_p + Z_1 = \frac{P_2}{\gamma} + \frac{V_2^2}{2g} + Z_2$$

$$E_p = (Z_2 - Z_1) + \frac{1}{2g}(V_2^2 - V_1^2)$$

$$= 30 + \frac{1}{2 \times 9.8}(3.825^2 - 1.698^2) = 30.6 \, [\text{m}]$$

$\therefore$ 동력 $= \gamma HQ = 9.8 \times 30.6 \times 0.03 = 9 \, [\text{kW}]$

답 ⑭

09

그림과 같이 수평관 목부분 ①의 내경 $d_1 = 10$[cm], ②의 내경 $d_2 = 30$[cm]로서 유량 2.1[m³/min]일 때 ①에 연결되어 있는 유리관으로 올라가는 수주의 높이는 몇 [m]나 되겠는가?

㉮ 1.2
㉯ 0.8
㉰ 1.0
㉱ 1.4

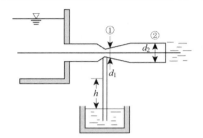

09

①, ②의 유속은 연속방정식에서

$$v_1 = \frac{Q}{A_1} = \frac{0.035}{\frac{\pi}{4} \times 0.1^2} = 4.46 \, [\text{m/sec}]$$

$$v_2 = \frac{Q}{A_2} = \frac{0.035}{\frac{\pi}{4} \times 0.3^2} = 0.496 \, [\text{m/sec}]$$

따라서 베르누이 정리를 이용하면

$$\frac{p_2 - p_1}{\gamma} = \frac{v_1^2 - v_2^2}{2g}, \quad \frac{p_2 - p_1}{\gamma} \text{은}$$

압력수두의 차이이므로 h 라 하면

$$h = \frac{(4.46)^2 - (0.496)^2}{2 \times 9.8} = 1.00 \, [\text{m}]$$

답 ㉰

10

그림과 같이 ①, ②의 내경이 10[cm], 20[cm]인 벤투리관의 송출관에서 직접 물이 유출되고 있다. 유체를 이상유체라 하여 ①에 있어서의 정압이 진공게이지 1000[kg/m²]일 때 송출구에 있어서의 유출속도는 몇 [m/sec]가 되겠는가?

㉮ 2.556
㉯ 1.143
㉰ 1.307
㉱ 2.286

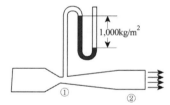

10

베르누이 방정식과 연속방정식으로부터

$$v_2 = \frac{1}{\sqrt{\left(\frac{A_2}{A_1}\right)^2 - 1}} \sqrt{\frac{2g}{\gamma}(p_2 - p_1)}$$

$$= \frac{1}{\sqrt{\left(\frac{20}{10}\right)^4 - 1}} \sqrt{2 \times 9.8 \times \frac{1000}{1000}}$$

$$= 1.143 \, [\text{m/sec}]$$

답 ㉯

11

낙차가 30[m]인 댐에 터빈을 설치하여 전체수두의 1/2을 유효 터빈 출력으로 한다면 출력은 몇 [kW]가 되는가?
(단, 1[kW] = 101.9[kgf·m/s])

㉮ 30
㉯ 45
㉰ 60
㉱ 37

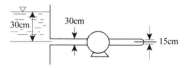

11

$$H_r = 15 \, [\text{m}]$$

$$\frac{V^2}{2g} = 15 \, [\text{m}]$$

$$V = \sqrt{2g \times 15} = 17.16 \, [\text{m/s}]$$

$$Q = AV = \frac{\pi}{4}\left(\frac{15}{100}\right)^2 \times 17.16 = 0.303 \, [\text{m}^3/\text{s}]$$

$$W_r = 15 \times 1000 \times 0.303 \times \frac{1}{102} \fallingdotseq 45 \, [\text{kW}]$$

답 ㉯

12

다음 그림과 같은 댐에서 유량은 $0.085[\text{m}^3/\text{s}]$이고 터빈출력이 $15[\text{kW}]$가 되려면 수면의 높이 h는 몇 $[\text{m}]$이어야 하겠는가?

㉮ 24

㉯ 20

㉰ 15

㉱ 28

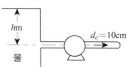

13

그림과 같은 물딱총의 피스톤을 미는 힘의 세기가 $p[\text{N/m}^2]$일 때, 물이 분출되는 속도는 몇 $[\text{m/s}]$인가? (단, 물의 밀도는 $\rho[\text{kg/m}^3]$이고, 피스톤의 속도는 무시한다.)

㉮ $\sqrt{\dfrac{2p}{\gamma}}$

㉯ $\sqrt{\dfrac{2p}{\rho}}$

㉰ $\sqrt{\dfrac{2gp}{\rho}}$

㉱ $\sqrt{2\rho\sqrt{p}}$

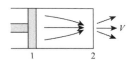

14

그림에서 손실과 표면장력의 영향을 무시할 때 분류(jet)의 반지름 r에 대한 식을 유도한 것은 어느 것인가?

㉮ $r = \dfrac{D}{2}\left(\dfrac{H}{H+y}\right)^4$

㉯ $r = \dfrac{D}{2}\left(\dfrac{H}{H+y}\right)^{\frac{1}{3}}$

㉰ $r = \dfrac{D}{2}\left(\dfrac{H}{H+y}\right)^{\frac{1}{2}}$

㉱ $r = \dfrac{D}{2}\left(\dfrac{H}{H+y}\right)^{\frac{1}{4}}$

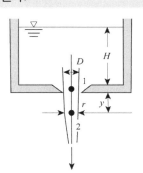

12

$$Q = A_e V_e$$

$$V_e = \frac{0.085}{\frac{\pi}{4}(0.1)^2} = 10.82[\text{m/sec}]$$

$$\frac{V_e^2}{2g} = \frac{10.82^2}{2 \times 9.8} = 5.97$$

$$h = H_r + 5.97$$

$$P = \gamma H Q$$

$$H_T = \frac{P}{\gamma Q} = \frac{15}{9.8 \times 0.085} = 18[\text{m}]$$

$$\therefore\ h = H_T + 5.97 = 18 + 5.97 = 23.97 \fallingdotseq 24[\text{m}]$$

 답 ㉮

13

1과 2에 베르누이 방정식을 적용하면

$$\frac{P_1}{\gamma} + \frac{V_1^2}{2g} + Z_1 = \frac{P_2}{\gamma} + \frac{V_2^2}{2g} + Z_2$$

$Z_1 = Z_2$, $\dfrac{V_1^2}{2g} = 0$, $p_1 = p$, $p_2 = 0$(대기압)이므로

$$\frac{V_2^2}{2g} = \frac{p}{\gamma}$$

$$\therefore\ V_2 = \sqrt{\frac{2gp}{\gamma}} = \sqrt{\frac{2p}{\rho}}$$

 답 ㉯

14

1과 2에서 유속은 토리첼리공식에 의하여

$$V_1 = \sqrt{2gH}$$

$$V_2 = \sqrt{2g(H+y)}$$

1과 2에 연속방정식을 적용하면

$$\frac{\pi D^2}{4}\sqrt{2gH} = \pi \gamma^2 \sqrt{2g(H+y)}$$

따라서

$$r^2 = \frac{D^2}{4}\sqrt{\frac{H}{H+y}}$$

$$\therefore\ r = \frac{D}{2}\left(\frac{H}{H+y}\right)^{\frac{1}{4}}$$

 답 ㉱

제4장. 역적과 운동량의 원리

4-1 역적과 운동량(momentum)

질량 m인 물체가 속도 V로 움직일 때 mV를 그 물체의 운동량(momentum)이라 하고, 물체에 가해진 전외력의 합 $\sum F$와 미소시간 dt의 곱 $\sum Fdt$를 역적(impulse)이라 한다. 뉴턴의 제2운동법칙에 따르면 운동량의 시간에 대한 변화율은 외력의 합과 같다. 즉,

$$\frac{d}{dt}(mV) = \sum F \ \text{또는} \ d(mV) = \sum Fdt$$

이며 속도와 합력은 벡터량이다. 이 원리를 흐르는 유체에 적용하는 데 있어서 보다 쉽게 이해하기 위하여 그림 4-1과 같이 곡관에서의 정상류 1차원 흐름을 예로 들어 간단히 생각해 보자.

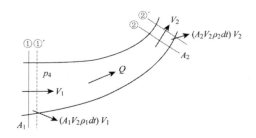

그림 4-1 운동량의 변화

단면 ①과 ② 사이의 공간을 검사체적으로 하고 어느 순간의 검사체적 내의 유체가 dt시간 후에 단면 ①′와 ②′ 사이의 유체로 이동하였다면, 검사체적 내에 유체의 운동량 변화는

(단면 ①′과 ②′ 사이의 유체운동량) − (단면 ①과 ② 사이의 유체운동량)

인데, 단면 ①′과 ② 사이의 유체가 가지는 운동량은 공통으로 갖는 운동량이므로 결과적으로 dt시간 동안의 운동량 변화는

(단면 ②와 ②′ 사이의 유체운동량) − (단면 ①과 ①′ 사이의 유체운동량)

과 같다. 이 사실을 위의 법칙에 적용하여 정리하면

$$\sum Fdt = (A_2 V_w \rho_2 dt) V_2 - (A_1 V_1 \rho_1 dt) V_1 = \rho Q (V_2 - V_1) dt$$
$$\therefore \ \sum F = \rho Q (V_2 - V_1) [\text{kg}] \tag{a}$$

식(a)를 역적－운동량방정식이라 한다. 또한 x, y, z 방향의 속도변화 성분은 각각 외력의 x, y, z 방향 분력에 의한 것이므로 식(a)를 다음과 같이 스칼라식으로 쓸 수 있다.

$$\sum F_x = \rho Q (V_{2x} - V_{1x})$$
$$\sum F_y = \rho Q (V_{2y} - V_{1y}) \tag{b}$$
$$\sum F_z = \rho Q (V_{2z} - V_{1z})$$

개념예제

1. 운동량의 방정식 $\sum F = \rho Q (V_2 - V_1)$은 다음과 같은 가정하에서 유도된 것이다. 옳은 것을 골라라.

㉮ 흐름이 비정상류이다.
㉯ 점성흐름에서만 가능하다.
㉰ 각 단면에서의 속도분포는 일정하다.
㉱ 비압축성 유체의 흐름에서만 가능하다

Sol) $\sum F = \rho Q (V_2 - V_1)$에서 V_2와 V_1은 임의의 단면에서의 평균속도라고 가정된 값이다. 따라서 임의의 단면 분포는 일정하여야 한다. **답** ㉰

2. 운동량의 차원은?

㉮ MLT　　㉯ $ML^{-1}T$　　㉰ FLT^{-2}　　㉱ MLT^{-1}

Sol) 운동량(mV)＝질량(m)과 속도(V)의 곱이므로
$mV = MLT^{-1}$ 또는 충격력$(F \cdot dt)$으로부터 $F \cdot T = (MLT^{-1}) \cdot T = MLT^{-1}$ **답** ㉱

4-2 관에 작용하는 힘

1. 직관인 경우 마찰력(F_f)

그림 4-2와 같이 유체가 단면적인 변화하는 수평관 속을 흐를 때 ①, ② 단면 사이에 있는 유체에 운동량방정식을 적용하면

$\sum F_x = \rho Q(V_{2x} - V_{1x})$에서

$$P_1 A_1 - P_2 A_2 - F_f = \rho Q(V_2 - V_1)$$
$$\therefore \ F_f(\text{마찰력}) = P_1 A_1 - P_2 A_2 - \rho Q(V_2 - V_1)$$

(F_f)방향은 임의로 정한 후 계산결과가 (+)값이면 그대로이고 (−)값이면 반대 방향이다.

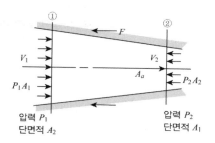

그림 4-2 직관에 작용하는 힘

2. 곡관의 경우

그림 4-3과 같이 유체가 곡관 속을 흐를 때 ①, ② 단면 사이에 유체에 운동량방정식을 적용하면

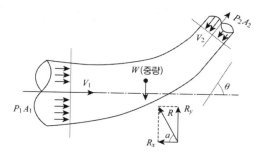

그림 4-3 곡관에 미치는 힘

$$\sum F_x = \rho Q(V_{2x} - V_{1x})\text{에서}$$

$$P_1 A_1 - P_2 A_2 \cos\theta - R_x = \rho Q(V_2 \cos\theta - V_1)$$

$$\therefore \ P_x = P_1 A_1 - P_2 A_2 \cos\theta - \rho Q(V_2 \cos\theta - V_1) \tag{a}$$

$$\sum F_y = \rho Q(V_{2y} - V_{1y})\text{에서}$$

$$R_y - W - P_2 A_2 \sin\theta = \rho Q(V_2 \sin\theta - 0)$$

$$\therefore \ R_y = W + P_2 A_2 \sin\theta \rho Q V_2 \sin\theta \tag{b}$$

따라서 반력의 크기 R는

$$R = \sqrt{R_x^2 + R_y^2} \tag{ⓒ}$$

$$\alpha = \tan^{-1} \frac{R_y}{R_x} \tag{d}$$

개념예제

3. 다음 그림과 같은 터빈 날개에 분류가 $v\,[\text{m/s}]$의 속도로 날개에 따라 들어올 때 날개를 고정시키는 데 필요한 x 성분의 힘 F_x 는?

㉮ $\rho Q v(\cos\alpha + \cos\beta)$

㉯ $\rho Q v(\cos\alpha + \sin\beta)$

㉰ $\rho Q v \cos(\alpha + \beta)$

㉱ $\rho Q v$

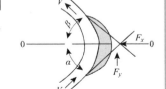

Sol) x 방향 운동량방정식에서 $-F_x = \rho Q(V_{x2} - V_{x1})$
여기서 $V_{x2} = -v\cos\beta,\ V_{x1} = v\cos\alpha$ 이므로
$\therefore \ F_x = \rho Q v(\cos\alpha + \cos\beta)$

날개 출구

날개 입구

답 ㉮

4. 운동량의 단위는?

㉮ $[\text{kg}\cdot\text{s}^2/\text{m}(\text{N}\cdot\text{s}^2/\text{m})]$　　　　㉯ $[\text{kg}(\text{N})]$

㉰ $[\text{kg}\cdot\text{s}(\text{N}\cdot\text{s})]$　　　　㉱ $[\text{kg}\cdot\text{m}(\text{J})]$

Sol) 운동량 $mV = [\text{kg}\cdot\text{sec}^2/\text{m} \times \text{m}/\text{sec}] = [\text{kg}\cdot\text{sec}]$

답 ㉰

5. 50[m/s]인 물분류가 고정 날개에 그림과 같이 충돌하고 있다. 이 때 날개를 고정시키는 데 필요한 힘 F_x는 몇 [kW]인가?

㉮ 1694 ㉯ 1072

㉰ 2694 ㉱ 2094

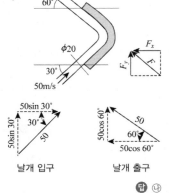

Sol) 유량 $Q = \dfrac{\pi (0.02)^2}{4} \times 50 = 15.7 \times 10^{-3} [\text{m}^3/\text{s}]$

속도 선도에서 $V_{x1} = 50\cos 30 = 43.3 [\text{m/s}]$

$V_{x2} = -50\cos 60 = -25 [\text{m/s}]$

운동량방정식에서

$-F_x = \rho Q (V_{x2} - V_{x1}) = 1000 \times 15.7 \times 10^{-3} (-25 - 43.3)$

$\therefore \ F_x = 1072.12 [\text{N}] = 1.072 [\text{kN}]$

㉯

4-3 분류(jet)가 날개에 작용하는 힘

분류(jet)가 날개에 작용하는 힘은 다음과 같은 가정하에서 생각하기로 한다.

1) 벽면과 분류 사이의 마찰력은 무시한다.

2) 유체의 위치에너지 변화는 무시한다.

3) 분류의 단면적은 일정하다.

4) 분류의 정압은 대기압으로서 일정하다.

1. 고정평판에 작용하는 힘

그림 4-4에서 평판에 미치는 힘은

$\sum F_y = \rho Q (V_{2y} - V_{1y})$에서

$$-R = \rho Q (0 - V_{1y}) = -\rho Q V \sin\theta$$

$$\therefore \ R = \rho Q V \sin\theta \tag{a}$$

또 분류방향의 분력은

$$R_0 = R \sin\theta = \rho Q V \sin^2\theta \tag{b}$$

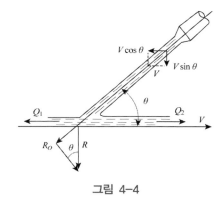

그림 4-4

유량 Q_1과 Q_2는 다음 식으로 구할 수 있다.

$$Q_1 = \frac{Q}{2}(1 + \cos\theta), \quad Q_2 = \frac{Q}{2}(1 - \cos\theta) \tag{c}$$

2. 고정곡면판에 작용하는 힘

그림 4-5와 같이 분류가 곡면판 위를 흐를 때 곡면판에 미치는 힘을 생각하자.

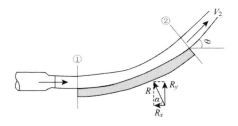

그림 4-5

단면 ①과 ② 사이에 운동량방정식을 적용하면

$$\sum F_x = -R_x = \rho Q(V_2\cos\theta - V_1)$$

$V_2 = V_1$이므로 V로 놓으면

$$R_x = \rho Q V(1 - \cos\theta) \tag{a}$$

$$\sum F_y = R_y = \rho Q(V_2\sin\theta - 0)$$

$$\therefore \ R_y = \rho Q V \sin\theta \tag{b}$$

따라서 수평력 R_x와 수직력 R_y를 합성하면 합력 R가 된다.

$$R = \sqrt{R_x^2 = R_y^2}$$

$$\alpha = \tan^{-1}\frac{R_y}{R_x}$$

(c)

개념예제

6. 그림과 같이 비중이 0.83인 기름이 13[m/sec]의 속도로 수직평판에 직각으로 부딪치고 있다. 판에 작용되는 힘 F는 얼마인가?

   ㉮ 140[N]

   ㉯ 234.2[N]

   ㉰ 2360[N]

   ㉱ 1740[N]

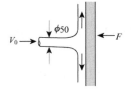

   Sol) 운동량방정식에서 $\Sigma F = \rho Q(V_2 - V_1)$

   여기서 $Q = AV = \dfrac{\pi}{4} \times (0.05)^2 \times 12 = 0.02355 [\mathrm{m^3/sec}]$

   $V_1 = 12 [\mathrm{m/sec}], \quad V_2 = 0$이므로

   $-F = 1000 \times 0.83 \times 0.02355(0-12) = 234.22 [\mathrm{N}]$

   답 ㉯

7. 그림에서 물제트의 지름은 40[mm]이고 속도 60[m/s]로 고정된 평판에 45°의 각도로 충돌하고 있을 때 판이 받는 힘은 얼마인가?

   ㉮ 3700[N]

   ㉯ 4700[N]

   ㉰ 3197[N]

   ㉱ 1284.7[N]

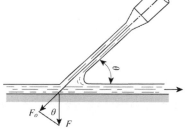

   Sol) 운동량방정식으로부터

   $F = \rho Q V \sin\theta$

   $= 1000 \times \dfrac{\pi}{4} \times (0.04)^2 \times 60 \times 60 \sin 45 = 3197 [\mathrm{kg}]$

   답 ㉰

---

3. 분류(jet)가 움직이는 날개에 작용하는 힘

터빈(turbine)이나 펌프는 움직이는 날개와 유체의 운동량 변화에 의한 동력교환이 이루어지고 있는 예이다.

그림 4-6에서 V_1, V_2는 날개 입구와 출구에서의 분류절대속도, u는 날개의 이동속도, u_1, u_2는 분류의 날개에 대한 입·출구 상대속도이다. 분출유량은 AV_1이지만 날개를 거쳐 가는 유량은 Au_1이고 x, y방향의 운동량방정식은

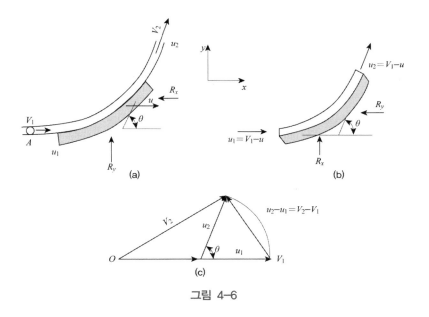

그림 4-6

$$\sum F_x = -R_x = Au_1\rho(u_2\cos\theta - u_1)$$

$$\sum F_y = R_y = Au_1\rho(u_2\sin\theta - 0)$$

그런데 u_1과 u_2의 크기는 그림 4-6(b)에서 보는 바와 같이 정상류에서 $V_1 - u$와 같으므로

$$R_x = \rho A (V_1 - u)^2 (1 - \cos\theta)$$

$$R_y = \rho A (V_1 - u)^2 \sin\theta$$

이다. 날개가 얻는 동력(P)는 다음과 같다.

$$P = R_x \times u = \rho A (V_1 - u)^2 (1 - \cos\theta) u$$

그리고 그림 4-6(c)의 벡터 선도에서 상대속도의 변화와 절대속도의 변화가 같음을 알 수 있으므로 구하기 쉬운 속도를 이용하는 것이 편리하다.

4-4 분사추진

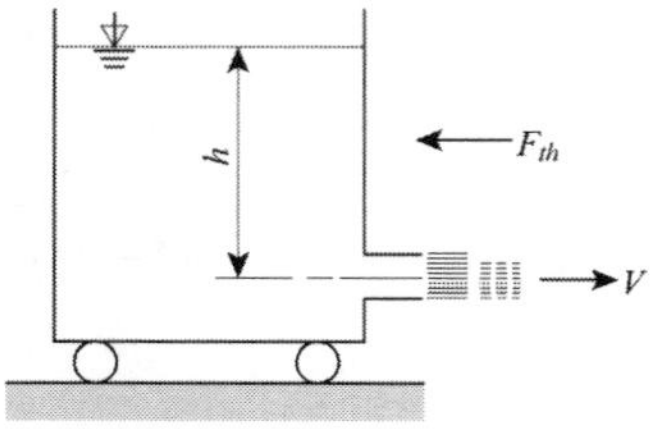

분류의 속도 $V = C_v \sqrt{2gh}$ 이고, 탱크에서 잃게 되는 운동량은 단위시간당 ρQV이다. 따라서 탱크는 그 반작용에서 분류의 방향과 반대방향으로 추력 F_{th}는

$$F_{th} = \rho QV, \quad Q = C_c A V$$

의 힘(thrust)를 받는다. 이것을 바꾸어 쓰면

그림 4-7 탱크차의 추진

$$F_{th} = \frac{\gamma}{g} C_c A \sqrt{2gh} \cdot C_v \sqrt{2gh} = 2\gamma CAh \quad (C = C_v \times C_c) \tag{a}$$

노즐에 대하여 $C = 1$이므로

$$F_{th} = 2\gamma Ah \, [\text{kg}] \tag{b}$$

즉, 탱크는 분류에 의하여 노즐의 면적에 작용하는 정수압의 2배와 같은 힘을 받는다. 그러므로 그림과 같은 장치에 있어서 탱크는 트러스트를 받아 운동한다.

1. 비행기 추진

비행기는 추력은

$$F_{th} = \rho_2 Q_2 V_2 - \rho_1 Q_1 V_2 \quad (V_1 : \text{흡입속도}, \ V_2 : \text{노즐 분사속도}) \tag{a}$$

만일 연속방정식 $\rho_1 Q_1 = \rho_2 Q_2 = \rho Q$가 성립하는 경우는

$$F_{th} = \rho Q(V_2 - V_1) \tag{b}$$

비행기(제트기)의 추진동력은

$$P = F_{th} \cdot V_1 = \rho Q(V_2 - V_1) \cdot V_1 \tag{c}$$

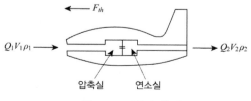

그림 4-8 비행기 추진

2. 로켓 추진

운동량방정식으로부터 추력(thrust force)은

$$F_{th} = \rho Q V$$

ρQ : 분사되는 질량
V : 분사속도

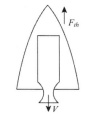

그림 4-9 로켓 추진

4-5 프로펠러(propeller)의 이론

그림 4-10과 같이 유속이 V_1의 유체 속에 프로펠러가 고정되어 있고, 프로펠러 회전에 의하여 유속은 V_4가 되었다.

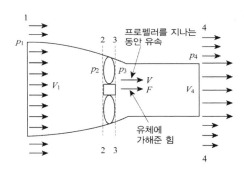

그림 4-10 유체흐름 속의 프로펠러

프로펠러에 의해서 유체에 가해준 힘 F는

$$F = (p_3 - p_2)A = \rho Q(V_4 - V_1)$$

여기서 $Q = AV$이므로

$$(p_3 - p_2) = \rho Q(V_4 - V_1) \tag{a}$$

또, 단면 ①과 ②, ③과 ④ 사이에 각각 베르누이 방정식을 적용하고 $P_1 = P_4$를 대입하면

$$(p_3 - p_2) = \frac{1}{2}\rho(V_4^2 - V_1^2) \tag{b}$$

(a), (b)식으로부터 프로펠러를 지나는 평균속도(V)는

$$V = \frac{V_1 + V_4}{2} \tag{c}$$

이때 프로펠러부터 얻어지는 동력은

$$P_o = FV_1 = \rho Q(V_4 - V_1) V \tag{d}$$

한편 프로펠러의 입력은

$$P_i = \frac{\rho Q}{2}(V_4^2 - V_1^2) = \rho Q(V_4 - V_1) V \tag{e}$$

프로펠러의 이론 효율은

$$\eta_{th} = \frac{P_o}{P_i} = \frac{V_1}{V} \tag{f}$$

개념예제

8. 배가 물 위를 8[m/sec]로 지나간다. 배 뒤 프로펠러를 지난 후의 물의 후류(slip stream) 속도는 6[m/sec]이다. 프로펠러의 지름은 0.6[m]라 하면 추력은 얼마인가?

㉮ 12500   ㉯ 18600   ㉰ 24500   ㉱ 32560

Sol) 후류의 절대속도 $V_4 = 6 - (-8) = 14 [\text{m/s}]$

평균속도와 유량 $V = \dfrac{V_1 + V_4}{2} = \dfrac{8 + 14}{2} = 11 [\text{m/s}]$

$Q = AV = \dfrac{\pi}{4}(0.6)^2 \times 11 = 3.1 [\text{m}^3/\text{s}]$

추력 F는 $F = \rho Q(V_4 - V_1) = 1000 \times 3.1 \times (14 - 8) = 18600 [\text{N}]$ 답 ㉯

4-6   운동에너지 및 운동량 수정계수

지금까지 1차원으로 가정된 흐름의 속도는 단면에서의 속도 분포가 균일한 것으로 보고 평균속도를 써 왔다. 그러나 실제로 유체는 흐름의 형태에 따라 어느 한 단면에서도 그 단면상의 위치에 따라 속도의 크기가 다르다.

평균속도는 유량을 단면적으로 나누어 구한 값으로서 정하여 질 것이고, 반대로 유량을 구할 때는 흐름 단면적에 평균속도(V)를 곱하여 구하면 오차는 없다. 즉, 단면 A를 통과하는 유체의 속도를 변수 u라 하면 미소단면적 dA에 그때의 속도 u를 곱하여 전단면에 걸쳐 합한 것은 유량이다. 식으로 표시하면

$$Q = AV = \int_A u\,dA \quad A = \int_A dA$$

의 관계가 있다. 그런데 평균속도를 제곱하거나 3제곱하여 써야 할 경우는 뜻이 달라진다. 즉, 평균을 제곱하면 제곱을 평균한 것과 같지 않다는 사실에서 명백하다. 단위시간 동안 단면을 통과하는 질량이 가지는 운동에너지 E_k는

$$E_k = \int_A dm\,\frac{u^2}{2} = \int_A (\rho u\,dA) \cdot \frac{u^2}{2} = \int_A \left(\frac{1}{2}\rho u^3 dA\right)$$

이고, 평균속도로 구하는 운동에너지 $E_k{'}$은

$$E_k{'} = \frac{Q\rho V_2}{2} = \frac{1}{2}\rho A V^3$$

인데, 일반적으로 $E_k \neq E_k{'}$이므로 $\alpha E_k{'} = E_k$로 놓으면 α는

$$\alpha = \frac{E_k}{E_k{'}} = \frac{1}{A V^3}\int_A u^3 dA \tag{a}$$

식(a)에서 α를 운동에너지 수정계수라 하며 보통 층류일 때는 $\alpha = 2$, 난류일 때는 $1.01\sim1.10$의 값을 취한다. 같은 방법으로 운동량의 수정계수(β)를 구하면 다음과 같다.

$$\beta = \frac{1}{A V^2}\int_A u^2 dA \tag{b}$$

$\beta=$층류일 때 $\frac{4}{3}$
난류일 때 $1.01\sim1.05$

> ### 개념예제

9. 다음 중 운동에너지 수정계수는? (단, V는 평균속도, u는 임의의 단면속도, A는 단면적이다.)

㉮ $\dfrac{1}{AV^2}\displaystyle\int_A u^2 dA$　　　　㉯ $\dfrac{1}{A}\displaystyle\int_A \left(\dfrac{u}{V}\right)^3 dA$

㉢ $\dfrac{1}{AV^3}\displaystyle\int_A u^3 dA$　　　　㉣ $\dfrac{1}{A}\displaystyle\int_A \left(\dfrac{u}{V}\right)^2 dA$

Sol) 운동에너지 수정계수 $a = \dfrac{1}{AV^3}\displaystyle\int_A u^3 dA = \dfrac{1}{A}\displaystyle\int_A \left(\dfrac{u}{V}\right)^3 dA$　　**답** ㉯

10. 프로펠러 지름이 3[m]인 비행기가 120[m/sec]로 정지된 공기 속을 날고 있다. 프로펠러를 지나는 공기의 유속이 140[m/sec]일 때 비행기의 추력은 몇 [N]인가? (단, 밀도 $\rho = 0.04[\text{kg/m}^3]$이다.)

㉮ 1582　　　㉯ 1154　　　㉢ 786　　　㉣ 161

Sol) 프로펠러 출구에서 공기속도는

$V_4 = 2V - V_1 = 2 \times 140 - 120 = 160[\text{m/sec}]$

$Q = AV = \dfrac{\pi \times 3^2}{4} \times 140 ≒ 989[\text{m}^3/\text{sec}]$

$\therefore F_{th} = \rho Q(V_4 - V_1) = 0.04 \times 989 \times (160 - 120) ≒ 1582[\text{N}]$　　**답** ㉮

제4장 — 적중 예상문제

01

운동량(momentum)에 관한 설명 중 틀린 것은?

㉮ 압축성, 점성유체에도 적용된다.
㉯ 운동량이 일정할 때 외력은 시간과 반비례한다.
㉰ 운동량유속 ρQV는 운동량 mV에서 유도된다.
㉱ 뉴턴의 운동제2법칙은 관계가 없다.

01
운동량방정식은 뉴턴의 운동제2법칙과 관계가 있다.

답 ㉱

02

운동량의 방정식 $\sum F = \rho Q(V_2 - V_1)$은 어떤 가정하에서 유도되었는가?

ⓐ 정상흐름이다.
ⓑ 압축성 유체의 흐름이다.
ⓒ 각 단면에서의 속도가 균일하고 일정하다.
ⓓ 비압축성 유체의 흐름이다.

㉮ ⓐ ⓓ   ㉯ ⓐ ⓒ
㉰ ⓐ ⓑ   ㉱ ⓑ ⓒ

02
정상류 흐름일 것과 각 단면에서의 속도가 균일하다고 가정한다.

답 ㉯

03

운동량의 단위는?

㉮ [kg·sec]   ㉯ [kg]
㉰ [kg·m/sec]   ㉱ [kg·sec²/m]

03
뉴턴의 운동제2법칙으로부터 $F = ma$에서
$$F = m\frac{dV}{dt}$$
$$F \cdot dt = d(mV)$$
여기서 $F \cdot dt$를 역적충격력(impulse)이라고 하며 mV를 운동량이라고 한다.

답 ㉰

04

운동량의 차원은?

㉮ $MLT^2 T$ ㉯ MLT^{-2}
㉰ MLT^{-1} ㉱ $MLT^{-1} T$

04
운동량$(m \cdot V)$의 차원은 MLT^{-1}

답 ㉰

05

운동량방정식에서의 수정계수 β는?

㉮ $\dfrac{1}{A}\displaystyle\int_A\left(\dfrac{v}{V}\right)^2 dA$ ㉯ $\dfrac{1}{A}\displaystyle\int_A\left(\dfrac{v}{V}\right)^3 dA$

㉰ $\dfrac{1}{A}\displaystyle\int_A\left(\dfrac{v}{V}\right)^4 dA$ ㉱ $\dfrac{1}{A}\displaystyle\int_A\left(\dfrac{v}{V}\right) dA$

06

그림과 같은 지름 40[mm]인 분류가 60[m/sec]의 속도로 고정평판에 45°의 각을 이루고 충돌할 때 판이 받는 힘은 몇 [N]인가?

㉮ 12627

㉯ 31349

㉰ 46167

㉱ 25650

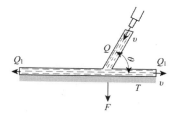

07

그림과 같이 비중이 0.9인 유체가 지름이 $V=12$[m/sec]의 속도로 흐르고 있다. 판에 작용하는 힘은 얼마인가? (단, 지름은 10[cm]이다.)

㉮ 840.4[N]

㉯ 1017.24[N]

㉰ 756.2[N]

㉱ 6457[N]

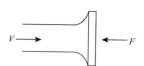

08

내경이 50[cm]인 90° 엘보(elbow)에 150[Pa] 게이지의 공기(air)가 들어 있다. 이 엘보를 지지하는 데 필요한 x방향의 힘은 몇 [N]인가? (단, 엘보와 공기의 무게는 무시한다.)

㉮ 29.43

㉯ 47.23

㉰ 52.23

㉱ 71

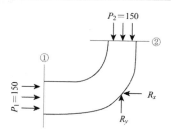

05

• 운동량 수정계수
$$\beta = \frac{1}{A}\int_A\left(\frac{v}{V}\right)^2 dA$$

• 운동에너지 수정계수
$$\alpha = \frac{1}{A}\int_A\left(\frac{v}{V}\right)^3 dA$$

답 ㉮

06

분류의 속도를 평판과 직각인 성분과 평행한 성분으로 분해하여 생각한다. 평행한 성분은 판에 힘을 미치지 않으므로 직각인 성분 $V\sin\theta$에 대해서만 생각하면 된다. 이 분속도는 $V\sin\theta$에서 0까지 변화한다. 그러므로
$$F_y = \rho Q(V\sin\theta - 0) = \rho Q V\sin\theta$$
그런데

유량 $Q = AV = \dfrac{\pi}{4}\times(0.04)^2\times 60$
$$= 0.0754[\mathrm{m^3/sec}]$$
$$\therefore\ F_y = \rho Q V\sin\theta$$
$$= 9800\times 0.0754\times 60\sin45°$$
$$= 31349[\mathrm{N}]$$

답 ㉯

07

$$F = \rho Q V = 1000\times0.9\times\frac{\pi}{4}\times(0.1)^2\times12^2$$
$$= 1017.24[\mathrm{N}]$$

답 ㉯

08

공기는 흐르지 않기 때문에 $V_1 = V_2 = 0$

x방향의 힘 : $P_1 A - R_x = 0$
$$\therefore\ R_x = P_1 A = 150\times\frac{\pi}{4}\times0.5^2 = 29.43[\mathrm{N}]$$

답 ㉮

09

[문제 08]에서 엘보(elbow)를 지지하는 데 필요한 합성력은 몇 [N]인가?

㉮ 29.4   ㉯ 52

㉰ 41.63   ㉱ 65.5

10

프로펠러항공기의 지상실험에서 프로펠러에 공급한 공기의 속도는 150[m/s]이고 프로펠러를 통과한 후의 공기속도는 180[m/s]이었다. 공기의 밀도는 1.2[kg/m³]이고 프로펠러를 통과한 공기량이 300 [m³/s]일 때 항공기의 추력은 몇 [N]인가?

㉮ 9000   ㉯ 101800

㉰ 10800   ㉱ 560

11

밀도가 1.28[kg/m³]인 공기중을 110[m/sec]의 속도로 비행하는 항공기가 직경 2.1[m]인 2개의 프로펠러로 934[m³/sec]의 공기를 가속시킨다고 할 때 이 항공기의 추력은 몇 [N]인가?

㉮ 57502   ㉯ 59537

㉰ 85701   ㉱ 87452

12

나사 프로펠러(screw propeller)로 추진되는 배가 5[m/sec]의 속도로 달릴 때 프로펠러의 후류속도는 6[m/sec]이다. 프로펠러의 직경이 1[m]이면 이 배의 추력은 몇 [N]인가?

㉮ 254   ㉯ 290

㉰ 376.6   ㉱ 425

09

x 방향의 힘 $R_x = 29.43[\text{N}]$

y 방향의 힘 $R_y = 29.43[\text{N}]$

∴ 합성력

$$R = \sqrt{R_x^2 + R_y^2}$$
$$= \sqrt{(29.43)^2 + (29.43)^2} = 41.63[\text{N}]$$

답 ㉰

10

추력

$$F = \rho Q(V_4 - V_1) = 1.2 \times 300 \times (180 - 150)$$
$$= 10800[\text{N}]$$

답 ㉰

11

$F = \rho Q(V_4 - V_1)$ 이고 평균속도 $V = \dfrac{V_1 + V_4}{2}$

이며 $Q = AV$이다.

$$V = \frac{Q}{A} = \frac{934/2}{\frac{\pi}{4} \times (2.1)^2} = 134.9[\text{m/sec}]$$

$$V_4 = 2V - V_1 = 2 \times 134.9 - 110$$
$$= 159.8[\text{m/sec}]$$

∴ $F = \rho Q(V_4 - V_1)$
$$= 1.28 \times 934 \times (159.8 - 110) = 59537[\text{N}]$$

답 ㉯

12

$V_1 = 5[\text{m/sec}]$이고 후류의 속도가 $6[\text{m/sec}]$이므로 이동하는 배를 기준으로 할 때

$V_4 = 6 + 5 = 11[\text{m/sec}]$임을 알 수 있다.

따라서 평균속도

$$V = \frac{V_1 + V_4}{2} = \frac{5 + 11}{2} = 8[\text{m/sec}]$$

$$Q = AV = \frac{\pi}{4} \times 1^2 \times 8 \times 6.28[\text{m/sec}]$$

∴ 추력

$$F = \rho Q(V_4 - V_1)$$
$$= 1000 \times 6.28 \times (11 - 5) = 376.6[\text{N}]$$

답 ㉰

13

[문제 12]에서 배의 이론추진 효율은 몇 [%]인가?

㉮ 50
㉯ 62.5
㉰ 75
㉱ 84

14

그림과 같이 고정한 터빈 깃에 대하여 분류가 v [m/sec]의 속도로 깃에 따라 유입할 때 중심선의 방향으로 깃에 대하여 미치는 힘은?

㉮ $\rho Q v \cos(\alpha+\beta)$
㉯ $\rho Q v(\cos\alpha+\sin\beta)$
㉰ $\rho Q v(\cos\alpha+\cos\beta)$
㉱ $\rho Q v(\sin\alpha+\sin\beta)$

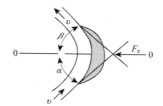

15

40[m/sec]의 속도로 흐르고 있는 직경 5[cm]인 물의 분류의 방향이 고정된 곡면판에 의하여 반대로 휘어졌다. 곡면판에 작용하는 힘의 크기와 방향을 구하라.

㉮ 6281.8[N](분류방향)
㉯ 6801.2[N](분류방향)
㉰ 6608.2[N](분류방향)
㉱ 6002[N](분류방향)

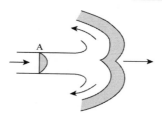

16

분류가 움직이는 단일평판에 수직으로 충돌할 경우 유량은?

㉮ 평판의 절대속도와 분류의 단면적을 곱한 값과 같다.
㉯ 분류의 절대속도와 분류의 단면적을 곱한 값이다.
㉰ 평판에 대한 분류의 상대속도와 분류의 단면적을 곱한 값이다.
㉱ 분류의 속도와 평판의 단면적을 곱한 값이다.

13

$$\eta_{th}=\frac{동력(P_0)}{입력(P_i)}=\frac{F\cdot V_1}{F\cdot V}=\frac{V_1}{V}$$
$$=\frac{2V_1}{V_1+V_4}=\frac{2\times5}{5+11}=0.625=62.5[\%]$$

답 ㉯

14

x 방향 운동량방정식에서
$-F_x=\rho Q(V_{x2}-V_{x1})$
여기서 $V_{x2}=-v\cos\beta,\ V_{x1}=v\cos\alpha$이므로
∴ $F_x=\rho Q v(\cos\alpha+\cos\beta)$

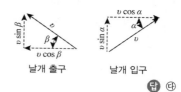

날개 출구　　날개 입구

답 ㉰

15

$$F=2\rho QV=2\rho AV^2$$
$$=2\times1000\times\frac{\pi}{4}\times0.05^2\times40^2$$
$$=6281.8[N](분류방향)$$

답 ㉮

16

유량 $Q=Q(V-u)$
여기서, A : 분류의 단면적
V : 분류의 절대속도
u : 평판의 절대속도
즉, 분류의 단면적과 평판에 대한 분류의 상대속도 $(V-u)$를 곱한 값이 유량이 된다.

답 ㉰

17

그림과 같이 벽에 붙어있는 180°의 깃에 단면적 A_0로 분사된 물이 부딪치고 있다. 물이 벽에 미치는 힘을 구하라.

㉮ 0

㉯ $\rho A V^2$

㉰ $2\rho A_0 V^2$

㉱ $\frac{1}{2}\rho A_0 V^2$

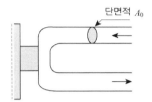

단면적 A_0

18

고정 또한 가동날개에 부딪치는 제트(jet)의 해석에서 정확한 가정은?

㉮ 제트의 출구속도는 0이다.

㉯ 제트의 모멘텀은 일정하다.

㉰ 제트와 날개 사이에서의 마찰은 무시한다.

㉱ 제트가 날개에 부딪치는 전후의 속도는 변하지 않는다.

19

지름 10[cm]인 물분류가 속도 50[m/s]로서 25[m/s]로 이동하는 날개에 그림과 같이 충돌한다. 이때 충격력 F_x는 몇 [N]인가?
(단, 날개각은 160°이다.)

㉮ 3830

㉯ 9504

㉰ 3042

㉱ 6040

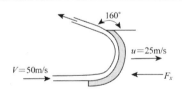

160°

$u=25\text{m/s}$

$V=50\text{m/s}$

F_x

20

그림과 같이 평판이 $u=10$[m/s]로 움직이고 있다. 노즐에서 20[m/s]의 속도로 분출된 분류가 평판에 수직으로 충돌할 때 평판이 받는 힘은? (단, 분류의 단면적은 $A=0.1$[m^2]이다.)

㉮ 102[N]

㉯ 1000[N]

㉰ 200[N]

㉱ 20[N]

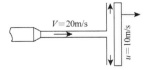

$V=20\text{m/s}$

$u=10\text{m/s}$

17

$P_1 = P_2$이고 $V_1 = V_2 = V$이다.

$(AP_1 + A_2P_2) - F_x = \rho Q(-V_2 - V_1)$

$F_x = 2\rho A_0 V^2$

 답 ㉰

18

① 위치에너지(P.E) 변화는 무시한다.

② 분류의 단면적은 일정하다.

③ 벽면과 분류 사이의 마찰력은 무시한다.

④ 분류의 정압은 대기압으로서 일정하다.

 답 ㉯

19

날개에 대한 물분류의 상대속도는

$V - u = 50 - 25 = 25\,[\text{m/s}]$

그러므로 유량은

$Q = \dfrac{\pi(0.1)^2}{4} \times 25 = 0.196\,[\text{m}^3/\text{s}]$

운동량방정식을 적용하면

$-F_x = \rho Q(V_{x2} - V_{x1})$

$\quad = 1000 \times 0.196 \times (-25\cos 20° - 25)$

$\therefore F_x = 9504\,[\text{N}]$

25

$20°$

$25\cos 20$

답 ㉯

20

$-F_x = \rho Q(V_{x2} - V_{x1})$에서

$Q = (V - u) = 0.01 \times 10 = 0.1\,[\text{m}^3/\text{s}]$

$V_{x2} = 0,\ V_{x1} = V - u = 20 - 10 = 10\,[\text{m/s}]$

이므로

$F_x = 1000 \times 0.1 \times 10 = 1000\,[\text{N}]$

 답 ㉯

제4장 | 응용문제

01

그림과 같이 고정된 깃에 물제트가 50[m/s]의 속도로 부딪친다. 제트는 깃 위로 5[cm] 두께와 4[cm]의 깊이를 유지하면서 흐른다. 제트의 압력은 대기압과 같다. 고정깃을 지지하는 데 요하는 x 방향의 힘은 몇 [N]인가?

㉮ 684
㉯ 2497
㉰ 2947
㉱ 3247

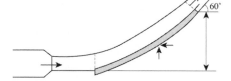

01

제트의 압력은 대기압과 같으므로 압력에 대한 지지력은 없다.

$$-R_x = \rho Q(V_2\cos60° - V_1)$$
$$R_x = \rho Q(V_1 - V_2\cos60°)$$
$$V_1 = V_2$$
$$= 1000 \times \frac{5}{100} \times \frac{4}{100} \times 50 \times 50(1-\cos60°)$$
$$= 2497[\text{N}]$$

답 ㉯

02

아래 그림은 선미에서 물을 분출하여 그 반작용으로 배를 움직이게 하는 제트추진보트를 표시한다. 배의 속력을 u, 물의 분출속력을 V 라 하면 추진효율이 최대가 될 조건은?

㉮ $u = V$
㉯ $u = 0.5V$
㉰ $u = 0.85V$
㉱ $u = 0.9V$

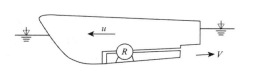

02

분출량을 $Q[\text{m}^3/\text{sec}]$, 물의 밀도를 ρ라고 하면 추력 F_{th}는
$$F_{th} = \rho Q(V-u)$$
따라서 공률 $P = F_{th} \times u = \rho Q(V-u)u$

또 펌프가 분류에 주는 에너지는 $\frac{\rho Q V^2}{2}$ 이므로 추진효율은

$$\eta = \frac{\rho Q(V-u)u}{\frac{\rho Q V^2}{2}} \rightarrow \frac{d\eta}{du} = \frac{2(V-2u)}{V^2}$$
$$= 0 \rightarrow u = \frac{V}{2}$$

답 ㉯

03

노즐지름이 25[mm]인 정원형 sprinkler가 있다. 직립관에서 압력이 30[kPa]일 때 sprinkler의 시동회전력은 얼마인가?

㉮ 288.5[N·m]
㉯ 115.4[N·m]
㉰ 29.44[N·m]
㉱ 11.78[N·m]

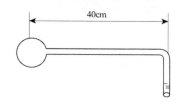

03

$$V = \sqrt{2gh}$$
$$= \sqrt{2 \times 9.8 \times \frac{3 \times 10^4}{1000}} = 24.25[\text{m/sec}]$$
$$Q = AV = \frac{\pi}{4} \times (25 \times 10^{-3})^2 \times 24.25$$
$$= 11.8977 \times 10^{-3}[\text{m}^3/\text{sec}]$$
$$T = \rho Q[(V_t)_2 - (V_r)_1]$$
$$= 1000 \times 11.8977 \times 10^{-3} \times 24.25 \times 0.4$$
$$= 115.4[\text{N·m}]$$

답 ㉯

04

그림과 같이 유량 Q인 분류가 작은 판에 수직으로 부딪쳐 분류와 $\alpha(<90°)$인 각도로 유출할 때 유체가 작은 판에 미치는 힘 F는? (단, 분류의 밀도는 ρ, 속도는 v로 한다.)

㉮ $F = \rho Q v \cos\alpha$

㉯ $F = \rho Q v (\cos\alpha - 1)$

㉰ $F = \rho Q v (1 - \cos\alpha)$

㉱ $F = \rho Q (v - v \sin\alpha)$

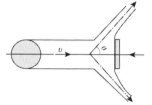

05

그림과 같은 동일 모양의 4개의 노즐을 가진 터빈의 회전수가 100 [rpm]이며, 각 노즐에서 분출되는 물(비중 1)의 유량이 각각 0.005[m³/s]이고, 출구 속력은 10[m/s]이다. 이 터빈에서 얻은 동력은 몇 [kW]인가?

㉮ 1.04[kW]

㉯ 2.04[kW]

㉰ 3.04[kW]

㉱ 4.04[kW]

06

다음 그림에서 탱크차가 받는 추력은 몇 [N]인가? (단, 노즐의 단면적은 0.01[m²]이다.)

㉮ 8330[N]

㉯ 4000[N]

㉰ 1600[N]

㉱ 2700[N]

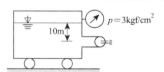

07

속도 500[km/h]인 비행기가 비중량 $\rho = 1.22$[kg/m³]인 공기속을 날고 있다. 이 비행기의 프로펠러의 지름은 2[m]이고, 배출속도는 V_4는 171.1[m/s]이다. 이 비행기의 추력은 몇 [kN]인가?

㉮ 1369 ㉯ 865

㉰ 3902 ㉱ 19.2

04

$F = (P_1 A_1 - P_2 A_2) + \rho Q(v - v \cos\alpha)$에 있어서
$P_1 = P_2 = P_0$(대기압) = 0이므로
$F = \rho Q v (1 - \cos\alpha)$

답 ㉰

05

노즐 한 개에 의하여 발생되는 토크는
$T = \rho Q A \cdot r = 1000 \times 0.005 \times 10 \times 0.5$
$= 24.99 [\text{N} \cdot \text{m}]$

4개의 노즐에 의하여 발생된 토크는
$T_1 = 4T = 99.96 [\text{N} \cdot \text{m}]$

따라서
$H = T \cdot \omega = 99.96 \times \dfrac{2\pi \times 100}{60} = 1046 \text{W}$
$= 1.04 [\text{kW}]$

답 ㉮

06

1과 2에 베르누이 방정식을 적용하면
$\dfrac{3 \times 10^4}{1000} + 0 + 10 = 0 + \dfrac{V_2^2}{2 \times 9.8} + 0$
$\therefore \; V_2 = 28 [\text{m/s}]$

그리고 $Q = AV = 0.01 \times 28 = 0.28 [\text{m}^3/\text{s}]$

따라서 추력 F는
$F = \rho Q V = 1000 \times 0.28 \times 28 = 8330 [\text{N}]$

답 ㉮

07

비행속도 V_1은
$V_1 = \dfrac{500 \times 1000}{3600} = 138.9 [\text{m/s}]$

프로펠러를 지나는 평균유속 V는
$V = \dfrac{V_1 + V_4}{2} = \dfrac{138.9 + 171.1}{2} = 155 [\text{m/s}]$

유량 $Q = AV = \dfrac{\pi (2)^2}{4} \times 155 = 486.7 [\text{m}^3/\text{s}]$

추력 $F = \rho Q (V_4 - V_1)$
$= 1.22 \times 486.7 \times (171.1 - 138.9)$
$= 19.2 [\text{kW}]$

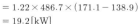

답 ㉱

제5장. 점성유체의 흐름

5-1 층류와 난류

점성유체(실제유체)의 흐름은 층류와 난류, 사이의 천이구역으로 구분된다. 층류는 매우 안정된 흐름으로 유체분자 사이의 모멘텀 교환이 거의 없는 계를 말한다. 난류는 유체분자 사이의 교환이 매우 활발한 흐름으로 해석하기에 매우 힘이 들게 된다.

레이놀드는 그림 5-1과 같은 실험장치를 만들어 층류와 난류는 구분하는 척도로 삼았다.

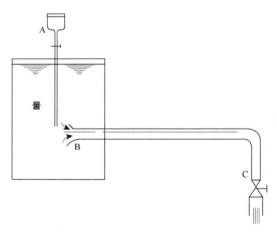

그림 5-1 레이놀드의 실험장치

1. 층류(laminar flow)

층류란 유체층 간에 유체입자의 상호교환이 없이 매끈하게 미끄러져 흐르는 유체의 유동상태를 말하며 뉴턴의 점성법칙을 만족시키는 흐름이다.

$$\tau = \mu \frac{du}{dy}$$

$$\left[\begin{array}{l} \tau \ : \ \text{전단응력} \\ \mu \ : \ \text{점성계수} \\ \dfrac{du}{dy} \ : \ \text{속도구배} \end{array}\right.$$

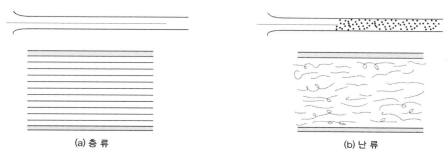

(a) 층 류   (b) 난 류

그림 5-2 원관 속 유체의 흐름

2. 난류(turbulent flow)

난류란 유체입자가 난동을 일으키면서 무질서하게 흐르는 유체의 유동상태를 말하며 아래와 같은 방정식을 만족시키는 흐름이다.

$$\tau = (\mu + \eta)\frac{du}{dy}$$

$\begin{bmatrix} \tau \ : \ 전단응력 \\ \mu \ : \ 점성계수 \\ \eta \ : \ 와점성계수(eddy \ viscosity) \end{bmatrix}$

POINT

와점성계수(η)는 유체의 밀도와 난류도에 따라 정해지는 계수이다.

개념예제

1. 난류유동에서는?
    ㉮ 전단응력에는 유체입자의 응집력이 운동량보다 더 크게 작용한다.
    ㉯ 유체입자는 질서정연하게 미끄러지듯 흐른다.
    ㉰ Newton의 점성법칙이 그대로 성립한다.
    ㉱ 일반적으로 층류유동에서보다 전달응력이 크다.

    Sol) 난류운동은 유체입자가 무질서하게 난동을 일으키면서 흐르는 유동상태이며, 이때의 전단응력은 유체입자의 응집력보다 운동량이 더 크게 작용한다. 일반적으로 층류유동에서보다 전단응력이 크며, Newton의 점성법칙은 그대로 성립하지 않는다. **답** ㉱

2. 층류유동에서는?
    ㉮ 점성이 중요하지 않다.
    ㉯ 뉴턴의 점성법칙을 적용할 수 있다.
    ㉰ 시간에 따라 흐름의 특성이 변하지 않는다.
    ㉱ 유체입자가 불규칙적인 운동을 한다.

    Sol) 층류에서 유체의 전단응력 $\tau = \mu\frac{du}{dy}$ **답** ㉯

5-2 레이놀드수(Reynolds number) : R_e 또는 N_R

레이놀드수란 층류와 난류를 구별하는 무차원수로써 직경이 d인 수평원관인 경우 아래와 같이 정의한다.

암기 ⇨

$$R_e = \frac{\rho Vd}{\mu} = \frac{Vd}{v}$$

- ρ : 유체의 밀도
- V : 유체의 평균속도
- d : 관의 직경
- μ : 유체의 점성계수
- v : 유체의 동점성계수

POINT

실험결과에 의하면 수평원관 내의 유동에서 층류와 난류는 다음과 같이 구분된다. ⇦ 암기

① $R_e < 2100$: 층류

② $2100 < R_e < 4000$: 천이영역

③ $R_e > 4000$: 난류

④ $R_e = 4000$: 상임계 레이놀드수(층류에서 난류로 변하는 레이놀드수)

⑤ $R_e = 2100$: 하임계 레이놀드수(난류에서 층류로 변하는 레이놀드수)

개념예제

3. 지름이 10[cm]인 원관 속에 비중이 0.85인 기름이 0.01[m³/sec]의 비율로 흐르고 있다. 이 기름의 동점성계수가 1×10^{-4}[m²/sec]일 때 이 흐름의 상태는?

㉮ 난류　　　　㉯ 층류　　　　㉰ 천이구역　　　　㉱ 비정상류

Sol) 평균속도 $V = \dfrac{Q}{A} = 0.01 \times \dfrac{4}{\pi \times (0.1)^2} = 1.27\,[\text{m/sec}]$

$R_e = \dfrac{Vd}{\nu} = \dfrac{1.27 \times 0.1}{1 \times 10^{-4}} = 1270 < 2100$

따라서 층류이다.　　　　　　　　　　　　　　　　　　　　　　　　　　답 ㉯

4. 지름이 10[cm]인 원관에서 층류로 흐를 수 있는 임계레이놀드수를 2100으로 할 때 층류로 흐를 수 있는 최대 평균속도는 얼마인가? (단, 관 속에는 $\nu = 1.8 \times 10^{-6}$[m²/s]의 물이 흐르고 있다.)

㉮ 3.78×10^{-2}[m/s]　　　　　　　㉯ 3.78×10^{-1}[m/s]

㉰ 3.78×10^{-3}[m/s]　　　　　　　㉱ 1.17×10^{-2}[m/s]

Sol) $R_{e\,c} = \dfrac{V_c d}{\nu} = 2100$

$\therefore V_c = \dfrac{2100 \times \nu}{d} = \dfrac{2100 \times 1.8 \times 10^{-6}}{0.1} = 0.0378\,[\text{m/sec}]$　　　　답 ㉮

5. 지름이 1[cm]의 원통관에 0[℃]의 물이 흐르고 있다. 평균속도가 1.2[m/s]이면 이 흐름을 판단하라. (단, 0[℃]의 물의 $\nu = 1.788 \times 10^{-6}$[m²/s]이다.)

㉮ 층류   ㉯ 난류

㉰ 천이구간   ㉱ 3차원 비정상류

Sol) $R_e = \dfrac{Vd}{\nu} = \dfrac{1.2 \times 0.01}{1.788 \times 10^{-6}} = 6711.4$

6711.4 > 4000이므로, 이 흐름은 난류이다.   ㉯

5-3 ## 평행평판 사이의 층류흐름

그림 5-3과 같이 평행평판 사이를 흐르는 점성유체의 층류운동을 생각하자. 간격 $2h$인 평행평판 사이에 길이 dl, 두께 $2y$, 폭 1인 미소체적에 미치는 힘은 정상류의 경우 다음과 같은 평형방정식을 만족한다.

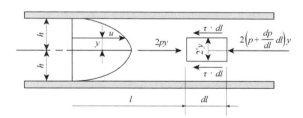

그림 5-3 평행평판 사이의 층류흐름

$\sum F_x = 0$에서

$$2py - 2\left(p + \frac{dp}{dl}dl\right)y - 2\tau \cdot dl = 0$$

$$\therefore \ \tau = -\left(\frac{dp}{dl}\right)y \tag{a}$$

또, 유동상태가 층류이고 y가 증가함에 따라 속도 u가 감소하므로 Newton의 점성법칙은

$$\tau = u\frac{dy}{dy} \tag{b}$$

식(a)와 식(b)에서 전단응력 τ를 소거하면

$$\frac{du}{dy} = \frac{y}{u}\frac{dp}{dl} \tag{c}$$

식(c)에서 유동방향에 대한 압력기울기 $\frac{dp}{dl}$ 는 y 와 무관하므로 y 에 대해 적분하면

$$u = \frac{1}{2\mu}\frac{dp}{dl}y^2 + c$$

$y = \pm h$ 일 때 $u = 0$ 이므로 적분상수 c 는

$$c = -\frac{1}{2\mu} = \frac{dp}{dl}h^2$$

그러므로 속도분포는

$$c = -\frac{1}{2\mu} = \frac{dp}{dl}(h^2 - y^2) \tag{d}$$

식(d)에서 속도분포곡선은 포물선임을 알 수 있고, $y = 0$ 에서 최대속도가 된다.
따라서

$$u_{\max} = \frac{h^2}{2\mu}\frac{dp}{dl} \tag{e}$$

단위폭당 유량(Q)은

$$Q = \int_A u\,dA = \int_{-h}^{h} u\,dy = -\frac{1}{2\mu}\frac{dp}{dl}\int_{-h}^{h}(h^2 - y^2)dy = -\frac{2h^3}{3\mu}\frac{dp}{dl} \tag{f}$$

평균속도(V)는

$$V = \frac{Q}{A} = \frac{Q}{2h} = \frac{h^2}{3\mu}\frac{dp}{dl} = \frac{2}{3}u_{\max} \tag{g}$$

$$\therefore \ u_{\max} = \frac{3}{2}V = 1.5\,V \ \text{(최대속도는 평균속도의 1.5배이다.)}$$

전체길이 l 인 평행평판 사이의 층류흐름을 ΔP 라고 하면 식(f)에서

$$\frac{dp}{dl} = \frac{\Delta P}{l}$$

이므로

$$\Delta P = \frac{3}{2}\frac{\mu Q l}{h^3}\,[\text{kg/cm}^2] \tag{h}$$

개념예제

6 평행평판 사이의 층류흐름에서 점성유체의 최대속도가 15[m/sec]일 때 평균속도(V)는 몇 [m/sec]인가?

㉮ 5   ㉯ 7.5   ㉰ 10   ㉱ 12.5

Sol) 평행평판 사이의 층류흐름인 경우 최대속도(V_{max})는 평균속도(V)의 1.5배이다.

따라서 $V = \dfrac{15}{1.5} = 10\,[\mathrm{m/sec}]$

답 ㉰

5-4 수평원관 속의 층류흐름(Hagen-poiseuille equation)

수평원관 속에 비압축성 유체가 정상류로 흐르고 있는 층류흐름을 생각해보자. 그림 5-4와 같은 수평원관 속의 자유물체도에 운동량방정식을 적용하면 자유물체도의 입구와 출구의 유속은 $V_1 = V_2$이므로 운동량 변화 $\rho Q(V_2 - V_1) = 0$이다.

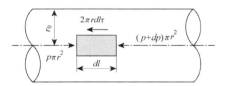

그림 5-4 수평원관 속에서 층류유동

그러므로 $\sum F_x = 0$에서

$$p\pi r^2 - (p+dp)\pi r^2 - 2\pi r dl \tau = 0$$

$$\therefore \ \tau = -\frac{r}{2}\frac{dp}{dl} \tag{a}$$

뉴턴의 점성법칙 $\tau = \mu \dfrac{du}{dy} = -\mu \dfrac{du}{dy}$를 위 식에 대입하면

$$-\mu\frac{du}{dr} = -\frac{r}{2}\frac{dp}{dl} \tag{b}$$

식(b)를 적분하면

$$u = \frac{1}{2\mu}\frac{dp}{dl} \cdot \frac{r^2}{2} + C \tag{c}$$

적분상수 C를 구하는 조건에서 벽면$(r = r_0)$에서 유속 $u = 0$ 이므로 $C = -\dfrac{1}{4\mu}\dfrac{dp}{dl}r_o^2$

따라서 속도(u)는

$$u = -\frac{1}{4\mu}\frac{dp}{dl}(r_o^2 - r^2) \tag{d}$$

관의 중심$(r = 0)$에서 속도가 최대이므로

$$u_{\max} = \frac{r_o^2}{4\mu}\frac{dp}{dl} \tag{e}$$

그러므로 속도분포는

$$\frac{u}{u_{\max}} = 1 - \frac{r^2}{r_o^2} \tag{f}$$

식(a)에서 전단응력은 관중심에서 0이고 반지름에 비례하면서 관벽까지 직선적으로 증가된다. 그리고 식(f)의 속도분포는 관벽에서 0이고 중심까지 포물선적으로 증가한다(그림 5-5).

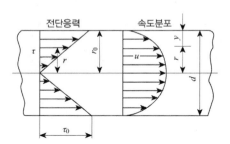

그림 5-5 전단응력과 속도분포

유량(Q)는

$$Q = \int_o^{r_o} u dA = \int_o^{r_o} u(2\pi r dr) = -\frac{\pi}{2\mu}\frac{dp}{dl}\int_o^{r_o}(r_o^2 - r^2)rd$$

$$= -\frac{\pi r_o^4}{8\mu}\frac{dp}{dl} - \frac{dp}{dl} = \frac{\Delta P}{l}$$

로 쓰면

$$유량 \quad Q = \frac{\Delta P \pi r_o^4}{8\mu l} = \frac{\Delta P \pi d^4}{128\mu l} [\text{m}^3/\text{sec}] \quad 하겐-포아젤의 방정식 \quad \Leftarrow \boxed{암기}$$

$$평균속도 \quad V = \frac{Q}{A} = \frac{\Delta P \pi r_o^4/8\mu l}{8\mu l} = \frac{\Delta P \pi r_o^4}{8\mu l} \tag{h}$$

그리고 식(h)를 식(e)로 나누면 최대속도($u_{\max}$)와 평균속도(V)와의 관계는

$$u_{\max} = 2V \,(최대속도는 평균속도의 2배이다) \quad \Leftarrow \boxed{암기}$$

개념예제

7. 점성유체가 단면적이 일정한 수평원관 속을 정상류, 층류로 흐를 때 유량은?

　㉮ 길이에 비례하고 직경의 제곱에 반비례한다.

　㉯ 압력강하에 반비례하고 관 길이의 제곱에 비례한다.

　㉰ 점성계수에 반비례하고 관 직경의 4제곱에 비례한다.

　㉱ 압력강하와 관의 길이에 비례한다.

　Sol) 하겐-포아젤의 방정식 $\left(Q = \frac{\Delta P \pi d^4}{128\mu l} \right)$에서 유량($Q$)은 점성계수와 관의 길이에 반비례하고 압력강하(ΔP)와 관의 직경 4제곱에 비례함을 알 수 있다.　　　　　　　　　　　　　　　　　　🅐 ㉰

8. 직경 75[mm]인 수평원관 속을 비중 0.85, 점성계수 47.5×10^{-3}[N·sec/m²]인 기름이 유량 0.35[m³/min]으로 흐르고 있다. 관의 길이가 300[m]라면 손실수두는 몇 [m]인가?

　㉮ 8.64　　　　　㉯ 10.51　　　　　㉰ 12.24　　　　　㉱ 15.56

　Sol) $V = \dfrac{Q}{A} = \dfrac{0.35}{\frac{\pi}{4} \times (0.075)^2 \times 60} = 1.32 [\text{m/sec}]$

　　　$R_{er} = \dfrac{\rho V d}{\mu} = \dfrac{120 \times 0.85 \times 1.32 \times 0.075}{47.5 \times 10^{-3}} = 1772$

　　이 값은 하임계 레이놀드수 2100보다 작으므로 층류이다. 따라서 하겐-포아젤의 방정식을 적용할 수 있다.

　　　$Q = \dfrac{\pi d^4 \Delta P}{128\mu l}$ 에서 $\Delta P = \gamma h_L$

　　　$\therefore h_L = \dfrac{\Delta P}{\gamma} = \dfrac{128\mu l Q}{\pi \gamma d^4} = \dfrac{128 \times 47.5 \times 10^{-3} \times 300 \times 0.35}{\pi \times 0.85 \times 9800 \times (0.075)^4 \times 60} = 12.85 [\text{m}]$　　🅐 ㉱

5-5   난류(turbulent flow)

1. 원관 속의 난류 전단응력

난류 유동에서는 그림 5-6에 나타낸 바와 같이 x 방향의 평균속도 $\bar{u}$ 에 대해 난동이 일어나며, 순간속도 u 는 다음과 같이 표시될 수 있다.

$$u = \bar{u} \times u' \tag{a}$$

u' : 변동속도(fluctuating velocity)

같은 방법으로 y 방향의 순간속도 v 는 다음과 같다.

$$v = \bar{v} + v' \tag{b}$$

그림 5-7과 같이 x 축에 평행한 2차원 난류흐름을 생각하자.

벽에서 거리 y 에 단위면적 $\Delta A = 1$ 을 가상하면 ΔA 를 통과하는 유체의 y 방향속도는 v' 이므로 단위시간에 통과하는 유체의 질량은

$$\rho v' \Delta A = \rho v'$$

이다.

이 유체는 x 방향이 속도 $u = \bar{u} + u'$ 를 가지고 있으므로 유체가 수송하는 운동량의 시간 T 에 대한 평균치는

$$\frac{1}{T}\int_{O}^{T}\rho v'(\bar{u}+u')dt = \frac{\rho\bar{u}}{T}\int_{O}^{T}v'dt + \frac{\rho}{T}\int_{O}^{T}u'v'dt$$

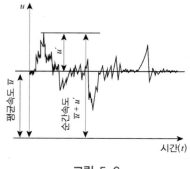

그림 5-6

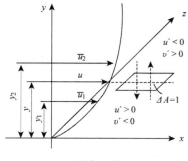

그림 5-7

여기서

$$\overline{v'} = \frac{1}{T}\int_O^T v' dt = 0, \quad \overline{u'} = \frac{1}{T}\int_O^T u' v' dt = 0$$

$$\frac{1}{T}\int_O^T \rho v'(\overline{u}+u') dt = \frac{\rho}{T}\int_p^T u' v' dt = \overline{\rho u' v'}$$

(c)

이 운동에 상당하는 힘이 단위면적 ΔA의 상하로 저항하는 힘이 된다. 생각하고 있는 면에서 상방향에서 $V' > 0$의 유체가 이동하면 2면은 $-x$방향의 힘을 받는다. 따라서 전단응력은 다음과 같이 나타낸다.

$$\tau_t = -\overline{pu'v'}$$

(d)

식(d)를 레이놀드 응력(Reynolds stress)이라고 한다. 여기서 $\overline{u'v'}$는 상승평균을 표시한다. 그림 5-7과 같은 경우 u'와 v'의 부호에 대해 조사해 보자. 지금 y_1에 있는 유체가 ΔA를 통과하여 상방향으로 이동($v' > 0$)하면 이 유속은 ΔA면에서의 유체속도보다 $(\overline{u'}-\overline{u'}_1)$만큼 느리므로 $u' \infty (\overline{u'}-\overline{u'})$로서 $u' < 0$의 속도변동이 생긴다. y_2에 있는 유체가 하방향으로 이동 ($v' < 0$)하면 $u' \infty (\overline{u'}_2-\overline{u'})$로서 $u' > 0$의 속도변동이 생긴다. 따라서 u'와 v'와의 부호가 반대인 경우가 많고 이것은 실험적으로도 확인되고 있다. 결국 난류에 대한 전단응력(τ)은 다음과 같다.

$$\tau = \mu\frac{du}{dy} + (-\rho\overline{u'v'})$$

(e)

실험에 의하면 식(e)의 우변 제1항은 벽면 부근을 제외하고는 제2항에 비해서 무시할 수 있을 정도로 작으므로, 난류의 경우 전단응력은 Reynolds 응력만으로 표시할 수 있다. 즉, 식(d)에서

$$\tau = -\rho\overline{u'v'} = \epsilon\frac{du}{dy}$$

(f)

따라서 전체의 전단응력은 식(e)에서

$$\tau = \mu\frac{du}{dy} - \rho\overline{u'v'} = (\mu+\epsilon)\frac{du}{dy}$$

(g)

여기서 ϵ을 와점성계수(eddy viscosity)라고 한다.

Prandtl은 난류에서 유체의 혼합에 대하여 기체분자운동론의 평균자유행로와 같은 이치로 혼합거리(mixing length) l 을 도입하였다. 이것은 유체의 운동량이 어떤 거리 l 만큼 수송되면 주위의 유체와 융화해서 그 분위기의 물리량을 얻는다고 한 모델(model)이다. 여기서 $u' \sim \pm l \dfrac{d\overline{u}}{dy}$, $v' \sim -u'$ 로 가정되고 Reynolds 응력을 다음과 같이 표현하고 있다.

$$\tau_t = \rho l^2 \left| \frac{d\overline{u}}{dy} \right| \frac{d\overline{u}}{dy} \qquad \tau = \mu \frac{du}{dy} + \rho l^2 \left| \frac{d\overline{u}}{dy} \right| \frac{d\overline{u}}{dy} \tag{h}$$

l 은 상수로서 흐름의 상태에 의존한다. 예를 들면 경계층에서 벽 근방에 대해서 $l = k \cdot y$ ($k = 0.4$, Kármán 상수)이고 자유분류에서는 유동방향 거리가 일정한 단면 내에서 일정하고 분류폭에 비례한다.

2. 원관 속의 속도분포

1) 매끈한 원관인 경우

이 경우도 5-4절의 식(a), 즉, $\tau = -\dfrac{r}{2}\dfrac{dp}{dl}$ 는 성립하므로 식(a)와 Prandtl(프란틀)의 혼합거리 이론을 사용하여 속도분포를 구해보자.
벽 부근만 생각하기로 하면

$$\frac{\tau}{\tau_o} = \frac{r}{r_o} = \frac{r_o - y}{r_o} = 1 - \frac{y}{r_o} = 1 \tag{a}$$

따라서 위 식(h)는

$$\frac{d\overline{u}}{dy} = \frac{1}{k} \sqrt{\frac{\tau_o}{\rho}} \frac{1}{y} \tag{b}$$

$\sqrt{\tau_o/\rho} = \nu^*$ (마찰속도 : friction velocity)로 놓고 적분하면

$$\overline{u} = \frac{v^*}{k} \ln y + C \tag{c}$$

$$y = \delta_s = \beta v / v^*$$

δ_s : 점성저층의 두께

β : 상수

식(c)는 점성계층 내의 속도분포이며, 점성저층(viscous sublayer)이라는 것은 벽면에서 아주 가까운 곳이며 점성력의 영향이 지배적인 곳으로서 여기에 v/v^*를 길이의 척도로 취하면,

$$\frac{d\overline{u}}{dy} = \frac{v^*}{v/v^*} = \frac{u^{*2}}{v} \tag{d}$$

따라서

$$\frac{\overline{u}}{v^*} = v^* \frac{y}{v} \tag{e}$$

여기서, C 는 $\beta - (1/k)\ln(\beta v/v^*)$로 되고 식(b)는

$$\frac{\overline{u}}{v^*} = \frac{1}{k}\ln\frac{v^*y}{v} + \beta - \frac{1}{k}\ln\beta \tag{f}$$

k와 β는 실험결과를 참조하여 결정하며, $k = 0.4$이면 $\beta - \frac{1}{k}\ln\beta = 5.5$를 얻는다. 결과적으로

$$\frac{\overline{u}}{v^*} = 2.5\ln\frac{v^*y}{v} + 5.5 = 5.75\log\frac{v^*y}{v} + 5.5 \tag{g}$$

식(g)를 대수속도분포(logarithmic velocity law)라 하며 Reynolds수에 관계없이 적용된다. 그림 5-8에서 실선이 식(g)이고 실험결과와 2~3[%]의 실선 내에서 일치한다. 여기서 점성저층 영역에서 실험결과가 없는 것은 식(g)에서 유도할 때 전단응력의 가정에서 점성응력을 무시했기 때문이다.

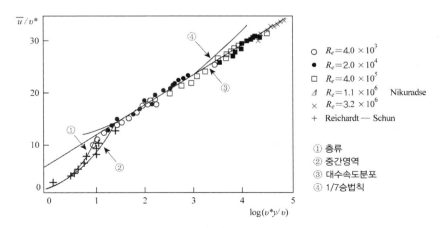

그림 5-8 매끈한 원관 내의 속도분포

실용적으로 간단하고 쉬운 속도분포의 근사식으로서 Prandtl-Kármán의 1/7승법칙(1/7th power law)이라고 하는 지수법칙이 있다.

$$\frac{\overline{u}}{u_{\max}} = \left(\frac{y}{r_o}\right)^{\frac{1}{7}}$$ (h)

여기서 $u_{\max}$는 최대속도이다. 또, 지수 1/7은 $R_e = 3 \times 10^3 \sim 10^5$에서의 값으로 R_e수에 따라 변화한다.

지금까지 설명한 층류와 난류의 속도분포는 어느 경우도 하류방향으로 속도분포가 변화하지 않는 영역 즉, 충분히 발달한 관 속의 흐름에 대해 성립하는 것이다. 예를 들면 큰 탱크에서 원관으로 흐르는 경우 흐름이 충분히 발달하기에는 상당한 거리를 필요로 한다. 이와 같이 흐름이 발달하고 있는 영역을 조주구간(助走區間 : inlet length)이라고 하고 층류와 난류에서 다르다. 그 거리는 대개 다음과 같다.

  층류 $0.03d \times R_e$ 직경의 150~300배
  난류   직경의 50~100배

이와 같은 것은 관 속으로 유입하는 경우뿐만 아니라 구부러진 후, 오리피스나 노즐을 지난 후에도 상당한 거리를 지나서야 처음 발달한 흐름으로 된다.

개념예제

9. 프란틀의 혼합거리(mixing length)는?

  ㉮ 유체의 평균속도와 변동속도의 차를 나타내는 거리로서 층류에서보다 난류에서 큰 값을 갖는다.
  ㉯ 난류에서 유체입자가 충돌없이 이동할 수 있는 거리로서 점성이 주어지면 일정한 상수이다.
  ㉱ 점성이 지배적인 거리로서 뉴턴유체에서는 0.4이다.
  ㉲ 난류에서 유체입자가 이웃에 있는 다른 속도구역으로 이동되는 평균거리로서 경계면 부근에서는 수직거리에 비례한다.

  Sol) 혼합거리는 분자이론에서 한 분자가 이웃하고 있는 분자와 충돌하는 데 필요한 평균거리인 평균자유행로(mean free path)와 유사한 개념으로서 경계면 부근에서는 수직거리에 비례한다.
  즉, $l = ky$에서 $k = 0.4$이다.
  또 경계면에서 멀리 떨어진 난류구역에서는 $l = k\dfrac{d\overline{u}/dy}{(d^2u/dy^2)}$이다.   답 ㉲

5-6   유체 경계층

경계층(boundary layer)이란 얇은 평판 위의 유동에서 점성력의 영향으로 평판의 선단에서 발달된 흐름의 영역을 말한다. 이 경계층의 두께는 유동속도가 자유흐름속도(u_∞)의 99[%], 즉 $\dfrac{u}{u_\infty} = 0.99$ 되는 곳까지의 거리로 정의된다.

평판에서 레이놀드수는 아래와 같이 나타낸다.

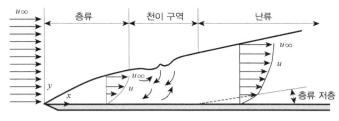

그림 5-9 유체의 경계층

$$R_{ex} = \frac{\rho u_\infty x}{\mu} = \frac{u_\infty x}{\nu} \quad \Leftarrow \boxed{\text{암기}}$$

ρ : 유체의 밀도
μ : 점성계수
u_∞ : 자유흐름속도
ν : 동점성계수
x : 선단으로부터 떨어진 거리

평판에서의 임계레이놀드수는

$$R_{ex} = 5 \times 10^5$$

이다. 층류경계층 두께(δ)와 선단으로부터 떨어진 거리(x)와의 관계는

$$\frac{\delta}{x} = \frac{5}{\sqrt{R_{ex}}} \qquad \therefore \ \text{두께} \ \ \delta = \frac{5 \cdot x}{\sqrt{R_{ex}}} [\text{mm}]$$

난류경계층 두께(δ)와 선단으로부터 떨어진 거리(x)와의 관계는

$$\frac{\delta}{x} = \frac{0.376}{R_{ex}^{\frac{1}{5}}}$$

개념예제

10. 경계층에 관한 설명 중 옳은 것은?

㉮ 층류 경계층 두께는 $R_{ex}^{\frac{1}{5}}$ 에 비례한다.

㉯ 경계층 밖에서는 비점성 유동이다.

㉰ 경계층 내에서 속도구배는 경계층 밖에서 속도구배보다 적다.

㉱ 평판의 임계 레이놀드수는 2100과 4000이다.

Sol) 경계층 밖에서의 유동은 점성이 없는(비점성) 포텐셜 흐름이다. **답** ㉯

11. 층류 경계층 두께는?

㉮ $x^{\frac{6}{8}}$ 에 비례한다. ㉯ $x^{\frac{1}{8}}$ 에 비례한다.

㉰ $x^{-\frac{1}{2}}$ 에 비례한다. ㉱ $x^{\frac{1}{2}}$ 에 비례한다.

Sol) $\delta = \dfrac{5x}{R_{ex}^{\frac{1}{2}}} = \dfrac{5x}{\left(\dfrac{u_\infty x}{\nu}\right)^{\frac{1}{2}}} = x \cdot x^{-\frac{1}{2}} = x^{1-\frac{1}{2}} = x^{\frac{1}{2}}$

δ 는 $x^{\frac{1}{2}}$ 에 비례한다. **답** ㉱

경계층 내의 두께는 배제두께(displacement thickness), 운동량두께(momentum thickness), 분산에너지두께(dissipation energy thickness) 등이 있다.

1) 배제두께 (δ_1)

고체와의 경계면에서 마찰과 점성 등의 영향으로 고체표면으로부터의 밀려난 거리를 배제두께라 한다.

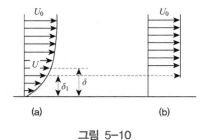

그림 5-10

(a)에서 질량유량 $\dot{M}_1 = \displaystyle\int_0^\infty \rho U b\, dy$ 이고 배제된 후

(b)의 질량유량 $\dot{M}_2 = \displaystyle\int_{\delta_1}^\infty \rho U_0 b\, dy = \int_0^\infty \rho U_0 b\, dy - \int_0^\delta \rho U_0 b\, dy$

라 할 때 $\dot{M}_1 = \dot{M}_2$ 로 가정하면

$$\int_0^{\delta_1} \rho U_0 bdy = \int_0^\infty \rho U_0 bdy - \int_0^\infty \rho Ubdy = \int_0^\infty \rho b(U_0 - U)dy$$

$$\therefore \ U_0 \delta_1 = \int_0^\infty (U_0 - U)dy$$

$$\delta_1 = \int_0^\delta \left(1 - \frac{U}{U_0}\right)dy$$

로 표시할 수 있다.

2) 운동량두께(δ_2)

경계층 내에서 유동의 감소로 인해 배제되는 운동량을 운반하는 데 필요한 자유유동에서의 두께 즉, 자유유동상태에서 운동량은

$$\dot{P}_1 = U_0 \int_0^{\delta_2} \rho U_0 bdy = U_0^2 \delta_2 \rho b$$

이고 배제되는 운동량은

$$\dot{P}_2 = U_0 \int_0^\delta \rho Ubdy - U \int_0^\delta \rho Ubdy = \int_0^\delta \rho Ub(U_0 - U)dy$$

에서 $\dot{P}_1 = \dot{P}_2$ 로 가정하면

$$U_0^2 \delta_2 = \int_0^\delta U(U_0 - U)dy = \int_0^\delta U_0 U\left(1 - \frac{U}{U_0}\right)dy$$

$$\therefore \ \delta_2 = \int_0^\delta \frac{U}{U_0}\left(1 - \frac{U}{U_0}\right)dy$$

가 된다.

3) 분산에너지두께(δ_3)

$$\delta_3 = \int_0^\delta \frac{U}{U_0}\left[1 - \left(\frac{U}{U_0}\right)^2\right]dy$$

로 나타내는데 이 두께는 손실이 생기는 높이를 의미한다.

개념예제

12. 비압축성 유체가 평판 위를 흐르고 있다. 경계층 내의 속도분포가 $\dfrac{U}{U_0}=\dfrac{y}{\delta}$일 때 배제두께는 얼마인가? (단, U_0은 자유흐름속도, δ는 경계층두께, y는 평판에서 잰 수직거리이다.)

Sol) $\delta_1 = \displaystyle\int_0^{\delta}\left(1-\dfrac{U}{U_0}\right)dy = \int_0^{\delta}\left(1-\dfrac{y}{\delta}\right)dy = \dfrac{\delta}{2}$

13. 평판을 지나는 경계층 유동에서 속도분포를 $\dfrac{U}{U_0}=\dfrac{y}{\delta}$로 나타낸다. 경계층 밖에서의 속도를 U_0로 가정할 때 운동량두께는 경계층두께 δ의 몇 배인가?

Sol) $\delta_3 = \displaystyle\int_0^{\delta}\dfrac{U}{U_0}\left(1-\dfrac{U}{U_0}\right)dy = \int_0^{\delta}\left[\dfrac{y}{\delta}-\left(\dfrac{y}{\delta}\right)^2\right]dy = \dfrac{\delta}{2}-\dfrac{\delta}{3}=\dfrac{\delta}{6}$ 이다.

$\therefore \ \dfrac{\delta_2}{\delta}=\dfrac{1}{6}$ 이다.

5-7 유체 속에 잠긴 물체의 항력

1. 항력과 양력

그림 5-11과 같이 유동하는 유체 속에 물체(날개)를 놓았을 때 유동유체에 의하여 물체에 가해지는 유동속도에 평행한 방향의 힘을 항력(drag force)이라 하고, 이것과 수직한 방향의 힘은 양력(lift force)이라고 한다. 또 항력은 물체 표면에 작용하므로 압력에 의한 압력항력과 마찰에 의한 마찰항력으로 구분한다.

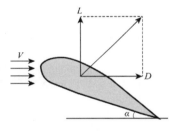

그림 5-11

항력(D)은

$$D = C_D\dfrac{\rho A V^2}{2} = C_D\dfrac{\gamma A V^2}{2g}\,[\text{kg}]$$

$\left[\begin{array}{l} C_D : \text{항력계수} \\ A \ : \text{물체의 투영면적} \\ V \ : \text{유체의 유동속도} \end{array}\right.$

양력(L)은

$$L = C_L\dfrac{\rho A V^2}{2} = C_L\dfrac{\gamma A V^2}{2g}\,[\text{kg}]$$

$\left[\begin{array}{l} \rho \ : \text{유체의 밀도} \\ \gamma \ : \text{유체의 비중량} \\ C_L : \text{양력계수} \end{array}\right.$

여기서 항력계수를 구하기 위해 $D = C_D\cdot\dfrac{CAV^2}{2}=3\pi\mu\cdot d\cdot V$에서 $C_D=\dfrac{24}{Re}$가 됨을 알 수 있다.

2. 스토크스 법칙(Stockes' law)

구(sphere) 주위에 점성 비압축성 유체의 유동에서 $R_e < 1$이면 항력(D)는

$$D = 3\pi\mu Vd \quad \Leftarrow \boxed{암기}$$

$\begin{cases} d : 구의\ 지름 \\ V : 유체에\ 대한\ 구의\ 상대속도 \\ \mu : 절대점성계수 \end{cases}$

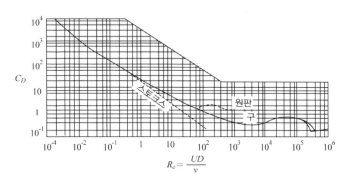

그림 5-12 구와 원판에 대한 항력계수

그림 5-12는 구와 원판 주위에 유체가 유동할 때 레이놀드수(R_e)와 항력계수(C_D)의 관계를 도시한 그림이다.

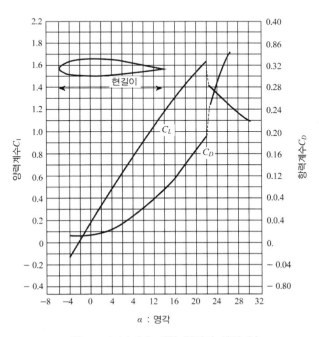

그림 5-13 날개에 대한 항력과 양력계수

표 5-1은 유동방향에 수직으로 각종 실린더에 대한 레이놀드수의 변화에 따른 항력계수(C_D)가 주어졌다. 그리고 그림 5-13은 날개에 영각(迎角)에 대한 양력계와 항력계수의 곡선이다.

표 5-1 여러 물체들의 항력계수(C_D)

물체	크기	기준면적	$C_D = \dfrac{D}{\frac{1}{2}\rho U^2 A}$
원 주 (v, q, l, d)	$\dfrac{l}{d} = \begin{matrix} 1 \\ 2 \\ 4 \\ 7 \end{matrix}$	$\dfrac{\pi d^2}{4}$	0.91 0.85 0.87 0.99
(v, l, d)	$\dfrac{l}{d} = \begin{matrix} 1 \\ 2 \\ 5 \\ 10 \\ 40 \\ \infty \end{matrix}$	$d \cdot l$	0.63 0.68 0.74 0.82 0.98 1.20
흐름에 직각 (v, a, b)	$\dfrac{a}{d} = \begin{matrix} 1 \\ 2 \\ 4 \\ 10 \\ 18 \\ \infty \end{matrix}$	ab	1.12 1.15 1.19 1.29 1.40 2.01
반구 (v, d)	$a = 60°$	$\dfrac{\pi}{4}d^2$	0.34 1.33
(v, α, d)	$a = 30°$	$\dfrac{\pi}{4}d^2$	0.51 0.34
원판 흐름에 직각 (v, d)		$\dfrac{\pi}{4}d^2$	1.11

5-8 경계층 유동에 있어서 압력구배의 영향

그림 5-14와 같이 비행기의 날개가 속도 V[m/sec]인 평행 유동장에 놓여 있다고 생각하자. 만일 유체가 비점성유체라 하면 날개표면에는 경계층이 생성되지 않고 전유동장은 비회전 유동장이 된다.

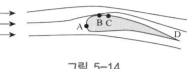

그림 5-14

날개 상면 ABCD를 유체입자가 흘러가는 사이에 유체의 속도는 A와 D(정체점)에서 0이고, 점 C에서 최대의 접선속도가 된다. 한편 압력은 A와 D에서 최대(정체압력=$\rho V^2/2$)이고, 점 C에서 최소가 된다. 다시 말하면 A점에서 유체가 갖는 정체압력 $\rho V^2/2$은 AC면을 따라 흐르는 사이에 속도에너지로 변하고, 다시 CD면을 따라 흐르는 사이에 C점에서 갖는 속도에너지 전부가 완전히 압력에너지로 회복되어 D점에서 정체압력 $p = \rho V^2/2$으로 된다. 이때 AC구간의 압력 구배는 x의 증가에 따라 압력이 감소하는 순압력구배(favorable pressure gradient), $\partial p/\partial x < 0$이고, CD구간은 x의 증가에 따라 압력이 증가하는 역압력구배(adverse pressure gradient), $\partial p/\partial x < 0$가 된다.

실제유체가 날개 주위를 유동할 때에는 점성마찰 때문에 표면에 경계층이 생성된다. 경계층 내의 압력분포는 한계면 ($y = \delta$인 면) 바로 밖의 자유유동의 압력분포와 일치한다. 점 A에서 유체가 갖는 에너지(정체압력에너지)는 AB면을 연하여 유체가 유동하는 사이에 운동에너지로 전환되어 한계면 바로 밖의 속도는 단조적으로 증가하는 반면에 압력은 단조적으로 감소하여 순압력구배가 된다. 그러나 이때 경계층 내에서의 마찰손실 때문에 최소압력점은 C가 아니라 C 보다 약간 앞에 있는 점 B가 된다. 유체가 B를 지나 BCD면을 따라 유동하면 점 B에서 가지고 있던 운동에너지는 압력에너지로 회복되어 경계층의 한계면에서의 유속은 단조적으로 감소되는 반면에, 압력은 단조적으로 증가되어 압력구배는 역압력구배로 된다. 따라서 경계층 내의 압력 분포도 AB면에 연해서는 순압력구배, BCD면을 연해서는 역압력구배($\partial p/\partial x < 0$)가 된다.

실제유체가 날개 상면을 따라 흐를 때 경계층 내에서 점성마찰에 의한 에너지 손실이 존재하기 때문에, 유체입자가 점 A로부터 B까지 흘러가는 사이에 일어나는 압력에너지로 소산된다. 또, 점 B에서 가졌던 유체의 운동에너지는 하류로 흘러감에 따라 전부 압력에너지로 회복되지 못하고 일부는 역시 손실에너지로 소산되어 버린다. 이로 인하여 경계층 내의 유체입자가 갖는 운동량은 마찰이 없는 경우에 비하면 마찰손실에 해당하는 것만큼 작아진다. 이 운동량의 감소로 인하여 유체입자가 역압력구배역에 돌아오면 하류로부터 가해지는 압력은 이겨낼 수 없게 되어 유체입자는 역압력구배의 어느 지점에서 감소하게 된다. 즉, $\left.\dfrac{\partial u}{\partial y}\right|_{y=0} = 0$이 되는 점이 존재한다.

상류에서는 계속해서 유체입자가 흘러 들어오고, 하류에서도 계속해서 유체입자가 역류되어 결국 경계면으로부터 이탈하게 된다. 이러한 현상은 박리(separation)라 하고, 박리가 일어나는 점을 박리점(separation point)이라 한다. 그러므로 박리는 역압력구배역에서만 발생한다. 박리점 하류에 생기는 불규칙한 회전유동역을 박리역(separated region)이라 하고, 날개 상면과 하면을 각각 흘러내려간 유체가 다시 합쳐지면서 속도구배가 큰 회전유동이 발생한다. 이 유동력을 후류(wake)라 한다.

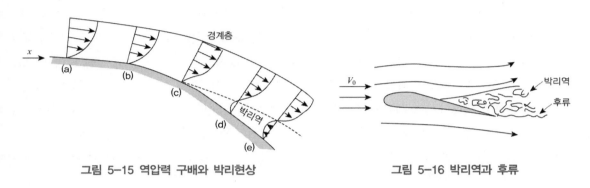

그림 5-15 역압력 구배와 박리현상   그림 5-16 박리역과 후류

경계층이 층류인지 난류인지는 박리점을 결정하는 데 매우 중요하다.

개념예제

14. 박리(separation)현상의 원인은?

㉮ 역압력구배 때문이다.

㉯ 압력이 증가압 이하로 떨어지기 때문이다.

㉰ 압력구배가 0이 되기 때문이다.

㉱ 경계층 두께가 0으로 되기 때문이다.

Sol) 고체표면을 따라 흐르는 유동에서 하류방향으로 압력상승이 일어나면 어느 점에서 흐름이 표면으로부터 떨어져 그 뒤에 소용돌이가 생긴다. 이 현상을 박리(separation)라고 한다.   **답** ㉮

15. 후류(wake)에 관한 설명 중 맞는 것은?

㉮ 변형항력이 지배적인 경우에 발생한다.

㉯ 압력항력의 주원인이 된다.

㉰ 표면마찰이 주원인이 된다.

㉱ 압력이 높은 구역이다.

Sol) 후류(wake)는 박리점 하류에 발생하며 압력이 낮아져서 압력항력의 주원인이 된다.   **답** ㉯

제5장 — 적중 예상문제

01

레이놀드수는 어떻게 정의하는가?

㉮ $\dfrac{관성력}{점성력}$ ㉯ $\dfrac{관성력}{중력}$

㉰ $\dfrac{점성력}{관성력}$ ㉱ $\dfrac{중력}{관성력}$

관성력(inertia force)

$$= ma = \rho l^3 \left(\frac{V^2}{l} \right) = \rho l^2 V^2$$

점성력(viscosity force)

$$= \tau A = \mu \frac{du}{dy} A = \mu \left(\frac{V}{l} \right) l^2 = \mu V l$$

∴ 레이놀드수(Re)

$$= \frac{관성력}{점성력} = \frac{\rho l^2 V^2}{\mu V l} = \frac{\rho V l}{\mu}$$

답 ㉮

02

안지름이 50[mm]인 곧은 원관 속을 비중이 0.9인 기름이 60[ℓ/min]의 비율로 정상적으로 흐른다면 이때의 레이놀드수는? (단, 기름의 점성계수는 49×10^{-3}[N·sec/m²]이다.)

㉮ 438.4 ㉯ 468.4

㉰ 546.8 ㉱ 564.8

$$Q = 60[\ell/\text{min}] = 0.01 [\text{m}^3/\text{sec}]$$

$$V = \frac{Q}{A} = \frac{0.001}{\frac{\pi}{4} \times 0.05^2} = 0.51 [\text{m/sec}]$$

$$Re = \frac{\rho V d}{\mu} = \frac{0.9 \times 1000 \times 0.51 \times 0.05}{49 \times 10^{-3}} = 468.4$$

답 ㉯

03

하임계 레이놀드수란?

㉮ 난류에서 층류로 바뀔 때의 속도
㉯ 층류에서 난류로 바뀔 때의 속도
㉰ 난류에서 층류로 바뀔 때의 레이놀드수
㉱ 층류에서 난류로 바뀔 때의 레이놀드수

하임계 레이놀드수(2100)란 난류에서 층류로 바뀔 때의 레이놀드수이고, 상임계 레이놀드수(4000)란 층류에서 난류로 바뀔 때의 레이놀드수를 말한다.

답 ㉰

04

동점성계수가 0.0131[cm²/sec]인 물을 내경 20[mm]인 원관을 통하여 고도의 난류상태에서 저속으로 떨어뜨리면 어떠한 유속에서 층류가 되는가?

㉮ 0.137[m/s] ㉯ 1.37[m/s]

㉰ 15.1[m/s] ㉱ 151[m/s]

$$Rec = \frac{Vd}{\nu}, \text{ 여기서 } Rec(하임계 레이놀드수)$$
$$= 2100이므로$$

$$V = \frac{Rec \cdot \nu}{d}$$

$$= \frac{2100 \times 0.0131 \times 10^{-4}}{0.02} = 0.137 [\text{m/s}]$$

답 ㉮

05

레이놀드수에 대한 설명 중 틀린 것은 어느 것인가?

㉮ 층류와 난류를 구분하는 척도이다.

㉯ $R_e = 2320$은 하임계값이다.

㉰ 원관 이외의 흐름에는 적용되지 않는다.

㉱ 레이놀드수가 작다는 것은 점성이 크게 영향을 미친다는 뜻이다.

05

레이놀드수(R_e)는 원관 이외의 흐름에도 적용되며 개수로(open channel) 유동에서도 적용되는 중요한 무차원수이다.

답 ㉰

06

직원관 속의 흐름이 층류일 때 다음 중 옳은 것은?

㉮ 원관의 중심에서 전단응력은 0이다.

㉯ 마찰계수는 레이놀드수에 비례한다.

㉰ 유속은 단면 어디서나 같다.

㉱ 압력손실수두는 관의 지름에 비례한다.

06

층류원관에서의 전단응력

$\tau = -\dfrac{dp}{ds} \cdot \dfrac{\gamma}{2}\,[\text{N/m}^2]$

따라서 관의 중심($\gamma = 0$)일 때 전단응력(τ)은 0이 된다.

답 ㉮

07

수평원관 속의 층류흐름일 경우에 있어서의 유량은?

㉮ 점성계수에 비례한다.　㉯ 관의 길이에 비례한다.

㉰ 압력강하에 반비례한다.　㉱ 직경의 4승에 비례한다.

07

하겐-포아젤의 방정식(Hagen-Poiseuille eq'n)은 층류수평원관 유동에 적용되는 방정식이다. 따라서

$Q = \dfrac{\Delta P \pi d^4}{128 \mu l}\,[\text{m}^3/\text{sec}]$

답 ㉱

08

직경 1[cm]인 파이프에 동점성계수가 $1.788 \times 10^{-6}[\text{m}^2/\text{sec}]$인 유체가 평균속도 1.2[m/sec]로 흐르고 있다. 레이놀드수는?

㉮ 149

㉯ 663

㉰ 2450

㉱ 6711

08

$R_e = \dfrac{Vd}{\nu} = \dfrac{1.2 \times 0.01}{1.788 \times 10^{-6}} = 6711$

답 ㉱

09

평판상의 흐름에서 레이놀드수는?

㉮ $\dfrac{u_\infty \cdot x}{\nu}$　　㉯ $\dfrac{u_\infty \cdot x}{\rho}$

㉰ $\dfrac{\rho u_\infty \cdot x}{\nu}$　　㉱ $\dfrac{g u_\infty \cdot x}{\mu \rho}$

09

$R_e = \dfrac{u_\infty \cdot x}{\nu}$

　여기서 u_∞ : 자유흐름속도

　　　　　x : 선단으로부터 떨어진 거리

　　　　　ν : 동점성계수

답 ㉮

10

직경이 10[cm]인 원관에서 층류로 흐를 수 있는 임계레이놀드수를 2100으로 할 때 층류로 흐를 수 있는 최대 평균유속은 몇 [m/sec]인가? (단, 동점성계수는 1.8×10^{-6}[m²/sec]이다.)

㉮ 0.246   ㉯ 0.0246

㉰ 0.0378   ㉱ 0.378

10

$R_{ec} = \dfrac{Vd}{\nu}$ 에서

$V = \dfrac{R_{ec} \cdot \nu}{d}$

$\quad = \dfrac{2100 \times 1.8 \times 10^{-6}}{0.1} = 0.0378\,[\text{m/sec}]$

답 ㉰

11

레이놀드수(Reynolds number)는 다음 중 어느 것인가?

㉮ 등속류와 비등속류를 구별하는 척도다.

㉯ 층류와 난류를 구별하는 척도로서 단위가 있다.

㉰ 층류와 난류를 구별하는 척도로서 무차원수이다.

㉱ 정상류와 비정상류를 구별하는 척도가 된다.

11

레이놀드수(R_e)란 층류와 난류를 구별하는 무차원수로서 원관인 경우는 다음과 같이 정의된다.

$R_e = \dfrac{\rho V d}{\rho} = \dfrac{Vd}{\nu}$

답 ㉰

12

$\nu = 15.68 \times 10^{-6}$[m²/sec]인 공기가 평판 위를 1.5[m/sec]의 속도로 흐르고 있다. 선단으로부터 30[cm]되는 곳에서의 R_{ex}는 얼마인가?

㉮ 2870   ㉯ 28700

㉰ 3140   ㉱ 31400

12

$R_{ex} = \dfrac{u_\infty x}{\nu} = \dfrac{1.5 \times 0.3}{15.68 \times 10^{-6}} = 28700$

답 ㉯

13

[문제 12]에서 경계층의 두께는 얼마인가?

㉮ 0.082[mm]   ㉯ 0.822[mm]

㉰ 8.854[mm]   ㉱ 82.2[mm]

13

$R_{ex} = \dfrac{u_\infty x}{\nu} = \dfrac{1.5 \times 0.3}{15.68 \times 10^{-6}} = 28700$

$28700 < 5 \times 10^5$ 따라서 층류경계층이다.

그러므로 $\dfrac{\delta}{x} = \dfrac{5}{R_{ex}^{\frac{1}{2}}}$ 를 이용할 수 있다.

$\therefore \dfrac{\delta}{0.3} = \dfrac{5}{R_{ex}^{\frac{1}{2}}} = \dfrac{5 \times 0.3}{\sqrt{28700}}$

$\qquad = 0.008854\,[\text{m}] = 8.854\,[\text{mm}]$

답 ㉰

14

지름이 3[cm]이고 길이가 5[m]인 매끈한 직원관 속의 액체의 흐름이 층류이고 관내에서 최대속도가 4.2[m/sec]일 때 평균속도는 몇 [m/sec]인가?

㉮ 4.2   ㉯ 2.1

㉰ 1.75   ㉱ 3.5

14

층류원관에서의 최대속도는 평균속도의 2배이다. 즉, $U_{\max} = 2V$

$\therefore V = \dfrac{U_{\max}}{2} = \dfrac{4.2}{2} = 2.1\,[\text{m/sec}]$

답 ㉯

15

매끈한 곧은 원관 속의 흐름이 층류이고 관의 지름이 10[cm]이며 관 속에서 최대속도가 15[m/sec]이다. 관 중심에서 3[cm] 떨어진 곳의 유속은 몇 [m/sec]인가?

㉮ 4.5
㉯ 7.5
㉰ 9.6
㉱ 12.6

15

$$U = U_{max}\left[1 - \left(\frac{r}{r_o}\right)^2\right] = 15 \times \left[1 - \left(\frac{30}{50}\right)^2\right]$$
$$= 9.6 \text{[m/sec]}$$

답 ㉰

16

경계층에 관한 설명 중 틀린 것은 어느 것인가?

㉮ 천이영역의 임계 레이놀드수는 5×10^5이다.
㉯ 경계층 바깥구역의 흐름은 퍼텐셜 흐름이다.
㉰ 경계층 내에서는 점성의 영향이 크게 작용한다.
㉱ 경계층 내에서는 속도구배가 크기 때문에 마찰응력이 감소한다.

16

경계층 내에서는 속도구배가 크며, 따라서 마찰응력이 증가된다.

답 ㉱

17

경계층의 박리(separation)가 일어나는 원인은?

㉮ 경계층의 속도가 증가되기 때문에
㉯ 경계층의 두께가 0으로 감소되기 때문에
㉰ 압력이 감소될 때
㉱ 경계층 내의 속도구배가 심하게 커졌을 때

17

흐름의 방향으로 속도가 감소하여 압력이 증가할 때는 경계층의 속도구배가 물체 표면에서 심하게 커지고 드디어는 경계층의 물체 표면에서 떨어지는 것을 경계층의 박리라 하며, 또한 박리가 일어나는 경계로부터 하류구역을 후류(wake)라 한다.

답 ㉱

18

다음은 후류(wake)에 관한 것이다. 맞는 것은?

㉮ 항상 변형항력이 지배적일 때 일어난다.
㉯ 압력구배가 ⊕인 퍼텐셜흐름을 말한다.
㉰ 박리가 일어나는 경계로부터 하류구역을 말한다.
㉱ 난류경계층에서 표면에 가까운 층으로 층류를 지속하는 층을 말한다.

18

박리가 일어나는 경계로부터 하류구역을 후류(wake)라고 하며 ㉱는 층류저층을 말한다.

답 ㉰

19

평면에서 생기는 층류경계층의 두께(δ)는 평판선단으로부터의 거리 x와 어떤 관계가 있는가?

㉮ x에 반비례한다.

㉯ $x^{\frac{1}{2}}$에 반비례한다.

㉰ $x^{\frac{1}{5}}$에 비례한다.

㉱ $x^{\frac{1}{2}}$에 비례한다.

20

지름이 30[cm]이고, 길이가 1.5[m]인 직원관에서 유체의 흐름이 층류이고 압력강하가 10[kPa]이다. 관벽에서 전단응력은 얼마인가?

㉮ 0.2[kPa]

㉯ 0.5[kPa]

㉰ 0.7[kPa]

㉱ 0.9[kPa]

21

원형관 속에서 유체가 흐를 경우 층류의 흐름인 경우는?

㉮ 레이놀드수가 4000이다.

㉯ 레이놀드수가 300이다.

㉰ 레이놀드수가 2400보다 크고 4000보다 작다.

㉱ 레이놀드수가 4000보다 크다.

22

직경이 10[cm]인 원관 속의 비중이 0.85인 기름이 0.01[m³/sec]의 비율로 흐르고 있다. 이 기름의 동점성계수가 1×10^{-4}[m²/sec]일 때 이 흐름의 상태는?

㉮ 난류

㉯ 층류

㉰ 천이영역

㉱ 비정상류

23

하겐-포아젤의 방정식을 적용할 수 없는 경우는?

㉮ 층류

㉯ 비압축성 유체

㉰ 정상류

㉱ 난류

19

평판에서의 층류경계층의 두께

$$\delta = \frac{5 \cdot x}{\sqrt{R_e}}$$

$$= \frac{5 \cdot x}{\sqrt{\frac{v \cdot x}{\nu}}} = 5\sqrt{\frac{\nu}{v}} \cdot x^{\frac{1}{2}}$$

답 ㉱

20

$$\tau = \frac{\Delta P d}{4l} = \frac{0.1 \times 0.3}{4 \times 1.5} = 0.5[\text{kPa}]$$

답 ㉯

21

층류란 레이놀드수가 2100(2320)보다 작은 경우의 흐름이고 천이영역은 2100보다 크고 4000보다 작은 경우의 흐름이며, 난류흐름은 4000보다 큰 경우의 흐름이다.

답 ㉯

22

$Q = QV$에서

$$V = \frac{Q}{A} = \frac{0.01}{\frac{\pi}{4} \times 0.1^2} = 1.27[\text{m/sec}]$$

$$\therefore R_e = \frac{Vd}{\nu} = \frac{1.27 \times 0.1}{1 \times 10^{-4}} = 127 < 2320$$

따라서 층류이다.

답 ㉯

23

하겐-포아젤의 방정식 $\left(Q = \frac{\Delta P \pi d^4}{128 \mu l} \right)$은 수평층류 원관 유동에서 비압축성 유체가 유동하는 것을 가정하여 유도한 식으로서 난류운동에서는 적용할 수 없다.

답 ㉱

24

와점성계수 η는 다음 어느 변수의 함수인가?

㉮ 밀도, 시간평균속도구배, 압력

㉯ 밀도, 시간평균속도구배, 혼합거리

㉰ 압력, 점성계수, 혼합거리

㉱ 압력, 시간평균속도구배, 혼합거리

24

$\eta = \rho l^2 \dfrac{d\bar{u}}{dy}$ 이므로

ρ(밀도), l^2(혼합거리), $\dfrac{d\bar{u}}{dy}$(속도구배)의 함수

답 ㉯

25

오른쪽 그림에서 지름 75[mm]인 관에서 $Re = 20000$일 때, 지름 150[mm]인 관에서 R_e는? (단, 모든 손실은 무시한다.)

㉮ 40000

㉯ 5000

㉰ 80000

㉱ 10000

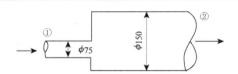

25

$$R_e = \frac{Vd}{\nu} = \frac{\dfrac{Q}{\dfrac{\pi}{4}d^2}d}{\nu} = \frac{4Q}{\pi\nu d}$$

①과 ②에서 레이놀드수는

$$R_{e1} = \frac{4Q}{\pi\nu d_1}, \quad R_{e2} = \frac{4Q}{\pi\nu d_2}$$

따라서 $\dfrac{R_{e2}}{R_{e1}} = \dfrac{4Q/\pi\nu d_1}{4Q/\pi\nu d_2} = \dfrac{d_1}{d_2}$

$\therefore R_{e2} = R_{e1}\dfrac{d_1}{d_2} = 20000 \times \dfrac{75}{150} = 10000$

답 ㉱

26

Prandtl의 혼합거리는 벽면으로부터 잰 수직거리와 어떠한가?

㉮ 무관하다.　　　㉯ 비례한다.

㉰ 제곱에 비례한다.　㉱ 반비례한다.

26

$l = ky$

답 ㉯

27

난류유동에서 순간속도는 $u = \bar{u} + u'$로 나타낼 수 있다. $\overline{u'^2}$의 값은? (단, $\bar{u}$는 시간평균속도, u'는 난동속도이다.)

㉮ 0이다.　　　㉯ 일반적으로 0이 아니다.

㉰ $\sqrt{2}$이다.　　㉱ 일반적으로 $\sqrt{2}$가 아니다.

27

난동속도의 평균값 $\overline{u'}$는 0이지만, 난류강도의 척도로 사용되는 $\overline{u'^2}$는 일반적으로 0이 아니다.

답 ㉯

28

30[℃]인 글리세린(glycerin)이 0.3[m/s]로 지름 5[cm]인 관 속을 흐르고 있다. 이때 이 흐름은? (단, 글리세린은 30[℃]에서 $\nu = 0.0005$ [m²/s]이다.)

㉮ 층류이다.　　　㉯ 난류이다.

㉰ 압축성 흐름이다.　㉱ 비정상 흐름이다.

28

$R_e = \dfrac{Vd}{\nu} = \dfrac{0.3 \times 0.05}{0.0005} = 30 < 2100$

$\therefore$ 층류

답 ㉮

29

$\nu = 8 \times 10^{-3}$[m²/s]인 글리세린이 지름 16[cm]인 관 속에 흐르고 있다. 임계 레이놀드수가 2100일 때 층류로 흐를 수 있는 최대유량은 몇 [m³/s]인가?

㉮ 1.38   ㉯ 2.59

㉰ 0.72   ㉱ 2.11

30

경계층에 관한 설명 중 옳은 것은?

㉮ 평판의 임계 레이놀드수는 2100과 4000이다.

㉯ 층류경계층 두께는 $Re_x^{\frac{1}{5}}$에 비례한다.

㉰ 경계층 밖에서는 비점성유동이다.

㉱ 경계층 내에서 속도구배는 경계층 밖에서 속도구배보다 적다.

31

다음 설명 중 틀린 것은?

㉮ 경계층 내의 흐름이 난류이면 층류일 때보다 박리가 먼저 일어난다.

㉯ 빠른 점성류에 놓인 물체에서 압력저항이 표면마찰저항보다 크다.

㉰ 골프공의 표면에 홈을 파놓은 이유는 난류경계층을 만들어 항력을 최소로 하기 위한 것이다.

㉱ 박리점이 물체의 뒤쪽으로 갈수록 항력은 작아진다.

32

10[m/s]로 평판 위를 공기가 흐르고 있다. 선단으로부터 40[cm]인 곳에서 경계층 두께는 몇 [mm]인가?
(단, 공기의 동점성계수는 1.6×10^{-5} [m²/s]이다.)

㉮ 4   ㉯ 6

㉰ 8   ㉱ 10

해설 및 정답   ㉮㉯㉰㉱

29

$$R_e = \frac{Vd}{\nu} = \frac{\frac{Q}{\frac{\pi}{4}d^2}d}{\nu} = \frac{4Q}{\pi \nu d} \text{에서}$$

$$2100 = \frac{4Q}{\pi \times 8 \times 10^{-3} \times 0.16}$$

$$\therefore \; Q = 2.11 [\text{m}^3/\text{s}]$$

 ㉱

30

경계층 내에서 속도구배는 매우 크지만, 경계층 밖에서는 속도구배가 없는 비점성유동이다.

 ㉰

31

난류경계층이 층류경계층보다 운동량이 크므로 역압력구배를 훨씬 잘 이겨낼 수 있다. 따라서 난류경계층에서는 박리점이 물체의 뒤쪽으로 밀려나 압력저항이 감소한다.

 ㉮

32

$$R_{ex} = \frac{u_\infty x}{\nu} = \frac{10 \times 0.4}{1.6 \times 10^{-5}} = 250000 < 5 \times 10^5$$

그러므로 층류이다.
따라서

$$\delta = \frac{5x}{R_{ex}^{1/2}} = \frac{5 \times 0.4}{(250000)^{1/2}}$$

$$= 4 \times 10^{-3} [\text{m}] = 4 [\text{mm}]$$

 ㉮

33

어떤 유체가 지름 400[mm]인 수평원관에 흐르고 있다. 이때 길이 100[m]에서 압력강하가 10[kPa]이었다면 관벽에서 전단응력은 몇 [Pa]인가?

㉮ 10

㉯ 26

㉰ 16

㉱ 32

34

기름($\nu = 1 \times 10^{-4}[\text{m}^2/\text{s}]$, $s = 0.92$)이 지름 50[mm]인 관 속을 1.5[m/s]로 흐르고 있을 때 길이 30[m]에서 손실수두는 5.4[m]이다. 속도가 3[m/s]로 증가될 때 손실수두는 몇 [m]인가?

㉮ 2.7

㉯ 5.4

㉰ 10.8

㉱ 21.6

해설 및 정답

33

$$\tau = \frac{\Delta P d}{4l} = \frac{10 \times 0.4}{4 \times 100}$$
$$= 0.01[\text{kPa}] = 10[\text{Pa}]$$

답 ㉮

34

$$R_e = \frac{Vd}{\nu} = \frac{1.5 \times 0.05}{10^{-4}} = 750 < 2100$$

$$R_e = \frac{Vd}{\nu} = \frac{3 \times 0.05}{10^{-4}} = 1500 < 2100$$

층류에서 손실수두는 유속(제곱)에 비례하므로

$$h_1 = f \frac{1}{d} \frac{V^2}{2g}$$

$$\therefore \ h_L = 5.4 \times \left(\frac{3}{1.5}\right)^2 = 21.6[\text{m}]$$

답 ㉱

제5장 ─ 응용문제

01

뜨거운 기름($s = 0.92$)이 직경 5[cm]의 매끈한 관에 평균속도 2.4 [m/sec]로 흐르고 있다. 이때 레이놀드수(R_e)가 1500이다. 벽면에 작용하는 전단응력은 몇 [Pa]인가?

⑦ 1.886

⑭ 3.886

⑭ 2.886

⑭ 4.886

01

층류이므로 관마찰계수

$$f = \frac{64}{R_e} = \frac{64}{1500} = 0.0427$$

$$\Delta P = f \cdot \frac{l}{d} \cdot \frac{\gamma V^2}{2g}$$

따라서

$$\tau_0 = \frac{\Delta P}{l} \cdot \frac{\gamma_0}{2} = \frac{\gamma_0}{2} \cdot f \cdot \frac{\gamma}{d} \cdot \frac{V^2}{2g}$$

$$= 0.0025 \times 0.0427 \times \frac{9800 \times 0.92}{0.05} \times \frac{(2.4)^2}{2 \times 9.8}$$

$$= 28[Pa]$$

 답 ⑭

02

오른쪽 그림과 같은 평행평판에서 한 평판이 고정되어 있고 다른 평판이 등속도 U로 운동하고, 또 고정평판에서 전단응력이 1일 때 흐르는 유량은? (단, 평판 사이에서의 속도분포는 다음과 같다.)

$$u = \frac{Uy}{a} - \frac{1}{2\mu} \cdot \frac{d}{dx}(p+\gamma h)(ay - y^2)$$

⑦ $\dfrac{Ua}{3}$

⑭ $\dfrac{aU}{2}$

⑭ $\dfrac{2Ua}{3}$

⑭ Ua

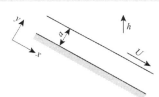

02

$$\tau\bigg|_{y=0} = \mu \frac{du}{dy}\bigg|_{y=0}$$

$$= \mu\left[\frac{U}{a} - \frac{1}{2\mu} \cdot \frac{d}{dl}(p+\gamma h)(a-2y)\right]_{y=0} = 0$$

$$\frac{U}{a} = \frac{1}{2\mu} \cdot \frac{d}{dl}(P+\gamma h)a$$

$$\therefore \frac{d}{dl}P + \gamma h = \frac{2\mu U}{a^2}$$

$$\therefore \text{속도 } U = \frac{Uy}{a} - \frac{U}{a^2}(Uy - y^2)$$

$$\frac{d}{dl}(p+\gamma h) = \frac{2\mu U}{a^2}, \text{ 따라서}$$

$$u = \frac{Uy}{a} - \frac{U}{a^2}(ay - y^2)$$

$$Q = \int_0^a U dy = \int_0^a \left[\frac{Uy}{a} - \frac{U}{a^2}(ay - y^2)\right]dy$$

$$= \frac{Ua^2}{2a} - \frac{U}{a^2}\left(\frac{a^3}{2} - \frac{a^3}{3}\right) = \frac{Ua}{2} - \frac{Ua}{6} = \frac{Ua}{3}$$

답 ⑦

03

반지름이 a인 작은 구를 점성계수가 μ인 유체에 놓았다. 이 구의 최종 속도를 U, 유체와 구의 비중량을 각각 γ, γ_s라 하면 이들의 평형관계는?

⑦ $6\pi a\mu U = \dfrac{4}{3}\pi a^3(\gamma_2 - \gamma)$

⑭ $6\pi a\mu U = \dfrac{4}{3}\pi a^3(\gamma - \gamma_s)$

⑭ $6\pi a\mu U = \dfrac{4}{3}\pi a^3\gamma$

⑭ $6\pi a\mu U = \dfrac{4}{3}\pi a^3\gamma_s$

03

스토크스 법칙(Stokes' law)에 의하여

항력(D) : $6\pi\mu Ua$

중력 : $\dfrac{4}{3}\pi a^3\gamma_s$

부력 : $\dfrac{4}{3}\pi a^3\gamma$

따라서 $6\pi\mu Ua + \dfrac{4}{3}\pi a^3\gamma_2 = \dfrac{4}{3}\pi a^3\gamma_s$

 답 ⑭

04

프란틀(prandtl)의 혼합거리(prandtl mixing length)는?

㉮ 유동장에서 층류로부터 난류로 변하는 사이에 유체입자가 운동하는 거리이다.

㉯ 유체의 평균속도와 유체입자의 운동속도와의 차를 평균한 값이다.

㉰ 난류유동에서 유체입자의 운동속도와의 차를 평균한 값이다.

㉱ 유체입자가 충돌 없이 운동하는 평균운동거리이다.

05

구 주위를 유체가 매우 느린 속도로 흐른다. 레이놀드수가 1보다 작을 때 생기는 항력은?

㉮ 변형항력(deformation drag)이 주가 된다.

㉯ 표면마찰항력(skin friction drag)이 주가 된다.

㉰ 압력항력(pressure drag)이 주가 된다.

㉱ 표면마찰항력과 압력항력이 주가 된다.

06

박리현상(separation)이 일어날 필요조건은?

㉮ 경계층 내의 압력이 포화증기압까지 내려갈 때 일어난다.

㉯ 경계층 내의 압력구배가 0일 때 일어난다.

㉰ 경계층 내의 압력구배가 반압력구배(adverse pressure gradient)일 때 일어난다.

㉱ 경계층 두께가 0으로 될 때 일어난다.

07

경계층은 변위두께(displacement thickness)는?

㉮ 경계면으로부터 전단응력이 미치는 두께이다.

㉯ 실제 경계층 두께의 1/2의 두께이다.

㉰ 경계층 내의 속도 u와 자유유동속도 U의 비가 $u/U=0.99$가 되는 점의 경계면으로부터 거리이다.

㉱ 경계층의 생성으로 인하여 자유유동의 유선이 밀려나는 거리이다.

04

프란틀은 난류유동을 해석적으로 다루기 위하여 난류유동에 대한 운동량 수송 모형을 가정하였다. 프란틀은 유체 속의 임의점에서 속도변동의 평균 크기(average magnitude of the velocity fluctuation)는 이 점 근처로부터 이 점으로 불규칙하게 운동량의 변화 없이 뛰어 들어오는 유체입자의 평균이동거리에 비례한다고 가정하였다. 또 그는 속도의 서로 수직한 방향의 변동성분은 크기에 있어서 서로 위수(order)가 같고 서로 비례한다고 가정하였다. 유체입자가 운동량의 변화없이 비산하는 평균거리를 prandtl의 혼합거리라 한다.

답 ㉰

05

① **변형항력** : 물체가 유체 속을 서서히 운동할 때 물체의 운동으로 유체의 변형 때문에 야기되는 항력이다. 구에 있어서 $VD/\nu<1$일 때 stokes의 법칙 $F_D=3\pi\mu DU$는 변형항력이다.

② **표면마찰항력** : 물체 주위에 생성하는 경계층 내의 전단응력 때문에 야기되는 항력이다.

③ **압력항력** : 물체표면에 작용하는 전압력의 유체유동방향 성분이다. 압력항력은 후류(wake)에서 압력회복이 되지 않기 때문에 압력의 불균형으로 야기된다.

답 ㉮

06

유체의 운동방향에 따라 압력이 증가할 때 반압력구배(adverse pressure gradient)라 말한다. 경계층 내의 압력구배가 반압력구배일 때, 반압력구배하에서 유체입자가 상당한 거리를 운동하면 경계층 내의 점성저항 때문에 유체입자의 운동량은 압력으로 회복되지 않고 일부 손실로 소산되어 결국 경계층 내의 유체입자는 반압력구배로 인하여 정지하고, 유체입자는 물체 표면으로부터 박리되고, 경계층은 갑자기 두꺼워진다. 박리점 하류에서는 와동이 일어난다. 이 와동을 후류(wake)라 말한다.

답 ㉰

07

유동하는 유체 속에 물체를 놓았을 때, 경계면 근처에서 경계층의 생성으로 유체입자의 운동이 감속되어 자유유동이 밀려나게 된다. 이때 밀려난 거리를 변위두께라 말하고, 자유유동속도를 U, 경계층 내의 유동속도를 u, 경계층 두께를 δ, 변위 두께를 δ_t라 하면

$$\delta_t = \frac{1}{U}\int_0^\delta (U-u)dy$$

와 같이 표시된다.

답 ㉱

제6장. 관로의 유체유동

6-1 원형 관로의 손실수두

1. 달시방정식(Darcy equation)

실험에 의하면 그림 6-1과 같이 가늘고 길고 곧은 수평관에서의 손실수두(h_1)는 속도수두 $\left(\dfrac{V^2}{2g}\right)$와 관의 길이($l$)에 정비례하고, 관의 직경($d$)에 반비례한다는 것을 입증했다. 이러한 관계를 달시(Darcy)와 바이스바흐(Weisbach)라는 학자는 비례상수로서 관마찰계수(f)를 사용하여 다음과 같은 방정식을 성립시켰다.

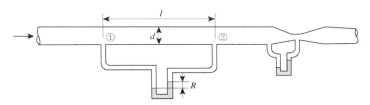

그림 6-1 손실수두를 측정하는 시험장치

$$h_1 = f\frac{l}{d}\frac{V^2}{2g} \quad \Leftarrow \boxed{\text{암기}}$$

위와 같은 방정식을 일명 달시방정식(Darcy equation)이라 하며 이는 층류뿐만 아니라 난류흐름에도 적용되는 중요한 방정식이다.

2. 관마찰계수(f)에 대하여

관마찰계수(f)는 레이놀드수(R_e)와 상대조도$\left(\dfrac{e}{d}\right)$만의 함수이다. 즉,

$$f = F\left(R_e, \frac{e}{d}\right)$$

$$\begin{cases} f & : 관마찰계수 \\ F & : 함수(Function) \\ R_e & : 레이놀드수 \\ \dfrac{e}{d} & : 상대조도(e : 조도(roughness) = 거칠기) \end{cases}$$

1) 층류흐름인 경우 : $R_e < 2320$

층류흐름인 경우 관마찰계수(f)는 레이놀드수(R_e)만의 함수이다.

$$f = \frac{64}{R_e} \quad \Leftarrow \boxed{\text{암기}}$$

2) 천이영역인 경우($2320 < R_e < 4000$)

천이영역인 경우 관마찰계수(f)는 상대조도$\left(\dfrac{e}{d}\right)$와 레이놀드수($R_e$)만의 함수이다.

3) 난류흐름인 경우 : $R_e > 4000$

난류흐름인 경우 매끄러운 관인 경우는 레이놀드수(R_e)만의 함수이고, 거친 관인 경우는 상대 조도$\left(\dfrac{e}{d}\right)$만의 함수이다. 실험에 의한 대표적인 학자들의 실험식은 아래와 같다.

① 블라시우스(Blasius)의 실험식 : $3000 < R_e < 100000$

$$f = 0.3164 R_e^{-\frac{1}{4}} \ \text{또는} \ f = \frac{0.3164}{R_e^{\frac{1}{4}}} \quad \Leftarrow \boxed{\text{암기}}$$

② 카르만－니쿠르드스(Kármán－Nikuradse)의 실험식 : $3000 < R_e < 3 \times 10^6$

$$\frac{1}{\sqrt{f}} = 0.86 l_n R_e \sqrt{f} - 0.8$$

3. 무디(Moody)선도

그림 6-2와 같이 무디(Moody)선도란 상품용 신관(새로운 관)에 대해서 관의 종류와 직경으로부터 상대조도$\left(\dfrac{e}{d}\right)$를 구하고 상대조도$\left(\dfrac{e}{d}\right)$와 레이놀드수($R_e$)의 관계로부터 관마찰계수($f$)를 구하는 선도를 말한다.

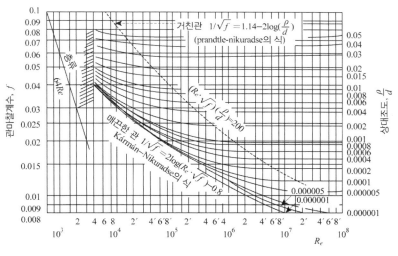

그림 6-2 Moody선도

개념예제

1. 일반적으로 관마찰계수 f는?

㉮ 레이놀드수와 프루드수의 함수이다.

㉯ 마하수와 레이놀드수의 함수이다.

㉰ 상대조도와 오일러수의 함수이다.

㉱ 상대조도와 레이놀드수의 함수이다.

Sol) 일반적으로 관마찰계수(f)는 레이놀드수(R_e)와 상대조도$\left(\dfrac{e}{d}\right)$만의 함수이다. 즉, $f = F\left(R_e,\ \dfrac{e}{d}\right)$ **답** ㉱

2. 직경 5[cm]인 매끈한 원관 속을 동점성계수가 1.15×10^{-6}[m²/sec]인 물이 1.8[m/sec]로 흐르고 있다. 길이가 100[m]에 대한 손실수두(h_1)는 몇 [m]인가?

㉮ 3.75   ㉯ 4.75   ㉰ 6.25   ㉱ 7.47

Sol) $R_e = \dfrac{Vd}{\nu} = \dfrac{1.8 \times 0.05}{1.15 \times 10^{-6}} = 78261 > 2320$ 따라서, 난류

블라시우스의 실험식으로부터 $f = \dfrac{0.3164}{(78261)^{\frac{1}{4}}} = 0.0189$

손실수두 $h_1 = f\dfrac{1}{d} \cdot \dfrac{V^2}{2g} = 0.0189 \times \dfrac{100}{0.05} \times \dfrac{(1.8)^2}{2 \times 9.8} = 6.25$[m]   **답** ㉰

3. 레이놀드수가 1000인 관에 대한 마찰계수(f)는 얼마인가?

㉮ 0.064   ㉯ 0.016   ㉰ 0.022   ㉱ 0.032

Sol) $R_e < 2320$ 따라서, 층류

$f = \dfrac{64}{R_e} = \dfrac{64}{1000} = 0.064$ **답** ㉮

6-2   비원형 관로의 손실수두

실제 공학에서 사용되는 대부분의 관로는 원형 관로이지만 때로는 비원형 관로에서의 손실수두를 계산할 경우가 있다. 이러할 때 수력반지름(R_h)의 정의로부터 원형관로에서의 직경(d) 대신 비원형인 관로에서는 $4R_h$를 대입정리한 방정식으로부터 손실수두를 구할 수 있다.

$$수력반지름 \ R_h = \frac{유동단면적(A)}{접수길이(P)} [m] \ \Leftarrow \boxed{암기}$$

개념예제

4. 수력반지름(R_h)이란?

㉮ 접수길이를 유동단면적으로 곱한 값이다.

㉯ 접수길이 제곱에 대한 유동단면적의 비이다.

㉰ 유동단면적을 접수길이로 나눈 값이다.

㉱ 접수길이의 2분의 1을 말한다.

Sol) 수력반지름(hydraulic radius)이란 유동단면적(A)을 접수길이(P)로 나눈 값이다.

① 원형관로에서의 달시방정식(Darcy equation) $H_1 = f \frac{1}{d} \cdot \frac{V^2}{2g} [m]$

② 비원형 관로에서의 달시방정식(Darcy equation) $h_1 = f \frac{1}{4R_h} \cdot \frac{V^2}{2g} [m]$

답 ㉰

POINT

비원형 관로인 경우는 레이놀드수 $R_e = \frac{eV(4R_h)}{\mu} = \frac{V(4R_h)}{\nu}$ 또한 상대조도 $\left(\frac{e}{d}\right) = \frac{e}{4R_h}$ 를 이와 같이 계산하여 대입한다.

개념예제

5. 유동단면이 4[cm]×4[cm]인 관에 액체가 가득 차 흐른다. 표면의 절대조도(e)가 0.006이라고 할 때 상대조도는?

㉮ 0.01   ㉯ 0.03   ㉰ 0.025   ㉱ 0.15

Sol) 수력반지름 $R_w = \frac{A}{P} = \frac{4 \times 4}{4 \times 2 + 4 \times 2} = 1[cm] = 0.01[m]$

따라서 상대조도 $\frac{e}{D} = \frac{e}{4R_h} = \frac{0.006}{4 \times 0.01} = 0.15$

답 ㉱

6-3 부차적 손실(Minor loss)

부차적 손실(minor loss)이란 직관 이외의 단면변환(돌연확대, 돌연축소) 엘보(elbow), 휘어짐(bend), 밸브(valve) 및 기타 배관 부품에서 생기는 손실을 통틀어 말한다[실험에 의하면 부차적 손실(h_l)은 속도수두$\left(\dfrac{V^2}{2g}\right)$에 정비례한다].

$$h_l \propto \frac{V^2}{2g} \Rightarrow h_l = k\frac{V^2}{2g}\,[\text{m}] \qquad\qquad k : \text{부차적 손실계수}$$

개념예제

6. 부차적 손실수두는?

  ㉮ 점성계수에 반비례한다.　　　　㉯ 관의 길이에 반비례한다.

  ㉰ 속도의 제곱에 비례한다.　　　　㉱ 유량의 제곱에 비례한다.

  Sol) 부차적 손실수두(h_l)는 속도수두$\left(\dfrac{V^2}{2g}\right)$에 비례하므로 $h_l \propto V^2$　　　　답 ㉰

1. 돌연확대관의 손실

갑자기 확대되는 관에서 손실수두(h_l)는

$$h_l = \frac{(V_1 - V_2)^2}{2g}$$

위 식에 연속방정식($A_1 V_1 = A_2 V_2$)을 적용하면

$$h_1 = \left[1 - \left(\frac{d_1}{d_2}\right)^2\right]^2 \frac{V_1^2}{2g}$$

따라서 $k = \left[1 - \left(\dfrac{d_1}{d_2}\right)^2\right]^2$ 이다. $d_2 \gg d_1$이면 $k = 1$이다.

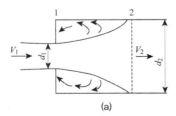

그림 6-3 돌연확대관

2. 돌연축소관

그림 6-4와 같은 돌연축소관인 경우 손실수두(h_l)는

표 6-1 축소관에의 손실계수 k

A_2/A_1	k
0.1	0.37
0.2	0.35
0.3	0.32
0.4	0.27
0.5	0.22
0.6	0.17
0.7	0.10
0.8	0.06
0.9	0.02
1.0	0

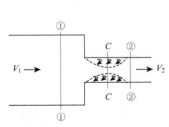

그림 6-4 돌연축소관

$$h_l = \frac{(V_c - V_2)^2}{2g} \tag{a}$$

연속방정식 $Q = AV$를 C단면과 ②단면에 적용하면

$$A_c V_c = A_2 V_2 \qquad (여기서, \ V_c = \frac{A_2}{A_c} V_2 = \frac{1}{C_c} V_2) \tag{b}$$

$$수축계수 \ C_c = \frac{A_c}{A_2}$$

식(b)를 식(a)에 대입정리하면

$$h_l = \left(\frac{1}{C_c} - 1\right)^2 \frac{V_2^2}{2g} = k\frac{V_2^2}{2g} \quad \Leftarrow \boxed{암기}$$

개념예제

7. 다음 그림에서 총손실수두 h_l은? (단, 관마찰계수는 f이다.)

㉮ $h_l = 3f\dfrac{l}{d}\dfrac{V^2}{2g}$ ㉯ $h_l = \left(2 + f\dfrac{l}{d}\right)\dfrac{V^2}{2g}$

㉰ $h_l = \left(1.5 + f\dfrac{l}{d}\right)\dfrac{V^2}{2g}$ ㉱ $h_l = \left(1 + f\dfrac{l}{d}\right)\dfrac{V^2}{2g}$

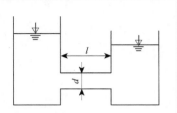

Sol) ① 관 입구(돌연축소관)에서의 손실수두 $he = k\dfrac{V^2}{2g} = 0.5\dfrac{V^2}{2g}$

② 관마찰 손실수두 $h_l = f\dfrac{l}{d} \cdot \dfrac{V^2}{2g}$

③ 관 출구(돌연확대관)에서의 손실수두 $h_l = \dfrac{V^2}{2g}$

따라서 총손실수두 $h_l = ① + ② + ③ = \left(1.5f\dfrac{l}{d}\right)\dfrac{V^2}{2g}[m]$

답 ㉰

8. 단면적인 0.5[m²]에서 0.3[m²]로 돌연축소하는 관의 수축계수가 0.685이고, 유량이 0.5[m³/sec]라고 하면 돌연축소에 의한 손실수두는 몇 [m]인가?

㉮ 0.01　　　㉯ 0.03　　　㉰ 0.07　　　㉱ 0.09

Sol) 연속방정식 $Q = A_2 V_2$에서 $V_2 = \frac{Q}{A_2} = \frac{0.5}{0.3} = 1.67 [\text{m/sec}]$

손실수두 $h_l = \left(\frac{1}{C_c} - 1\right)^2 \frac{V_2^2}{2g} = \left(\frac{1}{0.685} - 1\right)^2 \times \frac{(1.67)^2}{2 \times 9.8} = 0.03 [\text{m}]$　　답 ㉯

3. 관의 상당길이(l_e)

부차적 손실(minor loss)은 이것과 같은 손실을 갖는 관의 길이로 환산하여 계산하는 경우가 있다. 이때 환산된 관의 길이를 관의 상당길이(l_e)라고 한다. 즉,

$$f \frac{l_e}{x} \frac{V^2}{2g} = k \frac{V^2}{2g}$$

따라서

상당길이 $l_e = \frac{kd}{f}$

개념예제

9. 부차적 손실계수(k)=5인 밸브를 관마찰계수(f)가 0.025이고 직경이 2[cm]인 관으로 환산한다면 관의 상당길이는?

㉮ 2.5[m]　　　㉯ 3[m]　　　㉰ 3.5[m]　　　㉱ 4[m]

Sol) $h_l = f \frac{l_e}{d} \frac{V^2}{2g} = k \frac{V^2}{2g}$에서 관의 상당길이 $l_e = \frac{kd}{f} = \frac{5 \times 0.02}{0.025} = 4 [\text{m}]$　　답 ㉱

6-4 점차확대관과 점차축소관

1. 점차확대관(디퓨저, diffuser)

그림 6-5와 같이 디퓨저(diffuser)는 유체의 속도를 감소시키고 압력을 상승시키고자 할 경우 사용되는 관으로서 손실수두(h_l)는 확대각 α에 따라 변화하며 다음 식으로 구한다.

$$h_l = k \frac{(V_1 - V_2)^2}{2g}$$

여기서 k는 α각에 따라 변화하는 손실계수로서 그림 6-6과 같이 $\alpha \doteqdot 5 \sim 7°$ 부근에서 최소이고 $\alpha = 62°$ 근방에서는 최대가 된다.

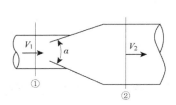

그림 6-5 점차확대관

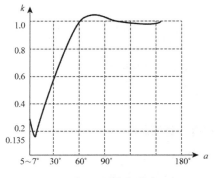

그림 6-6 확대각(α)

2. 점차축소관

점차축소관은 점차확대관과 반대로 속도를 증가시키고 압력을 감소시키는 목적으로 사용되며, 일반적으로 이 경우는 손실수두(h_l) 즉, 마찰손실만 고려하고 박리(separation)현상은 거의 없다.

$$h_l = k\frac{V_2^2}{2g} \qquad (k \doteqdot 0.094 \sim 0.04)$$

개념예제

10. 점차확대관에서 최소 손실계수를 갖는 원추각은 몇 도인가?

㉮ 7° ㉯ 15° ㉰ 30° ㉱ 180°

Sol) 점차확대관에서는 그림 6-6에서와 같이 최소 손실계수를 갖는 원추각은 5~7° 부근이며 62° 근방에서는 최대 손실계수를 갖는다.

답 ㉮

11. 다음 중 관로의 부차적 손실에 속하지 않는 것은?

㉮ 돌연축소 손실 ㉯ 돌연확대 손실
㉰ 밸브 손실 ㉱ 마찰 손실

Sol) 부차적 손실은 관마찰 손실 외에 관로에서 단면적이 돌연확대되는 경우, 단면적이 돌연축소되는 경우, 방향이 변화하는 경우 등에 대한 에너지 손실을 말한다.

답 ㉱

제6장 적중 예상문제

해설 및 정답

01

달시－바이스바흐(Darcy－Weisbach)의 원관 속의 마찰손실은 어느 것인가?

㉮ $h_L = f \dfrac{d}{l} \dfrac{v^2}{2g}$

㉯ $h_L = f \dfrac{d}{d} \dfrac{v^2}{2g}$

㉰ $h_L = f \dfrac{l}{d} \dfrac{v^2}{2g}$

㉱ $h_L = f \dfrac{l}{d} \dfrac{\gamma v^2}{2g}$

01

달시방정식(Darcy eq'n)을 가늘고 길고 끝은 원관에서의 관마찰 손실수두를 구하고자 할 경우 사용되는 방정식으로서 층류와 난류에 모두 적용된다. 즉,

$$h_L = f \cdot \dfrac{l}{d} \cdot \dfrac{v^2}{2g}$$

답 ㉰

02

층류구역에서 관마찰계수 f는 Reynolds의 함수로 표시된다. 맞는 것은?

㉮ $f = \dfrac{32}{R_e}$

㉯ $f = \dfrac{R_e}{64}$

㉰ $f = \dfrac{R_e}{16}$

㉱ $f = \dfrac{64}{R_e}$

02

층류구역인 경우($R_e < 2320$) 관마찰계수는 레이놀드수만의 함수로서 $f = \dfrac{64}{R_e}$ 이다.

답 ㉱

03

층류유동에서 하겐－포아젤(Hagen-Poiseulle)의 방정식은?

㉮ $h_L = f \dfrac{l}{d} \dfrac{v^2}{2g}$

㉯ $f = \dfrac{64}{Re}$

㉰ $Q = \dfrac{\Delta P \cdot \pi d^4}{128 \mu l}$

㉱ $h_L = \left(\dfrac{1}{C_c} - 1 \right)^2 \dfrac{V_2^2}{2g}$

03

문제에서 ㉮는 달시방정식, ㉯는 층류구역인 경우 관마찰계수 구하는 공식, ㉱는 부차적 손실에서 돌연축소관에서의 마찰손실수두를 구하는 공식이다.

답 ㉰

04

내경 15[cm], 길이 1000[m]인 원관 속을 매초 50[ℓ]의 비율로 흐르고 있을 때 마찰손실은 얼마인가? (단, 관마찰계수 $f = 0.03$이다.)

㉮ 28.35[m]

㉯ 81.72[m]

㉰ 817.2[m]

㉱ 0.81[m]

04

$$v = \dfrac{Q}{A} = \dfrac{0.05}{\dfrac{\pi \times 0.15^2}{4}} = 2.83 [\text{m/sec}]$$

$h = f \dfrac{l}{d} \dfrac{v^2}{g}$ 에서

$$= 0.03 \times \dfrac{1000}{0.15} \times \dfrac{2.83^2}{2 \times 9.8} = 81.72 [\text{m}]$$

답 ㉯

05

동점성계수가 1×10^{-4}[m²/sec]인 기름이 내경 60[mm]의 관을 2[m/sec]의 속도로 흐른다. 마찰계수는 얼마가 되는가?

㉮ 0.034

㉯ 0.043

㉱ 0.053

㉲ 0.035

05

$$Re = \frac{2 \times 0.06}{1 \times 10^{-4}} = 1200 < 2100$$

이 유동은 층류이므로

$$f = \frac{64}{Re} = \frac{64}{1200} = 0.053$$

답 ㉱

06

원관 속을 흐르는 유체의 레이놀드수가 1800일 때 관마찰계수는?

㉮ 0.053

㉯ 0.015

㉱ 0.035

㉲ 0.013

06

$$f = \frac{64}{Re} = \frac{64}{1800} = 0.035$$

답 ㉱

07

내경 25[cm]인 원관으로 1000[m] 떨어진 곳에 수평거리로 물을 수송하려 한다. 1시간에 500[m³]을 보내는 데 필요한 압력은 얼마인가? (단, 관마찰계수 $f = 0.03$이다.)

㉮ 283[kPa]

㉯ 480[kPa]

㉱ 250[kPa]

㉲ 370[kPa]

07

$$V = \frac{Q}{A} = \frac{\frac{500}{3600}}{\frac{\pi \times (0.25)^2}{4}} = 2.83 \,[\text{m/sec}]$$

$$\Delta P = f \frac{l}{d} \cdot \frac{\gamma v^2}{2g}$$

$$= 0.03 \times \frac{1000}{0.25} \times \frac{9800 \times 2.83^2}{2 \times 9.8} = 480 \,[\text{kPa}]$$

답 ㉯

08

20[℃]의 공기를 지름 500[mm]인 공업용 강관을 써서 264[m³/min]로 수송할 때 100[m]당의 압력강하를 수두로 표시하면 얼마가 되는가? (단, 관마찰계수 $f = 0.1 \times 10^{-3}$이다.)

㉮ 502[mm]

㉯ 512[mm]

㉱ 515[mm]

㉲ 540[mm]

08

$$V = \frac{Q}{A} = \frac{\frac{264}{60}}{\frac{\pi \times (0.5)^2}{4}} = 22.41 \,[\text{m/sec}]$$

$$h_L = f \frac{l}{d} \cdot \frac{v^2}{2g} = 0.0001 \times \frac{100}{0.5} \times \frac{(22.41)^2}{2 \times 9.8}$$

$$= 0.512 \,[\text{m}] = 512 \,[\text{mm}]$$

답 ㉯

09

새로운 주철관을 써서 매분 3.8[m³]의 물을 수송할 때 손실수두가 100[m]당 3[m]이면 이때 주철관의 직경은? (단, 마찰계수 $f = 0.02$이다.)

㉮ 0.125

㉯ 0.157

㉱ 0.185

㉲ 0.255

09

$$h_L = f \frac{l}{d} \cdot \frac{V^2}{2g} \text{에서 } v = \frac{Q}{A} = \frac{\frac{3.8}{60}}{\frac{\pi d^2}{4}}$$

$$3 = 0.02 \times \frac{100}{d} \times \frac{\left(\frac{4 \times 3.8}{60 \pi d^2}\right)^2}{2 \times 9.8}$$

여기서 $d = 0.185\,[\text{m}]$

답 ㉱

10

직경 4[mm]이고 길이가 10[m]인 원관 속에 20[℃]의 물이 흐르고 있다. 이 10[m] 길이에서 압력차가 $\Delta P = 10$[kPa]이며, $\mu = 10 \times 10^{-8}$ [N·sec/m²]일 때 유량은 얼마인가?

㉮ 6.28[cm³/sec]
㉯ 0.0628[m³/sec]

㉰ 3.93[m³/sec]
㉱ 5.9[cm³/sec]

11

지름 5[cm], 길이 10[m], 관마찰계수 0.03인 원관 속을 물이 난류로 흐른다. 관 출구와 입구의 압력차가 0.2기압이면 유량은 몇 [ℓ/sec]가 되는가?

㉮ 2.55[ℓ/sec]
㉯ 15.9[ℓ/sec]

㉰ 0.5[ℓ/sec]
㉱ 5[ℓ/sec]

12

그림과 같은 원추확대관에 대한 손실계수에 대하여 맞는 것은?

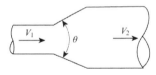

㉮ 손실계수는 확대각 θ에 무관하고 일정하다.
㉯ $\theta = 6°$ 정도에서 최소, $\theta = 20°$ 전후에서 최대이다.
㉰ $\theta = 6°$ 정도에서 최소, $\theta = 60°$ 전후에서 최대이다.
㉱ $\theta = 6°$ 정도에서 최소, $\theta = 90°$에서 최대이다.

13

안지름 300[mm]인 원관과 안지름 450[mm]인 원관이 직접 연결되어 있을 때, 작은 관에서 큰 관쪽으로 매초 230[ℓ]의 물을 보낸다. 연결부의 손실수두는 몇 [mmAq]인가?

㉮ 162
㉯ 165

㉰ 224
㉱ 300

10

$$Q = \frac{\Delta P \pi d^4}{128 \mu l} = \frac{10 \times 10^3 \times \pi \times 0.004^4}{128 \times 10 \times 10^{-8} \times 10}$$
$$= 0.0628 [\text{m}^3/\text{sec}]$$

 ㉯

11

$h = f \dfrac{l}{d} \cdot \dfrac{v^2}{2g}$ 에서

$$v = \sqrt{\frac{2ghd}{fl}} = \sqrt{\frac{2 \times 9.8 \times 2 \times 0.05}{0.03 \times 10}}$$
$$= 2.55 [\text{m/sec}]$$
$$Q = \frac{\pi \times (0.05)^2}{4} \times 2.55 = 0.005 [\text{m}^3/\text{sec}]$$

㉱

12

원추확대관에서 손실계수를 최소로 하는 각은 5~9°(약 7°)이고 손실계수가 최대로 되는 각은 60° 전후가 된다.

㉰

13

$h_L = \left[1 - \left(\dfrac{A_1}{A_2} \right) \right]^2 \dfrac{V_1^2}{2g}$ 에서

$$\frac{A_1}{A_2} = \left(\frac{300}{450} \right)^2 = 0.448$$
$$v_1 = \frac{Q}{\frac{\pi d^2}{4}} = \frac{0.23}{\frac{\pi \times (0.3)^2}{4}} = 3.253 [\text{m/sec}]$$

따라서 $h_1 = \left[1 - \left(\dfrac{d_1}{d_2} \right)^2 \right]^2 \dfrac{V_1^2}{2g}$

$$h_L = \left[1 - \left(\frac{A_1}{A_2} \right) \right]^2 \frac{V^2}{2g} = [1 - (0.448)]^2$$
$$\times \frac{(3.252)^2}{2 \times 9.8} = 0.165 [\text{m}] = 165 [\text{mmAq}]$$

 ㉯

14

같은 지름의 원관을 직각으로 접촉하고, 관내 평균속도 2[m/sec]로 물을 보낸다. 관의 만곡에 의한 손실수두는? (단, $k = 0.98$이다.)

㉮ 0.2[m]
㉯ 0.3[m]
㉰ 0.4[m]
㉭ 0.1[m]

15

내경 300[mm]인 원관과 내경 600[m]인 원관이 직접 연결되었을 때 작은 관에서 큰 관쪽으로 매초 250[ℓ]의 물을 보낸다. 연결부의 손실수두는 몇 [mmAq]가 되는가?

㉮ 269.8
㉯ 519.8
㉰ 359
㉭ 915.8

16

단면적 5[m²]인 관에 단면적 2[m²]인 관이 연결되어 있다. 수축계수가 0.65일 때 수축부의 단면적(A_c)은?

㉮ 1.2[m²]
㉯ 1.3[m²]
㉰ 2.5[m²]
㉭ 3.5[m²]

17

내경 10[cm]의 관로(pipe line)에서 관벽의 마찰손실수두 h 가 속도수두 $\frac{v^2}{2g}$와 같다면 그 관로의 길이 l은 얼마인가? (단, 마찰계수 $f = 0.03$이다.)

㉮ 3.33
㉯ 2.54
㉰ 4.62
㉭ 4.52

18

원관을 흐르는 층류에 있어서 유량은?

㉮ 점성계수에 비례해서 변한다.
㉯ 반지름의 제곱에 비례해서 변한다.
㉰ 압력강하에 반비례해서 변한다.
㉭ 점성계수에 반비례해서 변한다.

14
관의 만곡에 의해 손실수두 즉, 부차적 손실수두는 속도수두 $\left(\frac{v^2}{2g}\right)$에 비례하므로, 따라서

$$h_L = k\frac{v^2}{2g} = 0.98 \times \frac{2^2}{2 \times 9.8} = 0.2[m]$$

답 ㉮

15
$h_l = \left(1 - \frac{A_1}{A_2}\right)^2 \frac{V_1^2}{2g}$ 에서

$v_1 = \frac{Q}{\frac{\pi d_1^2}{4}} = \frac{0.25}{\frac{\pi \times (0.3)^2}{4}} = 3.54[m/sec]$

$h_L = \left(1 - \frac{(0.3)^2}{(0.6)^2}\right)^2 \times \frac{(3.54)^2}{2 \times 9.8}$
$= 0.359[m] = 359[mmAq]$

답 ㉰

16
수축계수 $C_c = \frac{A_c(수축부\ 면적)}{A_0(오리피스\ 면적)}$
따라서
$A_c = C_c \times A_0 = 0.65 \times 2 = 1.3[m^2]$

답 ㉯

17
$h = f\frac{l}{d} \cdot \frac{v^2}{2g}$ 에서

$h_L = \frac{v^2}{2g}$ 대입

$\therefore l = \frac{\frac{v^2}{2g} \times d \times 2g}{fv^2} = \frac{d}{\gamma} = \frac{0.1}{0.03} = 3.33[m]$

답 ㉮

18
Hagen-Poiseuill식
$Q = \frac{\Delta P \pi D^4}{128\mu L}$에 의하여 알 수 있다.

답 ㉭

19

수력반지름(hydraulic radius)에 대한 설명 중 맞는 것을 골라라

⑦ 물과 접한 주변길이의 2배이다.

④ 물과 접해 있는 길이를 π로 나눈 값이다.

④ 유동단면적을 접수길이로 나눈 값이다.

④ 물에 접해 있는 면적을 길이의 세제곱으로 나눈 값이다.

19

수력반지름

$$R_h = \frac{\text{유동단면적}(A)}{\text{접수길이}(P)}$$

답 ④

20

레이놀드수가 1000인 관에 대한 마찰계수 f의 값은?

⑦ 0.064　　　　　　④ 0.032

④ 0.016　　　　　　④ 0.046

20

$$f = \frac{64}{R_e} = \frac{64}{1000} = 0.064$$

답 ⑦

21

유로단면이 30[cm]×15[cm]인 폐유로에 액체가 가득 차 흐른다. 수력지름은?

⑦ 5[cm]　　　　　　④ 10[cm]

④ 15[cm]　　　　　　④ 20[cm]

21

수력반지름　$R_h = \dfrac{30 \times 15}{2(30+15)} = 5\,[\text{cm}]$

수력지름　　$d = 4R_h = 20\,[\text{cm}]$

답 ④

22

일반적으로 관마찰계수 f는?

⑦ 상대조도와 오일러수의 함수이다.

④ 마하수와 레이놀드수의 함수이다.

④ 상대조도와 레이놀드수의 함수이다.

④ 레이놀드수와 프루드수의 함수이다.

22

차원해석에서 관마찰계수 f는 레이놀드수(R_e)와 상대조도$\left(\dfrac{e}{d}\right)$만의 함수이다.

$$f = F\left(R_e,\ \frac{e}{d}\right)$$

답 ④

23

동점성계수가 $1 \times 10^{-4}\,[\text{m}^2/\text{sec}]$의 기름이 내경 50[mm]의 관을 1.5[m/sec]의 속도로 흐른다. 마찰계수는?

⑦ 0.0853　　　　　　④ 0.853

④ 0.043　　　　　　④ 0.43

23

$$R_e = \frac{VD}{\nu} = \frac{1.5 \times 50 \times 10^{-3}}{1 \times 10^{-4}} = 750 < 2300$$

이 유동은 층류이므로

$$f = \frac{64}{R_e} = \frac{64}{750} = 0.0853$$

답 ④

24

0.01539[m^3/s]의 유량으로 직경 30[cm]인 주철관 속을 기름($\mu = 0.1029$[N·s/m^2], $s = 0.85$)이 흐르고 있다. 길이 3000[m]에 대한 손실수두는 몇 [m]인가?

㉮ 10.86   ㉯ 11.15

㉰ 2.87   ㉱ 14.21

25

관에서 레이놀드수가 1600이면 마찰계수 f는?

㉮ 0.06   ㉯ 0.14

㉰ 0.04   ㉱ 0.25

26

직경이 10[cm]인 원관에 기름($s = 0.85$, $\nu = 1.27 \times 10^{-4}$[m^2/sec])이 0.01[m^3/s]의 유량으로 흐르고 있다. 이때 관마찰계수 f는?

㉮ 0.027   ㉯ 0.064

㉰ 0.013   ㉱ 0.031

27

직경 4[cm]인 매끈한 원관에 물(동점성계수 $\nu = 1.15 \times 10^{-6}$[m^2/sec])이 2[m/s]로 흐르고 있다. 길이 50[cm]에 대한 손실수두는 몇 [m]가 되는가?

㉮ 11.27   ㉯ 0.0497

㉰ 10.1   ㉱ 13.6

28

지름 5[cm]의 원관에 2[m/sec]의 유속으로 기름이 흐르고 있다. 이때 기름의 동점성계수 $\nu = 2 \times 10^{-4}$[m^2/sec]라 하면 관마찰계수 f는?

㉮ 0.175   ㉯ 0.284

㉰ 0.255   ㉱ 0.128

24

평균유속 V는

$$V = \frac{Q}{A} = \frac{0.01539}{\frac{\pi}{4}(0.3)^2} = 0.218 \,[\text{m/s}]$$

밀도 ρ는

$$\rho = \rho_w s = 850 \,[\text{kg/m}^3]$$

레이놀드수

$$Re = \frac{\rho V d}{\mu} = \frac{850 \times 0.218 \times 0.3}{0.1029} = 540$$

따라서 $f = \dfrac{64}{Re} = \dfrac{64}{540} = 0.1185$

그러므로 손실수두

$$h_L = f \frac{L}{d} \frac{V^2}{2g} = 0.1185 \frac{3000}{0.3} \frac{(0.218)^2}{2 \times 9.8}$$
$$= 2.87 \,[\text{m}]$$

답 ㉰

25

$R_e = 1600 < 2100$이므로 층류이다.

$$f = \frac{64}{R_e} = \frac{64}{1600} = 0.04$$

답 ㉰

26

평균유속 V

$$V = \frac{Q}{A} = \frac{0.01}{\frac{\pi}{4}(0.1)^2} = 1.27 \,[\text{m/sec}]$$

레이놀드수

$$R_e = \frac{Vd}{\nu} = \frac{1.27 \times 0.1}{1.27 \times 10^{-4}} = 1000 < 2100$$

이므로 층류이다.

따라서 $f = \dfrac{64}{R_e} = \dfrac{64}{1000} = 0.064$

답 ㉯

27

$$R_e = \frac{Vd}{\nu} = \frac{2 \times 0.04}{1.15 \times 10^{-6}} = 69565 < 2100$$

이므로 난류이다. 블라시우스(Blasius) 공식에서

$$f = 0.3164 R_e^{\frac{1}{4}} = 0.3164 (69565)^{-\frac{1}{4}} = 0.0195$$

따라서

$$h_L = f \frac{L}{d} \frac{V^2}{2g} = 0.0195 \frac{0.5}{0.04} \frac{2^2}{2 \times 9.8}$$
$$= 0.0497 \,[\text{m}]$$

답 ㉯

28

레이놀드수

$$R_e = \frac{Vd}{\nu} = \frac{2 \times 0.05}{2 \times 10^{-4}} = 500 < 2100$$이므로

층류이다. 따라서 마찰계수

$$f = \frac{64}{R_e} = \frac{64}{500} = 0.128$$

답 ㉱

29

부차 손실수두는?

㉮ 유량의 제곱에 비례한다. ㉯ 속도제곱에 비례한다.

㉰ 점성계수에 반비례한다. ㉱ 관의 길이에 반비례한다.

30

물(동점성계수 $\nu = 9.8 \times 10^{-7} [\mathrm{m^2/s}]$)이 직경 30[cm]인 주철관(절대조도 $e = 0.024$[cm]) 속을 4.9[m/s]로 흐를 때 관마찰계수는? (단, 무디선도를 이용하라.)

㉮ 0.0412 ㉯ 0.0278

㉰ 0.0187 ㉱ 0.0296

31

내경이 d_1, d_2인 동심 2중관에 액체가 가득 차 흐를 때 수력반경 R_h는?

㉮ $\dfrac{1}{4}(d_2 + d_1)$ ㉯ $\dfrac{1}{4}(d_2 - d_1)$

㉰ $\dfrac{1}{2}(d_2 + d_1)$ ㉱ $\dfrac{1}{2}(d_2 - d_1)$

32

깊이 y에 비하여 폭 b가 매우 큰 개수로의 수력반경 R_h는?

㉮ $\dfrac{y}{b}$ ㉯ $\dfrac{b}{y+b}$

㉰ $\dfrac{by}{y+b}$ ㉱ y

33

돌연축소에 의한 손실수두는?

㉮ $\left(\dfrac{1}{C_c^2} - 1\right)\dfrac{V_2^2}{2g}$ ㉯ $(1 - C^2)\dfrac{V_2^2}{2g}$

㉰ $\left(\dfrac{1}{C_c} - 1\right)^2 \dfrac{V_2^2}{2g}$ ㉱ $(C_c - 1)^2 \dfrac{V_2^2}{2g}$

29

부차적 손실수두

$$h_l = k\frac{V^2}{2g}$$

답 ㉯

30

상대조도 $\dfrac{e}{d} = \dfrac{0.024}{30} = 0.0008$

레이놀드수 $R_e = \dfrac{Vd}{\nu} = \dfrac{4.9 \times 0.3}{9.8 \times 10^{-7}} = 1.5 \times 10^6$

따라서 $\dfrac{e}{d} = 0.0008$과 $R_e = 1.5 \times 10^6$에 대한

무디선도에서 $f = 0.0187$

답 ㉰

31

$$R_h = \frac{A}{P} = \frac{\dfrac{\pi d_2^2}{4} - \dfrac{\pi d_1^2}{4}}{\pi d_1 + \pi d_2} = \frac{1}{4}(d_2 - d_1)$$

답 ㉯

32

$$h = \frac{A}{P} = \frac{by}{b + 2y}$$

$b \gg y$이므로

$$R_h = \frac{y}{1 + 2\left(\dfrac{y}{b}\right)} \fallingdotseq y$$

답 ㉱

33

돌연축소관인 경우 손실수두

$$h_l = \frac{(V_c - V_2)^2}{2g} = \left(\frac{1}{C_c} - 1\right)^2 \frac{V_2^2}{2g}$$

답 ㉰

34

부차 손실계수가 $k = 5$인 밸브를 관마찰계수가 $f = 0.025$이고, 직경이 2[cm]인 관으로 환산한다면 관의 상당길이는?

㉮ 2.5[m]　　　　　　　　㉯ 5[m]

㉰ 2[m]　　　　　　　　　㉱ 4[m]

35

내경이 10[cm]인 파이프 내를 평균유속 3[m/sec]의 물이 흐르고 있다. 관의 길이 10[m] 사이에서 나타나는 손실수두는 얼마인가? (단, 관마찰계수 $f = 0.013$이다.)

㉮ 1.15[m]　　　　　　　　㉯ 1.7[m]

㉰ 2.4[m]　　　　　　　　　㉱ 3.5[m]

36

매끈한 직원관에서 레이놀드수가 2000이다. 마찰계수는 얼마인가?

㉮ 0.012　　　　　　　　　㉯ 0.432

㉰ 0.032　　　　　　　　　㉱ 0.0432

37

원관 마찰계수(f)에 대한 설명 중 틀린 것은 다음 중 어느 것인가?

㉮ 직원관이고, 층류일 때 $f = \dfrac{64}{R_e}$이다.

㉯ Blasius 공식은 $f = 0.3164 R_e^{-\frac{1}{4}}$이다.

㉰ f를 $\dfrac{\epsilon}{d}$의 상대조도와 관계시킨 것은 Kármán과 Nikuradse이다.

㉱ Scobey의 공식은 콘크리트관에 대한 식으로서 f는 관지름 d에 반비례한다.

34

$$h_l = f \frac{l}{d} \frac{V^2}{2g} = k \frac{V^2}{2g}$$

$$\therefore \ l_e = \frac{k \cdot d}{f} = \frac{5 \times 0.02}{0.025} = 4 \,[\text{m}]$$

답 ㉱

35

달시방정식(Darcy equation)

$$h = f \frac{l}{d} \frac{v^2}{2g} = 0.013 \times \frac{10}{0.1} \times \frac{3^2}{2 \times 9.8}$$
$$= 1.66 \,[\text{m}] \fallingdotseq 1.7$$

답 ㉯

36

레이놀드수 $R_e = 2000$으로 층류이므로

$$\therefore \ \text{관마찰계수} \ f = \frac{64}{R_e} = \frac{64}{2000} = 0.032$$

답 ㉰

37

Scobey의 공식

$$f = cd^{-\frac{1}{4}}$$
　　(d의 단위는 [m], 콘크리트에 적용)

c의 범위는

① 매끈하게 연결된 내면이 매끈한 콘크리트관 $c = 0.156$
② 수년간 사용한 연결관 $c = 0.218$
③ 특히 조심성 없이 연결된 관 $c = 0.029$

답 ㉱

38

비중 0.8, 점성계수 0.49poise인 기름이 지름 10[cm]인 직원관 속을 매초 10[l]의 비율로 흐르고 있다. 길이 10[m]에 대한 압력강하는 몇 [kPa]인가?

㉮ 2

㉯ 4

㉰ 6

㉱ 8

38

평균속도 $V = \dfrac{4Q}{\pi d^2} = \dfrac{4 \times 0.01}{\pi \times 0.1^2} = 1.27[\text{m/sec}]$

점성계수

$\mu = 0.49\text{poise} = 0.49 = 0.049[\text{N·s/m}^2]$

$Re = \dfrac{QVD}{\mu} = \dfrac{0.8 \times 1000 \times 1.27 \times 0.1}{0.049}$

$\quad = 2073 < 2100$

∴ 층류

따라서 $f = \dfrac{64}{R_e} = \dfrac{64}{2073} = 0.031$

Darcy–Weisbach의 공식에서 마찰손실

$h = f \cdot \dfrac{l}{d} \cdot \dfrac{V^2}{2g} = 0.031 \times \dfrac{10}{0.1} \times \dfrac{1.27^2}{2 \times 9.8}$

$\quad = 0.255[\text{m}]$

압력강하

$\Delta P = \gamma \cdot h = 0.8 \times 9800 \times 0.255$

$\quad = 1999.2[\text{Pa}] = 1.99 \fallingdotseq 2[\text{kPa}]$

 ㉮

39

일정한 유량의 물이 원관 속을 흐를 때 직경을 2배로 하면 손실수두는 몇 배로 되는가? (단, 층류로 가정한다.)

㉮ $\dfrac{1}{2}$

㉯ $\dfrac{1}{6}$

㉰ $\dfrac{1}{8}$

㉱ $\dfrac{1}{16}$

39

하겐–포아젤의 방정식 $Q = \dfrac{\Delta P \pi d^4}{128 \mu l}$

여기서 $\Delta P = \gamma h_1$

∴ $h_l = \dfrac{128 \mu Q l}{\gamma \pi d^4} = \left(\dfrac{1}{2}\right)^4 = \dfrac{1}{16}$

(손실수두는 직경의 4제곱에 역비례한다.)

 ㉱

40

내경이 10[cm]인 관 속에 한 변의 길이가 5[cm]인 정사각형 관이 중심을 같이 하고 있다. 원관과 정사각형 관 사이에 평균유속 1[m/sec]인 물이 흐른다면 관의 길이 10[m] 사이에서 압력손실수두는 몇 [m]인가? (단, 마찰계수는 0.04이다.)

㉮ 0.25

㉯ 2.5

㉰ 0.49

㉱ 4.9

40

수력반경

$R_h = \dfrac{\text{유동단면적}(A)}{\text{접수길이}(P)} = \dfrac{\pi \times 5^2 - 5^2}{10\pi + 4 \times 5}$

$\quad = 1.04[\text{cm}]$

∴ $h_l = f \dfrac{l}{4R_h} \dfrac{V^2}{2g}$

$\quad = 0.04 \times \dfrac{10}{4 \times 1.04 \times 10^{-2}} \times \dfrac{1^2}{2 \times 9.8}$

$\quad = 0.49[\text{m}]$

 ㉰

제6장 응용문제

01

직경 20[cm]인 주철관에 0.1[m³/sec]의 기름이 흐르고 있다. 관의 길이가 300[m]일 때 손실수두는 얼마인가? (단, 기름의 동점성계수는 0.7×10^{-5}[m²/sec]이고 관마찰계수는 0.0234이다.)

⑦ 11.8[m]
㉯ 0.81[m]
㉱ 18.1[m]
㉴ 1.81[m]

01

$Q = AV$에서

$$V = \frac{Q}{A} = \frac{0.1}{\frac{\pi(0.2)^2}{4}} = 3.18\,[\text{m/sec}]$$

$$h_L = f\frac{l}{d} \cdot \frac{V^2}{2g} = 0.0234 \times \frac{300}{0.2} \times \frac{(3.18)^2}{2 \times 9.8}$$
$$= 18.1\,[\text{m}]$$

답 ㉱

02

길이가 400[m]이고, 직경이 25[cm]인 관에 평균속도 1.32[m/sec]로 물이 흐르고 있다. 관마찰계수가 0.042일 때 손실수두는 얼마인가?

⑦ 6[m]
㉯ 60[m]
㉱ 4.54[m]
㉴ 12[m]

02

$$h_l = f\frac{l}{d} \cdot \frac{V^2}{2g}$$
$$= 0.0422 \times \frac{400}{0.25} \times \frac{1.32^2}{2 \times 9.8}$$
$$= 6\,[\text{m}]$$

답 ⑦

03

안지름 4[mm]의 원관에 내경 0.4[mm]의 노즐을 붙여(급축소의 경우) 이 구멍으로부터 비중량 8820[N/m³]인 기름을 매분 680[cm³]의 비율로 분출한다. 이 축소된 부분의 압력손실은 약 몇 [kPa]인가?

⑦ 230
㉯ 591
㉱ 672
㉴ 720

03

$$Q = 680\,[\text{cm}^3/\text{min}] = 11.33\,[\text{cm}^3/\text{sec}]$$
노즐에서의 유속
$$V^2 = \frac{Q}{\frac{\pi d_2^2}{4}} = \frac{11.33}{\frac{\pi \times (0.04)^2}{4}}$$
$$= 90.3 \times 10^2[\text{cm/sec}] = 90.3\,[\text{m/sec}]$$
$$\frac{A_2}{A_1} = \left(\frac{D_2}{D_1}\right)^2 = \left(\frac{0.4}{4}\right)^4 = 0.01$$
$$h_l = \left(\frac{1}{C_c} - 1\right)^2 \frac{V_2^2}{2g} = \left(\frac{1}{1.67} - 1\right)^2 \times \frac{(90.3)}{2 \times 9.8}$$
$$= 67\,[\text{m/oil}]$$
압력손실
$$P = \gamma h_L = 8820 \times 67 = 590940\,[\text{Pa}]$$
$$= 590.94\,[\text{kPa}] \fallingdotseq 591\,[\text{kPa}]$$

답 ㉯

04

높은 곳에 설치한 수조의 밑에 내경 2[m], 길이 5[m]인 원관을 연직으로 장치하였다. 하단은 대기에 개방한다. 수조의 수심이 1[m], 관 마찰계수 0.02, 관입구의 손실계수가 0.5일 때 관 내의 평균유속을 구하라.

⑦ 4.25[m/sec]

⑭ 6.24[m/sec]

⑮ 0.42[m/sec]

⑯ 0.62[m/sec]

04

탱크의 수면 ①과 관 하단 ② 사이에 Bernoulli의 정리 적용

①의 속도수두는 0, 압력수두 0, 위치수두 $l + H$

②의 속도수두는 $\dfrac{V^2}{2g}$, 압력수두 0, 위치수두 0

손실수두는 관 입구의 손실 h_1과 관마찰에 의한 손실 h_2

$$h_1 = k \frac{V^2}{2g}, \quad h_2 = k \frac{1}{d} \frac{V^2}{2g}$$

Bernoulli 정리를 세우면

$$l + H = \frac{V^2}{2g} + k\frac{V^2}{2g} + f\frac{l}{d} V^2 2g$$

여기서 V를 구하면

$$V = \sqrt{\frac{2g(l+H)}{1 + k + f\dfrac{l}{d}}}$$

$$= \sqrt{\frac{2 \times 9.8(5+1)}{1 + 0.5 + 0.02 \times \dfrac{5}{0.02}}} = 4.25 \,[\text{m/sec}]$$

답 ⑦

05

지름이 10[cm], 길이가 100[m]인 수평원과 속을 10[ℓ/s]의 유량으로 기름($\nu = 1 \times 10^{-4}$[m²/s], $S = 0.8$)을 수송하기 위해서는 관 입구와 관 출구 사이에 얼마의 압력차[kPa]를 주면 되는가?

⑦ 32.2

⑭ 42.2

⑮ 51.3

⑯ 82.7

05

평균속도 $V = \dfrac{Q}{A} = \dfrac{0.01}{\dfrac{\pi}{4}(0.10)^2} = 1.27\,[\text{m/s}]$

레이놀드수

$R_e = \dfrac{Vd}{\nu} = \dfrac{1.27 \times 0.1}{1 \times 10^{-4}} = 1270 < 2100$이므로

층류이다. 따라서 마찰계수

$f = \dfrac{64}{R_e} = \dfrac{64}{1270} = 0.05$

그러므로 손실수두

$h_L = f \dfrac{L}{d} \dfrac{V^2}{2g} = 0.05 \dfrac{100}{0.1} \dfrac{1.27^2}{2 \times 9.8} = 4.11\,[\text{m}]$

따라서 압력차

$\Delta P = \gamma h_L = (9800 \times 0.8) \times 4.11$

$= 32222.4\,[\text{Pa}] \fallingdotseq 32.2\,[\text{kPa}]$

답 ⑦

06

그림에서 전수두 H는?

⑦ $H = \left(0.5 + f\dfrac{l}{d} + 1 \right)\dfrac{V^2}{2g}$

⑭ $H = \left(\dfrac{l}{d} + 1 \right)\dfrac{V^2}{2g}$

⑮ $H = \left(0.5 + f\dfrac{l}{d} \right)\dfrac{V^2}{2g}$

⑯ $H = f\dfrac{l}{d} \cdot \dfrac{V^2}{2g}$

06

$$H = h_{LC} + h_L + h_{Le}$$

$$= \left(0.5 + f\frac{l}{d} + 1.0 \right)\frac{V^2}{2g}$$

답 ⑭

07

다음 그림과 같이 15[℃]인 물($\rho = 998.6[\text{kg/m}^3]$, $\mu = 1.12[\text{kg/m·s}]$)이 200[kg/min]으로 관 속을 흐르고 있다. 이때 마찰계수 f는?

㉮ 0.04

㉯ 0.05

㉰ 0.06

㉭ 0.09

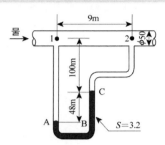

08

그림에서 유량은 몇 [m³/sec]인가? (단, 관마찰계수는 $f = 0.02$이다.)

㉮ 0.037

㉯ 0.094

㉰ 0.045

㉭ 0.785

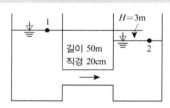

07

시차 액주계에서 $p_A = p_B$이므로

$p_1 + 9800(1 + 0.48) =$

$p_2 + 9800 \times 1 + 9800 \times 3.2 \times 0.48$

$\therefore \dfrac{p_1 - p_2}{9800} = (3.2 - 1)0.48 = 1.056[\text{m}]$

평균유속 V는

$m = \rho A V : V = \dfrac{m}{\rho A}$

$= \dfrac{(200/60)}{998.6 \times \dfrac{\pi (0.05)^2}{4}} = 1.7[\text{m/s}]$

1과 2에 베르누이 방정식을 적용하면

$\dfrac{p_1}{9800} + \dfrac{1.7^2}{2 \times 9.8} = \dfrac{p_2}{9800} + \dfrac{1.7^2}{2 \times 9.8} + h_L$

$\therefore h_L = \dfrac{p_1 - p_2}{9800} = 1.056[\text{m}]$

달시방정식에서

$h_L = f \dfrac{L}{d} \dfrac{V^2}{2g} : 1.056[\text{m}] = f \dfrac{9}{0.05} \dfrac{1.7^2}{2 \times 9.8}$

$\therefore f = 0.03978$

답 ㉮

08

손실수두 h_L는

$h_L = \dfrac{V^2}{2g} + f \dfrac{l}{d} \dfrac{V^2}{2g} + 0.5 \dfrac{V^2}{2g}$

$= 1.5 \dfrac{V^2}{2g} + f \dfrac{l}{d} \dfrac{V^2}{2g}$

1과 2에 베르누이 방정식을 적용하면

$0 + 0 + H = 0 + 0 + 0 + 1.5 \dfrac{V^2}{2g} + f \dfrac{L}{d} \dfrac{V^2}{2g}$

$3 = \dfrac{V^2}{2 \times 9.8}\left(1.5 + 0.02\dfrac{50}{0.2}\right)$

$\therefore V = 3[\text{m/sec}]$ 그러므로 유량 Q는

$Q = \dfrac{\pi (0.2)^2}{4} \times 3 = 0.094[\text{m}^3/\text{s}]$

답 ㉯

제7장. 차원해석과 상사법칙

7-1 차원해석(dimensional analysis)

차원해석이란 어떤 물리적 현상에 대한 방정식의 음미, 단위의 변환, 관계식 변수의 배열 등에 사용되는 수학적인 방법이다. 차원해석은 차원의 동차성 원리 즉, 물리적 현상을 나타내는 방정식은 좌변＝우변이 같아야 되며, 또한 방정식의 가감시 각 항은 동차가 되어야 한다는 원리를 이용하고 있다.

표 7-1 물리량 차원

물리량	기호	차원	
		F.L.T	M.L.T
면 적	A	L^2	L^2
체 적	V	L^3	L^3
속 도	u	LT^{-1}	LT^{-1}
가 속 도	a	LT^{-2}	LT^{-2}
각 가 속 도	ω	T^{-1}	T^{-1}
힘	F	F	MLT^{-2}
질 량	m	FT^2L^{-1}	M
비 중 량	γ	FL^{-3}	$ML^{-2}T^{-2}$
밀 도	ρ	FL^2L^{-4}	ML^{-3}
압 력	p	FL^{-2}	$ML^{-1}T^{-2}$
절 대 점 성 계 수	μ	FTL^{-2}	$ML^{-1}T^{-1}$
동 점 성 계 수	γ	L^2T^{-1}	L^2T^{-1}
체 적 탄 성 계 수	E	FL^{-2}	$ML^{-1}T^{-2}$
동 력	P	FLT^{-1}	ML^2T^{-2}
회 전 력	T	FL	ML^2T^{-2}
유 량	Q	L^3T^{-1}	L^3T^{-1}
전 단 응 력	τ	FL^{-2}	$ML^{-1}T^{-2}$
표 면 장 력	σ	FL^{-1}	MT^{-2}
무 게	W	F	MLT^{-2}
중 량 유 동 률	G	FT^{-1}	MLT^{-3}

어떤 물리적 현상에 대한 방정식이

$$A = B$$

일 때 A의 차원과 B의 차원은 같아야 한다(차원의 동차성 원리).
예를 들어 관성의 법칙은 $F = ma$이므로

$$[F의\ 차원] = [m의\ 차원] \times [a의\ 차원]$$

이 되어야 한다.

$$\therefore\ [F] = [M] \times \left[\frac{L}{T^2}\right] = MLT^{-2}$$

개념예제

1. 물리량이 다음과 같이 함수관계를 가질 때 무차원수는 몇 개나 있는가? (단, $F(d, V, \nu, g) = 0$ 이다.)

㉮ 2　　　　㉯ 3　　　　㉰ 4　　　　㉱ 1

Sol) 관계되는 물리량은 4이다. 즉, $n = 4$이다. 각 물리량의 차원은 다음과 같다. $d\,[L]$, $V\,[LT^{-1}]$, $\nu\,[L^2T^{-1}]$, $g\,[LT^{-2}]$, 4개의 물리량이 포함하고 있는 기본차원은 L과 T이다. 즉, $m = 2$이다. 그러므로 무차원의 수는 $n - m = 4-2 = 2$ 이다.

답 ㉮

1-2　파이 정리(π-theorem)

1. 버킹검(Buckingham)의 파이 정리

n개의 물리적 양을 포함하고 있는 임의의 물리적 관계에서 기본차원의 수를 m개라고 할 때, 이 물리적 관계는 $(n-m)$개의 서로 독립인 무차원 함수(independent dimensionless parameter)로 나타낼 수 있다. (무차원량의 개수)=(측정량의 개수)-(기본단위의 개수) 즉, 물리적 양(측정량) A_1, A_2, A_3, $\cdots$, A_n가 n개로 이루어졌다면

$$f(A_1,\ A_2,\ A_3,\ \cdots,\ A_n) = 0 \tag{a}$$

인 식으로 표시되고 식(a)은 $(n-m)$의 무차원수 π_1, π_2, π_3, $\cdots$, π_{n-m}의 함수를 고쳐 쓸 수 있다.

$$f(\pi_1,\ \pi_2,\ \pi_3,\ \cdots,\ \pi_{n-m})=0 \tag{b}$$

π : 무차원 함수
n : 물리적 양의 수
m : 기본차원의 수

이때 무차원수 π_1, π_2, π_3, $\cdots$, π_{n-m}를 구하는 방법은 다음과 같다.

$$\pi_1 = A_1^{x1},\ A_2^{y1},\ A_3^{z1},\ A_4$$
$$\pi_2 = A_1^{x2},\ A_2^{y2},\ A_3^{z2},\ A_5$$
$$\vdots$$
$$\pi_{n-m} = A_1^{xn-m},\ A_2^{yn-m},\ A_3^{zn-m},\ A_n \tag{c}$$

여기서 A_1, A_2, A_3는 반복변수로서 n개의 물리적 양 중에서 택한 임의의 3개의 변수로서 적어도 기본차원 M, L, T를 모두 포함하고 있어야 한다.

반복변수는 다음과 같이 선정한다.

1) 종속변수(구하고자 하는 물리량)는 반복변수를 택하지 않는다.

2) 반복변수는 기본차원을 포함한다.

3) 중요한 물리량을 반복변수로 택한다.

7-3 상사법칙(相似法則) = 닮음법칙

유체에서 모형(model type)과 실물과의 관계를 알아보기 위하여 모형실험을 할 때가 있다. 그러기 위해서는 모형과 원형(proto type)이 서로 상사가 되어야 할 뿐만 아니라 모형에 미치는 유체의 상태 즉, 속도분포나 압력분포의 상태가 실물에 미치는 유체의 상태와 꼭 상사가 되도록 할 필요가 있다. 이와 같이 모형실험이 실제의 현상과 상사가 되기 위한 조건으로서는 ① 기하학적 상사, ② 운동학적 상사, ③ 역학적 상사의 세 가지 조건이 필요하다.

1. 기하학적 상사(geometric similitude)

모형(model type)과 실형(proto type) 주위에 흐르는 유체의 거동이 기하학적 상사일 때, 즉 모형과 원형 사이에 크기의 비가 같을 두 형은 기하학적 상사가 존재한다고 말한다. 즉, 서로 상응하는

$$\text{길이} : \frac{l_m}{l_p} = l_r \tag{a}'$$

$$넓이 : \frac{A_m}{A_p}= A_4 = \frac{l_m^2}{l_p^2}= l_r^2 \qquad\qquad (b)'$$

등의 값이 같을 때를 기하학적 상사라고 한다.

2. 운동학적 상사(kinematic similitude)

원형과 모형 주위에 흐르는 유체의 유동이 기하학적으로 상사할 때 즉, 유선이 기하학적으로 상사할 때 두 형은 운동학적 상사가 존재한다고 말한다. 그러므로 운동학적으로 상사한 두 유동 사이에는 서로 대응하는 점에서는 속도가 평행하여야 하고 속도의 크기의 비인

$$속도비 : \frac{A_m}{V_p}= \frac{\dfrac{l_m}{T_m}}{\dfrac{l_p}{T_p}}= \frac{l_r}{T_r} \qquad\qquad (c)'$$

식(c)'은 모든 대응점에서 같다. 속도비로부터 파생하는 같아야 할 몇 가지 비에는 다음과 같은 것들이 있다.

$$가속도비 : \frac{a_m}{a_p}= \frac{V_m/ T_m}{\dfrac{V_p}{T_p}}= \frac{\dfrac{l_m}{T_m^2}}{\dfrac{l_m}{T_p^2}}= \frac{l_4}{T_r^2} \qquad\qquad (d)'$$

$$유량비 : \frac{Q_m}{Q_p}= \frac{L_m^3/ T_m}{L_p^3/ T_p}= \frac{L_r^3}{T_r} \qquad\qquad (e)'$$

개념예제

2. 기하학적으로 상사한 모형과 원형에서 길이의 비가 1:15이다. 실물의 표면적이 4.4[m²]이면 모형의 표면적은 몇 [m²]가 되겠는가?

㉮ 0.3 ㉯ 67.5 ㉰ 0.02 ㉱ 3.33

Sol) $l_1 : l_2 = 1 : 15$

따라서 $l_1^2 : l_2^2 = 1 : 225$

모형의 표면적 $= \dfrac{4.5}{225}= 0.02\,[m^2]$

답 ㉰

3. 역학적 상사(dynamic similitude)

완전한 역학적 상사(닮음)를 요구하는 상태를 만족하기 위하여 유동상태에서 중요한 모든 힘들이 고려되어야 한다. 우선 유체의 흐름에 영향을 미치는 힘에 대하여 정리해 보고, 중요한 무차원수에 대하여 알아보자.

표 7-2 무차원수와 물리적 의미

무차원수 명칭	무차원 함수	물리적 의미
레이놀드수(Reynolds number)	$R_e = \dfrac{\rho Vpl}{\mu}$	$\dfrac{관성력}{점성력}$
프루드수(Froude number)	$F_r = \dfrac{V}{\sqrt{lg}}$	$\dfrac{관성력}{중력}$
오일러수(Euler number)	$E_u = \dfrac{P}{\rho V^2}$	$\dfrac{압축력}{관성력}$
코시수(Cauchy number)	$C_u = \dfrac{\rho V^2}{K}$	$\dfrac{관성력}{탄성력}$
웨버수(Weber number)	$W_e = \dfrac{\rho l V^2}{\sigma}$	$\dfrac{관성력}{표면장력}$
마하수(Mach number)	$M_a = \dfrac{V}{C}$	$\dfrac{속도}{음속},\ \left(\dfrac{관성력}{탄성력}\right)^{\frac{1}{2}}$
압력계수(Pressure number)	$P_r = \dfrac{\Delta P}{\rho V^2/2}$	$\dfrac{정압}{동압}$

관성력(inertia force) $F_i = ma = \rho l^3 (V^2/l) = \rho l^2 V^2$

압력(pressure force) $F_p = P \cdot A = Pl^2$

점성력(viscosity force) $F_v = \mu A\left(\dfrac{du}{dy}\right) = \mu l^2\left(\dfrac{V}{l}\right) = \mu Vl$

중력(attraction gravity) $F_g = mg = \rho l^3 g$

탄성력(elastic force) $F_e = KA^2 = Kl^2$

표면장력(surface tension) $F_\sigma = \sigma \cdot l$

개념예제

3. 직경이 15[cm]인 관에 물이 5[m/s]로 흐르고 있다. 직경이 7.5[cm]인 관에 기름($\nu = 2.87 \times 10^{-6}$ [m²/s])이 흐르고 있을 때 역학적 상사를 만족하기 위해서는 기름의 유속을 몇 [m/sec]로 해야 되는가? (단, 물의 동점성계수는 $\nu = 1.09 \times 10^{-6}$[m²/s]이다.)

㉮ 17.73 ㉯ 26.33 ㉰ 13.25 ㉱ 22.17

Sol) 관 속 유동에서 역학적 상사를 만족하기 위해서는 레이놀드수가 같아야 한다.

$$(R_e)_p = (R_e)_m : \left(\frac{Vd}{\nu}\right)_p = \left(\frac{Vd}{\nu}\right)_m \qquad \therefore V_m = V_p \frac{\nu_m}{\nu_p}\frac{d_p}{d_m} = 5 \times \frac{2.87 \times 10^{-6}}{1.09 \times 10^{-6}} \times \frac{15}{7.5} = 26.33 \,[\text{m/sec}]$$ ㉯

4. 실형의 1/100인 강 모형에서 표면의 유속이 0.5[m/sec]이다. 역학적 상사를 이루려면 실형의 표면유속은 몇 [m/sec]인가?

㉮ 0.5 ㉯ 5 ㉰ 50 ㉱ 500

Sol) 역학적 상사가 되기 위해서 프루드수가 같아야 한다.

$$F_p = F_m : \left(\frac{V}{\sqrt{\lg}}\right)_p = \left(\frac{V}{\sqrt{\lg}}\right)_m$$

여기서, $g_p = g_m$이므로 $\therefore V_p = V_m \sqrt{\frac{l_p}{l_m}} = 0.5(100)^{\frac{1}{2}} = 5\,[\text{m/sec}]$ ㉯

5. 실형의 1/16인 모형 잠수함을 해수에서 시험한다. 실형 잠수함이 5[m/s]로 움직인다면 역학적 상사를 만족하기 위해서는 모형 잠수함을 몇 [m/s]로 끌어야 하는가?

㉮ 0.3125 ㉯ 20 ㉰ 80 ㉱ 1.25

Sol) 레이놀드수가 같아야 한다.

$$(R_e)_p = (R_e)_m : \left(\frac{Vl}{\nu}\right)_p = \left(\frac{Vl}{\nu}\right)_m \qquad \therefore V_m = V_p \frac{\nu l}{\nu_p}\frac{l_p}{l_m} = 5 \times 1 \times 16 = 80\,[\text{m/s}]$$ ㉰

6. 풍동시험에서 중요한 무차원수는?

㉮ 레이놀드수, 코시수 ㉯ 프루드수, 웨버수
㉰ 프루드수, 마하수 ㉱ 레이놀드수, 마하수

Sol) 풍동시험에서 유체의 유속이 $M < 0.3$일 경우는 레이놀드수가 중요한 무차원수이지만 유체의 유속이 $M > 0.3$일 경우에는 마하수도 중요한 무차원수가 된다. ㉱

7-4 차원해석의 응용

1) 관속이 유동일 때

관과 유체 사이에 작용하는 힘 중에는 압력, 점성력, 관성력들이 영향을 미친다. 그러므로 모형과 원형 사이에는 Reynolds수가 반드시 같아야 한다.

$$(R_e)_p = (R_e)_m$$

2) 배가 수상면을 항해할 때

배와 유체 사이에 작용하는 힘 중에는 중력, 점성력, 관성력 등이 영향을 미친다.

$$(F_r)_p = (F_r)_m \quad \text{(조파저항일 경우)}$$
$$(R_e)_p = (R_e)_m \quad \text{(표면마찰에 관한 문제일 경우)}$$

3) 풍동 시험에서 모형과 원형 사이에 서로 닮음을 이루는 조건

비행기가 유체 사이에서 압축력과 마찰력의 영향일 때

$$(R_e)_p = (R_e)_m \, (M_a)_p = (M_a)_m$$

표 7-3 각종 문제에 대한 중요한 무차원수

각종 문제 내용	중요한 무차원수
① 관속 유동 ② 비행기의 양력과 항력 ③ 잠수함 ④ 경계층 문제 ⑤ 압축성 유체의 유동(단, 유동속도가 $M<0.3$일 때)	$(R_e)_p = (R_e)_m$
자유표면을 갖는 유동 문제 ① 개수로 ② 수력도약 ③ 수면 위에 떠 있는 배의 조파저항 문제	$(F_r)_p = (F_r)_m$
① 풍동 문제 ② 유체기체(유체의 압축성을 무시할 경우에는 레이놀드수만 고려하면 된다.)	$(R_e)_p = (R_e)_m$ $M_p = M_m$

4) 개수로의 수문 위에 흐름일 때

모형과 원형 간에 서로 닮은 조건 수문과 유체 사이에는 중력만이 영향을 미친다.

$$(F_r)_p = (F_r)_m$$

5) 수력기계의 펌프 및 터빈 내의 흐름일 때

수력 기계와 물체 사이에는 마찰력, 중력, 압축력 등이 영향이 미친다. 원형과 모형 사이에 역학적 닮음을 이루는 조건은

$$(R_e)_p = (R_e)_m, \quad (M_a)_p = (M_a)_m$$

> **POINT**
>
> 관성력과 중력에 의해서 wave가 생길 때 저항을 조파저항이라고 하고, 관성력과 점성력에 의해서 배와 유체의 마찰로 생기는 저항을 마찰저항이라 한다. 그러므로 저항은 조파저항과 마찰저항으로 성립된다.

개념예제

7. 압축성을 무시할 수 있는 유체기계에서 모형과 실형 사이에 역학적 상사가 되려면 다음 중 어떤 무차원수가 같아야 하는가?

㉮ 레이놀드수　　㉯ 마하수　　㉰ 오일러수　　㉱ 프루드수

Sol) 유체기계 문제에서는 레이놀드수와 마하수가 중요하지만 압축성을 무시할 수 있을 경우에는 레이놀드수만 고려하면 된다(표 7-3).　　**답** ㉮

8. 관성력과 탄성력의 비로서 표시되는 무차원수 $\dfrac{\rho V^2}{E}$ 은?
(단, ρ 는 유체의 밀도, V 는 유속, E 는 유체의 체적탄성계수이다.)

㉮ Euler수　　㉯ Reynold수　　㉰ Froude수　　㉱ Cauchy수

Sol) 코시수(Cauchy number)는 관성력과 탄성력의 비로서 정의된다(표 7-2).　　**답** ㉱

9. 개수로를 설계하려고 할 때 실형과 모형 간에 역학적 상사를 만족시키는 데 가장 중요한 무차원 수는?

㉮ 마하수　　㉯ 오일러수　　㉰ 웨버수　　㉱ 프루드수

Sol) 자유표면(free surface)을 갖는 유동에서는 중력과 관성력이 중요하다. 따라서 관성력과 중력의 비로 정의되는 프루드수(Froude number)이다.　　**답** ㉱

10. 압력강하 ΔP, 밀도 ρ, 길이 l, 유량 Q에서 얻을 수 있는 무차원수는?

㉮ $\dfrac{\rho Q}{\Delta P l^2}$ ㉯ $\dfrac{\rho l}{\Delta P Q^2}$ ㉰ $\dfrac{\Delta P l Q}{\rho}$ ㉱ $\sqrt{\dfrac{\rho}{\Delta P}}\dfrac{Q}{l^2}$

Sol) 각 물리량의 차원은 $\Delta P = [FL^{-2}] = [ML^{-1}T^{-2}]$, $\rho = [ML^{-3}]$, $l = [L]$, $Q = [L^{-3}T^{-1}]$

기본차원은 M, L, T의 3개이므로 ∴ 물리량의 수(n)−기본차원수(m)=4−3=1개

무차원수 $\Pi = \Delta P^x \rho^y l^z = Q$

$\qquad = [ML^{-1}T^{-2}]^x (ML^{-3})^y \cdot (L)^z L^3 T^{-1}$

$M: x+y=0$, $L: -x-3y+z+3=0$, $T: -2x-1=0$

$\therefore x = -\dfrac{1}{2}, y = \dfrac{1}{2}, z = -2 \Rightarrow \Pi = \dfrac{\rho^{\frac{1}{2}} \cdot Q}{\Delta P^{\frac{1}{2}} \cdot l^2} = \sqrt{\dfrac{\rho}{\Delta P}} \cdot \dfrac{Q}{l^2}$ **답** ㉱

제7장 │ 적중 예상문제

01

어느 물리법칙이 $F(P, a, V, \nu) = 0$과 같은 식으로 주어졌다. 이 식을 무차원 함수로 표시하면 무차원군은 몇 개인가? (단, P는 압력, a는 가속도, V는 동점성계수이다.)

㉮ 1   ㉯ 2

㉰ 3   ㉱ 4

01

관계되는 물리량은 (P, a, V, ν)이므로
물리량 $n = 4$이다. 또, 각 물리량의 차원은
$P : [ML^{-1}T^{-2}]$, $a : [LT^{-2}]$
$V : [LT^{-1}]$, $\nu : [L^2 T^{-1}]$
여기서, 기본차원은 M, L, T이므로 $m = 3$이다.
따라서 무차원군의 개수 $\pi = n - m = 4 - 3 = 1$
이다.

답 ㉮

02

다음 변수 중에서 무차원수가 아닌 것은 어느 것인가?

㉮ 마하수   ㉯ 음속

㉰ 프루드수   ㉱ 레이놀드수

02

음속은 단위가 [m/sec]가 있으므로 무차원수가
아니다.

답 ㉯

03

레이놀드수의 정의는?

㉮ 중력에 의한 관성력의 비

㉯ 표면장력에 의한 관성력의 비

㉰ 탄성력에 대한 관성력의 비

㉱ 점성력에 대한 관성력의 비

03

㉮ 프루드수
㉯ 웨버수
㉰ 코시수

답 ㉱

04

원관 내에 유체가 정상층류유동을 하고 있을 때 가장 중요한 힘은 다음 중 어느 것인가?

㉮ 압력과 관성력   ㉯ 중력과 압력

㉰ 관성력과 점성력   ㉱ 압력과 점성력

04

원관 내에 유체가 정상층류유동을 하고 있을 때
중요한 무차원수는 레이놀드수이다. 따라서 관성
력과 점성력이다.

답 ㉰

05

기하학적으로 상사한 모형과 원형에서 길이의 비가 1 : 15이다. 실물의 표면적이 4.5[m²]이면 모형의 표면적은 몇 [m²]이 되겠는가?

- ㉮ 0.02
- ㉯ 0.035
- ㉲ 2.45
- ㉭ 3.54

06

길이가 100[m]이고 항해속도가 10[m/sec]인 배가 바다에 떠 있을 때의 파도저항 특성을 실험하기 위하여 길이가 4[m]인 모형을 만들었다. 역학적 상사를 위해서 모형 배의 속도는 몇 [m/sec]로 해야 하는가?

- ㉮ 25
- ㉯ 4
- ㉲ 2
- ㉭ 2.5

07

[문제 6]에 주어진 배의 모형실험에서 항력이 9[kN]이면 원형 배의 항력은 몇 [kN]가 되겠는가?

- ㉮ 125000
- ㉯ 145000
- ㉲ 153275
- ㉭ 140625

08

물 위를 2[m/sec]의 속력으로 나아가는 길이 2.5[m]의 모형선에 작용하는 조파저항이 5[kN]이다. 길이 40[m]인 실물의 배가 이것과 상사인 조파상태로 항진하게 하려면 실물의 속도를 몇 [m/sec]로 해야 하는가?

- ㉮ 5
- ㉯ 7
- ㉲ 8
- ㉭ 12

해설 및 정답

05

$l_m : l_p = 1 : 15$

따라서 $l_m^2 : l_p^2 = 1 : 225$

∴ 모형의 표면적

$$A_m = \frac{4.5}{225} = 0.02 \, [\text{m}^2]$$

답 ㉮

06

역학적 상사를 이루기 위해서는 프루드수가 같아야 한다.

따라서 $\left(\frac{V}{\sqrt{lg}}\right)_p = \left(\frac{V}{\sqrt{lg}}\right)_m$

그런데 $g_p = g_m$이므로, 여기서

$$V_m = V_p \times \sqrt{\frac{l_m}{l_p}} = 10 \times \sqrt{\frac{4}{100}} = 2 \, [\text{m/sec}]$$

답 ㉲

07

$\dfrac{l_m}{l_p} = \dfrac{4}{100}, \quad \dfrac{V_m}{V_p} = \dfrac{2}{10}$

모형과 원형의 항력에 대한 상사를 만족시키려면 항력계수가 동일해야 된다.

$$\left(\frac{D}{\rho l^2 V^2}\right)_p = \left(\frac{D}{\rho l^2 V^2}\right)_m$$

그런데 같은 유체에서 밀도는 같으므로 $\rho_p = \rho_m$

따라서

$$D_p = D_m \times \left(\frac{V_p}{V_m}\right)^2 \times \left(\frac{l_p}{l_m}\right)^2$$

$$= 9 \times \left(\frac{10}{2}\right)^2 \times \left(\frac{100}{4}\right)^2 = 140625 \, [\text{kN}]$$

답 ㉭

08

조파저항은 주로 중력의 영향에 좌우되므로 원형과 모형에서는 프루드수가 같아야 한다.

즉, $\left(\dfrac{V}{\sqrt{lg}}\right)_p = \left(\dfrac{V}{\sqrt{lg}}\right)_m$

그런데 $g_p = g_m$이므로, 따라서 실물의 속도는

$$V_p = V_m \times \sqrt{\frac{l_p}{l_m}} = 2 \times \sqrt{\frac{40}{2.5}} = 8 \, [\text{m/sec}]$$

답 ㉲

09

단면이 네모꼴인 홈통이 있다. 치수의 비가 1:25인 원형과 모형이 있다. 모형의 나비가 60[cm]이고, 원형의 높이가 1200[cm]라 할 때 모형의 높이는 몇 [cm]인가?

㉮ 30 ㉯ 300

㉰ 48 ㉱ 480

10

$l_m : l_p = 1 : 20$의 모형잠수함을 해수에서 실험하고자 한다. 만일 실형잠수함을 6[m/sec]로 운전하고자 할 때 모형잠수함의 속도는 몇 [m/sec]로 실험하여야 하는가?

㉮ 12 ㉯ 24

㉰ 120 ㉱ 240

11

개수로 유량을 측정하기 위하여 모형위어를 만들어 실험한 결과 유량이 1[m³/sec]이었다. 모형 대 원형의 크기 비가 1:20이라면 원형에서의 유량은 몇 [m³/sec]인가?

㉮ 1400 ㉯ 1575

㉰ 1789 ㉱ 2134

12

다음 중 압력계수는?

㉮ $\dfrac{\Delta P}{\mu Vl}$　　㉯ $\dfrac{\rho \Delta P}{\mu^2 l^2}$　　㉰ $\dfrac{\Delta P}{\gamma h}$　　㉱ $\dfrac{\Delta P}{\dfrac{\rho V^2}{2}}$

13

수면 위에 떠 있는 배의 조파저항을 시험할 때 중요한 무차원수는?

㉮ 레이놀즈수 ㉯ 프루드수

㉰ 오일러수 ㉱ 웨버수

해설 및 정답

09

$$\frac{l_m}{l_p} = \frac{1}{25}$$

여기서

$$l_m = l_p \times \frac{1}{25} = 1200 \times \frac{1}{25} = 48\,[\text{cm}]$$

답 ㉰

10

잠수함에 작용하는 힘은 점성력과 관성력이므로 역학적 상사를 만족시키려면 레이놀드수가 같아야 한다.

따라서 $\left(\dfrac{Vl}{\nu}\right)_p = \left(\dfrac{Vl}{\nu}\right)_m$

그런데 $\nu_p = \nu_m$(해수의 동점성계수이므로)

$$\therefore V_m = V_p \times \frac{l_p}{l_m} = 6 \times \frac{20}{1} = 120\,[\text{m/sec}]$$

답 ㉰

11

개수로인 경우 역학적 상사를 만족시키기 위해서는 프루드수가 같아야 한다.

따라서 $\left(\dfrac{V^2}{lg}\right)_p = \left(\dfrac{V^2}{lg}\right)_m$

여기서 $Q = l^2 V$ 이므로 $V = \dfrac{Q}{l^2}$를 대입하면

$$\left(\frac{Q^2}{l^4 g}\right)_p = \left(\frac{Q^2}{l^4 g}\right)_m$$

그런데 $g_p = g_m$이므로

$$\therefore Q_p = Q_m \times \left(\frac{l_p}{l_m}\right)^{5/2} = 1789\,[\text{m}^3/\text{sec}]$$

답 ㉰

12

압력계수

$$\frac{\text{정압}}{\text{동압}} = \frac{\Delta P}{\dfrac{\rho V^2}{2}}$$

답 ㉱

13

배의 수면 위를 항해할 때 받는 항력은 조파저항과 마찰저항이 복합되어 작용한다. 이때 마찰저항과 관련된 무차원수는 레이놀드수이고 조파저항과 관련된 무차원수는 프루드수이다.

답 ㉯

14

밀도(ρ), 중력가속도(g), 속도(V), 힘(F)에서 얻을 수 있는 무차원수(Π)는?

㉮ $\dfrac{F^2 \rho}{g V}$

㉯ $\dfrac{F^2 V^2}{\rho^2 V}$

㉰ $\dfrac{F g}{\rho V}$

㉱ $\dfrac{g^2 F}{\rho V^6}$

15

유체기계에서 중요한 무차원수는?

㉮ 오일러수, 마하수

㉯ 레이놀드수, 웨버수

㉰ 레이놀드수, 마하수

㉱ 프루드수, 오일러수

16

다음 중 표면장력의 차원은?

㉮ ML^{-2}

㉯ MT^{-2}

㉰ $ML^{-1}T^{-2}$

㉱ MLT^{-3}

17

다음 중 무차원수가 아닌 것은?

㉮ 웨버수

㉯ 압력계수

㉰ 단열열낙차

㉱ 관마찰계수

18

프루드수의 정의는?

㉮ $\dfrac{\text{관성력}}{\text{탄성력}}$

㉯ $\dfrac{\text{관성력}}{\text{점성력}}$

㉰ $\dfrac{\text{관성력}}{\text{압력}}$

㉱ $\dfrac{\text{관성력}}{\text{중력}}$

14

물리량의 차원은
$\rho = [ML^{-3}]$, $g = [LT^{-2}]$
$V = [LT^{-1}]$, $F = [MLT^{-2}]$
독립무차원수(Π)는
$\Pi = \rho^x g^y V^2 F$
$\quad = [ML^{-3}]^x [LT^{-2}]^y [LT^{-1}]^z MLT^{-2}$
Π는 무차원수이므로 M, L, T의 지수를 0으로 놓고 연립으로 풀면
$M = x + 1 = 0$
$L: -3x + y + z + 1 = 0$
$T: -2y - z - 2 = 0$
여기서 $x = -1$, $y = 2$, $z = -6$
따라서 무차원수 $\Pi = \dfrac{g^2 F}{\rho V^6}$

 ㉱

15

유체기계에서 압축성을 고려하지 않으면 중요한 무차원수는 레이놀드수이지만 압축성을 고려하면 중요한 무차원수는 레이놀드수와 마하수이다.

 ㉰

16

표면장력(σ)의 단위는 [N/cm]이다.
따라서
$\sigma = FL^{-1} = [MLT^{-2}] L^{-1} = [MT^{-2}]$

 ㉯

17

단열열낙차는 단위가 [J/kg]이다.

 ㉰

18

프루드수는 중력에 대한 관성력의 비를 말한다.

 ㉱

19

길이 150[m]의 배를 길이 5[m]인 모형으로 실험하고자 한다. 실형의 배가 60[km/hr]로 움직인다면 실형과 모형 사이에 역학적 상사를 만족하기 위해서 모형이 몇 [km/hr]으로 움직여야 하는가? (단, 점성마찰은 무시한다.)

㉮ 15.5

㉯ 10.95

㉰ 128.5

㉭ 185

20

비교적 빠른 점성류에서 물체의 저항계수 C_D는 레이놀드수의 함수, 즉, $C_C = f(R_e)$이다. 기하학적으로 상사한 물체에 대하여 모형으로부터 저항계수를 측정하여 실형의 저항계수를 알려고 한다. 다음에서 옳은 것은 어느 것인가?

㉮ 속도를 같게 하면 된다.

㉯ 레이놀드수를 같게 하면 된다.

㉰ 속도와 레이놀드수를 동시에 같게 하면 된다.

㉭ 오일러수를 같게 하면 된다.

19

문제에서 점성마찰은 무시하였으므로 모형과 실형 사이에 프루드수가 같으면 된다.

$$\left(\frac{V}{\sqrt{\lg}}\right)_p = \left(\frac{V}{\sqrt{\lg}}\right)_m$$

$$\therefore \ V_m = V_p \times \sqrt{\frac{l_m}{l_p}}$$

$$= 60 \times \frac{\sqrt{5}}{150} = 10.95 \,[\mathrm{km/hr}]$$

 답 ㉯

20

실형과 모형의 레이놀드수가 같으면 $(R_e)_p = (R_e)_m$이므로 실형의 저항계수와 모형의 저항계수는 같게 된다.

 답 ㉯

제7장 — 응용문제

01

개수로 문제에서 물리량들 사이의 관계가 $F(Q, H, g, V) = 0$으로 주어졌다. 이때 Q와 H를 반복변수로 사용하여 얻을 수 있는 무차원수(Π)는? (단, Q는 유량, H는 수두, g는 중력가속도, V는 유동속도이다.)

㉮ $\dfrac{Q}{\sqrt{gH}}$

㉯ $\dfrac{Q^2}{gH^4}$

㉰ $\dfrac{g^5 H}{Q}$

㉱ $\dfrac{gH^5}{Q^2}$

01

Q, H를 반복변수로 잡았으므로 무차원수의 형태는 다음 2가지가 있다.

$\Pi_1 = Q^{a1} \cdot H^{b1} \cdot g$

$\Pi_2 = Q^{a2} \cdot H^{b2} \cdot g$

문제에서 $Q \cdot H \cdot g$와 관련된 무차원수를 구하여야 되므로

$\Pi_1 = Q^{a1} \cdot H^{b1} \cdot g = (L^3 T^{-1})^{a1} (L)^{b1} L T^{-2}$

$L : 3a_1 + b_1 + 1 = 0$

$T : -a_1 - 2 = 0$

여기서, $a_1 = -2$, $b_1 = 5$

따라서 무차원수 $\Pi = \dfrac{gH^5}{Q^2}$

답 ㉱

02

타원체의 방정식은 다음과 같다. 실형의 타원체에서 $a = 5$[m], $b = 3$[m], $c = 1$[m]로 주어졌다. $a = 1$[m]인 모형의 타원체에서 b와 c는 얼마인가?

$$\left(\frac{x}{a}\right)^2 + \left(\frac{y}{b}\right)^2 + \left(\frac{z}{c}\right)^2 = 1$$

㉮ $b = \dfrac{3}{5}$[m], $c = \dfrac{1}{5}$[m]

㉯ $b = \dfrac{9}{25}$[m], $c = \dfrac{1}{25}$[m]

㉰ $b = \sqrt{\dfrac{3}{5}}$[m], $c = \sqrt{\dfrac{1}{5}}$[m]

㉱ $b = \sqrt[3]{\dfrac{3}{5}}$[m], $c = \sqrt[3]{\dfrac{1}{5}}$[m]

02

기하학적 상사비를 만족하여야 한다.

즉, $\dfrac{a_m}{a_p} = \dfrac{b_m}{b_p} = \dfrac{c_m}{c_p}$

그러므로

$b_m = b_p \dfrac{a_m}{a_p} = 3\left(\dfrac{1}{5}\right) = \dfrac{3}{5}$[m]

$c_m = c_p \dfrac{a_m}{a_p} = 1\left(\dfrac{1}{5}\right) = \dfrac{1}{5}$[m]

답 ㉮

03

모형비가 1/36인 개수로가 있다. 모형에서 수력도약 후의 깊이가 100[mm]이었다. 역학적 상사를 만족할 때 실형에서 수력도약 후의 깊이는 몇 [m]인가?

㉮ 1.6

㉯ 3.6

㉰ 4.3

㉭ 0.36

04

30[℃] 물이 지름 150[mm]인 수평 파이프 속에서 5[m/s]의 속도로 흐르고 있다. 파이프 길이 15[m]에 대한 압력강하는 15[kPa]이다. 기하학적 상사인 지름 50[mm]인 파이프에 20[℃] 휘발유가 흐를 때 역학적 상사를 만족하기 위해서는 휘발유의 평균 유속이 얼마로 되어야 하는가? (단, 30[℃]인 물의 동점성계수는 $\nu = 0.804 \times 10^{-6}$[m²/s], 20[℃]인 휘발유의 동점성계수는 $\nu = 4.27 \times 10^{-7}$[m²/s]이다.)

㉮ 8[m/s]

㉯ 11[m/s]

㉰ 15[m/s]

㉭ 0.55[m/s]

05

점성계수(μ), 힘(F), 압력강하(Δp), 시간(t)에서 얻을 수 있는 무차원수는?

㉮ $\dfrac{tF}{\mu^2 \Delta p}$

㉯ $\dfrac{t\Delta p}{\mu}$

㉰ $\sqrt{\dfrac{t^2}{\mu \Delta p}}\, F$

㉭ $\sqrt{\dfrac{t}{F\Delta p \mu}}$

03

실형과 모형의 수력도약 후의 깊이는

$$(y_2)_p = \frac{(y_1)_p}{2}\left[-1 + \sqrt{1 + 8\left(\frac{V_1^2}{gy_1}\right)_p}\right]$$

$$(y_2)_m = \frac{(y_1)_m}{2}\left[-1 + \sqrt{1 + 8\left(\frac{V_1^2}{gy_1}\right)_m}\right]$$

위의 두 식에서 괄호 안에 있는 $\frac{V_1^2}{gy_1}$은 프루드수이다. 역학적 상사를 만족하려면 실형과 모형의 프루드수는 같아야 하므로 오른쪽 큰 괄호에 있는 값은 두 식에서 같다.

따라서

$$\frac{(y_2)_p}{(y_2)_m} = \frac{(y_1)_p}{(y_1)_m}$$

$$\therefore \ (y_2)_p = (y_2)_m = \frac{(y_2)_p}{(y_1)_m}$$

$$(y_2)_p = 100 \times 36 = 3600[\text{mm}] = 3.6[\text{m}]$$

 ㉯

04

관로유동에서 중요한 힘은 점성력이므로 역학적 상사를 이루기 위해서는 레이놀드수가 같아야 한다. 즉,

$$\left(\frac{Vd}{\nu}\right)_p = \left(\frac{Vd}{\nu}\right)_m$$

따라서

$$V_m = V_p \frac{d_p}{d_m} = \frac{\nu_m}{\nu_p}$$

$$= 5\left(\frac{150}{50}\right)\left(\frac{4.27 \times 10^{-7}}{0.804 \times 10^{-6}}\right) = 7.9[\text{m/s}]$$

 ㉮

05

물리량의 차원은

$\mu = [FL^{-2}T] \quad F = [F]$

$\Delta P = [FL^{-2}] \quad t = [T]$

독립무차원수(Π)는

$\Pi = \mu^a F^b \Delta P^c t = (FL^{-2}T)^a (F)^b (FL^{-2})^c T$

$F: a + b + c = 0$

$L: -2a - 2c = 0$

$T: a + 1 = 0$

여기서 $a = -1, \ b = 0, \ c = 1$

따라서 무차원수 $\Pi = \dfrac{t\Delta P}{\mu}$

 ㉯

06

[문제 4]에서 지름 50[mm]인 관에서 길이 5[m]에 대한 압력강하는 몇 [kPa]인가? (단, 휘발유의 밀도는 $\rho = 679[kg/m^3]$이다.)

㉮ 15.45 ㉯ 21.43

㉰ 25.88 ㉱ 37.85

07

모형의 저장탱크가 수문을 열고 배수하는 데 10분이 걸렸다. 모형이 실형의 1/400일 때 실형의 저장탱크를 비우는 데 소요되는 시간을 구하면 몇 분 걸리겠는가?

㉮ 20 ㉯ 200

㉰ 40 ㉱ 4008

08

새로 개발한 밸브를 평가하기 위하여 지름 0.3[m]인 수평원관에 15[℃]인 물($\nu = 1.0 \times 10^{-6}[m^2/s]$, $\rho = 997.4[kg/m^3]$)을 유속 1.5[m/s]로 흘려보냈을 때 손실동력이 5[kW]이었다. 만약 25[℃]인 공기 ($\nu = 1.5 \times 10^{-5}[m^2/s]$, $\rho = 1.177[kg/m^3]$)로 기하학적 상사인 지름 0.15[m]인 수평원관에서 실험하였다면, 이때 손실동력은 얼마인가?

㉮ 39.8[kW] ㉯ 39.8[PS]

㉰ 93.8[kW] ㉱ 93.8[PS]

06

압력계수는 같아야 한다. 즉,

$$\left(\frac{\Delta p}{\rho V^2/2}\right)_p = \left(\frac{\Delta p}{\rho V^2/2}\right)_m$$

따라서

$$\Delta p_m = \Delta p_p \frac{\rho_m}{\rho_p} = \frac{V_m^2}{V_p^2}$$

$$= 15\left(\frac{679}{1000}\right)\left(\frac{7.97}{5}\right)^2 = 25.88[kPa]$$

답 ㉰

07

중력과 관성력이 지배적이므로 역학적 상사를 이루기 위해서는 실형과 모형 사이에 프루드수가 같아야 한다. 즉,

$$\left(\frac{V}{\sqrt{lg}}\right)_p = \left(\frac{V}{\sqrt{lg}}\right)_m$$

$$\therefore \frac{V_m^2}{V_p^2} = \frac{L_m}{L_p}$$

한편 시간의 비는

$$\frac{T_m}{T_p} = \frac{(L_m/V_m)}{(L_p/V_p)} = \left(\frac{L_m}{L_p}\right)\left(\frac{V_p}{V_m}\right)$$

위 식에 앞서 구한 속도비를 대입하면

$$\frac{T_m}{T_p} = \left(\frac{L_m}{L_p}\right)^{\frac{1}{2}}$$

따라서

$$T_p = T_m / \left(\frac{L_m}{L_p}\right)^{\frac{1}{2}} = 10/\sqrt{\frac{1}{400}} = 200[분]$$

답 ㉯

08

관로유동에서 중요한 힘은 점성력이므로 역학적 상사가 성립하려면 레이놀즈수가 같아야 한다.

$$\left(\frac{VL}{\nu}\right)_p = \left(\frac{VL}{\nu}\right)_m$$

$$\therefore V_m = V_p \frac{L_p}{L_m} \frac{\nu_m}{\nu_p}$$

$$= 1.5\left(\frac{0.3}{0.5}\right)\left(\frac{1.5 \times 10^{-5}}{1.0 \times 10^{-6}}\right) = 45[m/s]$$

상사조건을 만족하면 실형과 모형 사이의 압력계수도 같아야 한다.

$$\left(\frac{\Delta p}{\rho V^2/2}\right)_p = \left(\frac{\Delta p}{\rho V^2/2}\right)_m$$

동력 $P = FV = \Delta p L^2 V$이므로, 이것을 위 식에 대입하면 $\left(\frac{P}{\rho L^2 V^3}\right)_p = \left(\frac{P}{\rho L^2 V^3}\right)_m$

따라서

$$p_m = p_p \frac{\rho_m}{\rho_p}\left(\frac{L_m}{L_p}\right)^2\left(\frac{V_m}{V_p}\right)^3$$

$$= 5\left(\frac{1.177}{997.4}\right)\left(\frac{1}{2}\right)^2\left(\frac{45}{1.5}\right)^3 = 39.8[kW]$$

답 ㉮

09

원형과 모형과의 비가 30 : 1이다. 원형 주위의 공기 흐름 현상을 모형에서 물을 써서 역학적 상사를 이루어 흐르게 하려 한다. 모형에서 어떤 위치에서의 압력이 수주 2000[mm]이면 원형에서 이것에 대응하는 위치의 압력을 구하여라. (단, 물과 공기와의 점성계수의 비가 50 : 1, 밀도의 비는 800 : 1이다.)

㉮ 0.70[mAq] ㉯ 0.71[mmAq]

㉰ 0.70[mmAq] ㉱ 0.71[mAq]

09

점성의 영향이 크므로 레이놀드수가 상사하면 된다.

$$\left(\frac{Vl\rho}{\mu}\right)_p = \left(\frac{Vl\rho}{\mu}\right)_m$$

$$\frac{V_p}{V_m} = \frac{l_p}{l_m} \times \frac{\rho_m}{\rho_p} \times \frac{\mu_p}{\mu_m} = \frac{1}{30} \times \frac{800}{1} \times \frac{1}{50} = \frac{8}{50}$$

$$\left(\frac{P}{\rho V^2}\right)_p = \left(\frac{P}{\rho V^2}\right)_m$$

$$P_p = P_m \times \frac{\rho_p}{\rho_n} \times \left(\frac{V_p}{V_m}\right)^2$$

$$= 2000 \times \frac{1}{800} \times \left(\frac{8}{50}\right)^2 = 0.71\,[\text{mmAq}]$$

답 ㉯

제8장. 개수로의 유체유동

8-1 개수로(open channel) 흐름의 특성

개수로 유동이란 유체의 자유표면이 대기와 직접 접한 상태에서 흐르는 유체유동을 말한다.

[예] 개울, 강, 하수도, 하천, 인공수로 등이 있으면 폐수로 일지라도 유체가 꽉 차서 흐르지 않는 경우는 개수로로 취급한다.

POINT

개수로 흐름의 특성
① 유체의 자유표면은 대기와 접해 있다.
② 수력구배선(H.G.L)은 항상 유체의 자유표면과 일치된다.
③ 에너지선(E.L)은 유체의 자유표면보다 속도수두만큼 위에 있다.
④ 손실수두(h_1)는 수평면과 에너지선의 차이다.

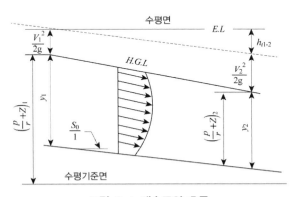

그림 8-1 개수로의 흐름

1. 층류와 난류

층류와 난류의 구별은 관로유동과 마찬가지로 레이놀드수(R_e)에 의하여 결정되며 개수로의 레이놀드수(R_e)는 다음과 같이 정의한다.

> **POINT**
>
> ① 레이놀드수 $\quad R_e = \dfrac{VRh}{\nu} \quad$ (Rh : 수력반지름)
>
> ② 층류 $\qquad\qquad R_e < 500$
>
> ③ 천이영역 $\qquad 500 < R_e < 2000$
>
> ④ 난류 $\qquad\qquad R_e > 2000$

2. 정상류와 비정상류

1) 정상류(steady flow)

유체흐름의 모든 특성이 시간에 따라 변화하지 않는 흐름

$$\frac{\partial V}{\partial t} = 0, \quad \frac{\partial \rho}{\partial t} = 0, \quad \frac{\partial p}{\partial t} = 0$$

2) 비정상류(unsteady flow)

유체흐름의 모든 특성이 시간에 따라 변화하는 흐름

$$\frac{\partial V}{\partial t} \neq 0, \quad \frac{\partial \rho}{\partial t} \neq 0, \quad \frac{\partial p}{\partial t} \neq 0$$

3. 상류(tranquil flow)와 사류(rapid flow)

1) 상류(tranquil flow)

수면구배가 급하지 않은 느린 흐름($F < 1$)

2) 사류(rapid flow)

수문 등에서 쏟아져 나오는 흐름과 같은 빠른 흐름($F > 1$), 여기서 F는 프루드수(Froude number)이다.

4. 등류와 비등류

1) 등류(uniform flow)

깊이의 변화가 없고 유속이 일정한 흐름($y_1 = y_2$)

2) 비등류(varied flow)

유동단면의 깊이가 변화함에 따라 유속이 변화하는 흐름($y_1 \neq y_2$)

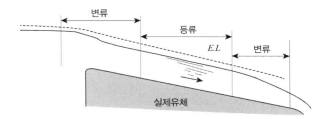

그림 8-2 실제유체에서의 개수로 흐름

개념예제

1. 상류(tranquil flow)유동을 얻을 수 있는 경우는 다음 중 어느 것인가? (단, R_e는 레이놀드수이고 F는 프루드수이다.)

　㉮ $R_e > 2000$ 　　㉯ $F > 1$ 　　㉰ $R_e < 500$ 　　㉱ $F < 1$

Sol) 상류란 유동속도가 기본파의 진행속도보다 느릴 때의 흐름으로 $F < 1$일 때 일어난다. 　　**답** ㉱

2. 개수로(open channel) 흐름의 특성 중 옳지 않은 것은?

　㉮ 수력구배선은 에너지선보다 속도수두만큼 아래에 있다.
　㉯ 에너지선은 유체의 자유표면과 일치한다.
　㉰ 수력구배선은 유체의 자유표면과 일치한다.
　㉱ 손실수두는 에너지선과 수평면(선)과의 차이다.

Sol) 개수로 흐름인 경우 유체의 자유표면은 항상 수력구배선(H.G.L)과 일치되며 에너지선은 수력구배선보다 속도수두만큼 위에 있다. 　　**답** ㉯

8-2 　등류흐름(체지방정식)

등류상태로 흐르고 있는 그림 8-3의 개수로 자유물체도에서 벽면에서의 전단응력을 τ_o, 유동단면적을 A, 개수로의 경사각을 θ, 접수길이를 P라고 하고 운동량방정식(momentum equation)을 적용하면 운동량 변화가 없으므로

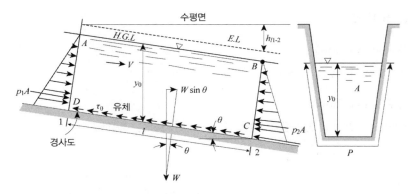

그림 8-3 개수로 흐름의 자유물체도

$$P_1 A + W\sin\theta - P_2 A - \tau_o\, pl = 0$$

여기서 $P_1 = P_2$ 이므로 $\gamma Al \sin\theta = \tau_0\, pl$

실제의 경우 θ 는 매우 작은 각도이므로 $\sin\theta = \tan\theta = S(\text{put})$

$$\therefore \ \tau_o = \gamma \frac{A}{P} \sin\theta = \gamma R_h S \qquad\qquad\text{(a)}$$

벽면에서 전단응력 $\tau_o = f\dfrac{\rho V^2}{2}$ 으로 놓으면

$$f\frac{\rho V^2}{2} = \gamma R_h S \ \Rightarrow\ f\frac{\gamma V^2}{2g} = \gamma R_h S$$

따라서 유속(V)는 다음과 같다.

$$V = \sqrt{2g/f}\ \sqrt{R_h \cdot S} = C\sqrt{R_h \cdot S}\,[\text{m/sec}] \ \Leftarrow\ \text{체지방정식(Chezy eq'n)}$$

여기서 C를 체지상수라고 하여 유량(Q)은

$$Q = CA\sqrt{R_h S}\,[\text{m}^3/\text{sec}] \qquad\qquad\text{(b)}$$

> **POINT**
>
> $$C = \frac{R_h^{\frac{1}{6}}}{n} \qquad (n\text{ 은 조도계수이고, } R_h \text{는 수력반지름으로서 단위는 [m])}$$
>
> $$C = \frac{1.49}{n} R_h^{\frac{1}{2}} = 1.49 M R_h^{\frac{1}{6}} \qquad (M = \frac{1}{n}\text{이며, } R_h \text{는 수력반지름으로서 단위는 [m])}$$

위 식을 식(b)에 대입하면 유량(Q)은 다음과 같다.

$$Q = \frac{1}{n} A R h^{\frac{2}{3}} S^{\frac{1}{2}} \,[\text{m}^3/\text{sec}]$$

(c)

표 8-1 벽면 재료에 대한 조도계수 n의 평균값

벽면상태	n	벽면상태	n
대패질 한 나무	0.012	리벳한 강	0.018
대패질 안 한 나무	0.013	주름진 금속	0.022
손질한 콘크리트	0.012	흙	0.025
손질 안 한 콘크리트	0.014	잡석	0.025
주철	0.015	자갈	0.029
벽돌	0.016	돌 또는 잡초가 있는 흙	0.035

개념예제

3. 개수로 흐름에 있어서 등류를 얻을 수 있는 경우는?

㉮ 실제 유체의 경우에는 언제나 얻을 수 있다.

㉯ 프루드수가 $F<1$일 때 얻을 수 있다.

㉰ 이상 유체의 경우에서만 얻을 수 있다.

㉱ 실제 유체의 경우 유체의 가속되려는 힘과 마찰력이 서로 평행을 이룰 때 얻을 수 있다.

Sol) 등류란 깊이를 일정하게 유지하면서 유속이 일정한 흐름으로 가속되려는 힘과 마찰력이 서로 평형을 이룰 때 얻어진다.

답 ㉱

4. 폭 2[m], 밑바닥의 경사가 0.001인 대패질 안 한 나무로 만든 직사각형 수로에서 유동깊이가 1[m]일 때 등류상태로 흐르는 유량은 몇 [m³/s]인가? (단, 대패질 안 한 나무의 조도계수는 $n = 0.012$이다.)

㉮ 3.32　　　　㉯ 5.17　　　　㉰ 6.23　　　　㉱ 9.78

Sol) 수력반지름　$R_h = \dfrac{2 \times 1}{2 + 2 \times 1} = 0.5\,[\text{m}]$

유 량　$Q = \dfrac{1}{0.012}(2 \times 1)(0.5)^{\frac{2}{3}}(0.001)^{\frac{1}{2}} = 3.32\,[\text{m}^3/\text{s}]$

답 ㉮

8-3   경제적인 수로단면 = 최대효율단면

경제적인 수로단면이란 주어진 유량에 대하여 단면적을 최소로 하는 단면 즉, 접수길이(wetted perimeter)를 최소로 하는 단면을 말한다.

식(c)에서 Q, n, S가 주어진 값이므로 이 값을 상수 C로 놓고 수력반지름$(R_h) = \dfrac{A}{P}$를 대입하면

$$A = CP^{\frac{2}{5}}$$

(d)

1. 직사각형(구형, 矩形) : 단면에 대한 경제적인 수로단면

그림 8-4에서 접수길이 P와 단면적 A는

$$P = b + 2y, \ A = by$$

따라서 식(d)는

$$A = (P - 2y)y = CP^{\frac{2}{5}}$$

주어진 유량에 대하여 최량수력단면이 되려면 P가 최소값을 가져야 한다. P가 최소가 될 조건은 $\dfrac{dP}{dy} = 0$를 만족해야 한다.

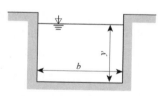

그림 8-4 구형 단면

$$\left(\frac{dP}{dy} - 2\right)y + P - 2y = \frac{2}{5}CP^{-\frac{3}{5}}\frac{dP}{dy}$$

$\dfrac{dP}{dy} = 0$을 대입하면

$$P = 4y, \ b = 2y$$

(e)

그러므로 직사각형 단면의 최량수력단면은 깊이 y가 밑변 b의 1/2이 될 때이다.

2. 사다리꼴(제형) : 사다리꼴 단면에서 단면에 대한 경제적인 수로단면

$$P = 2\sqrt{3}\,y, \quad b = \frac{2\sqrt{3}}{3}y, \quad A = \sqrt{3}\,y^2 \tag{f}$$

즉, 경제적인 사다리꼴 단면이 되려면 $P = 3b$가 되어야 한다. 다시 말하면 경사면과 밑면의 길이가 같아야 한다. 그리고 $\tan\theta = \dfrac{1}{m} = \sqrt{3}$ 인 관계로부터 $\theta = 60°$가 됨을 알 수 있다. 따라서 경제적인 사다리꼴 단면은 정육각형의 반쪽과 같다.

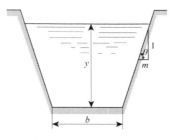

그림 8-5 수로의 단면

개념예제

5. 폭이 b, 깊이가 y인 직사각형 단면에서 경제적인(효율) 단면은?

  ㉮ $y = 2b$ ㉯ $b = 2y$ ㉰ $y = 4b$ ㉱ $b = \dfrac{3}{2}y$

 Sol) 직사각형 단면인 경우 최대효율단면(경제적인 수로단면)은 폭(b)이 깊이(y)의 2배가 될 때이다.
    즉, $b = 2y$ **답** ㉯

6. 다음 그림의 개수로는 대패질이 안 된 나무로 만들어졌다. 이 개수로의 경사도가 0.0008일 때 유량 Q는 몇 [m³/s]인가? (단, 조도계수 n은 0.013이다.)

  ㉮ 1.72
  ㉯ 2.72
  ㉰ 3.72
  ㉱ 4.72

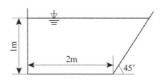

 Sol) 단 면 적 $A = 2 \times 1 + \dfrac{1}{2}(1 \times 1) = 2.5\,[\text{m}^2]$

    접수길이 $P = 1 + 2 + \dfrac{1}{\cos 45°} = 4.414\,[\text{m}]$

    수력반지름 $R_h = \dfrac{A}{P} = \dfrac{2.5}{4.414} = 0.566\,[\text{m}]$

    유   량 $Q = \dfrac{1}{0.013} \times (2.5) \times (0.566)^{\frac{2}{3}} \times (0.0008)^{\frac{1}{2}} = 3.72\,[\text{m}^3/\text{sec}]$ **답** ㉰

8-4 비에너지(specific energy)와 임계깊이(critical depth)

y_c수로의 바닥면으로부터 에너지선($E.L.$)까지의 높이를 비에너지로 정의한다.
비에너지를 E로 표시하면

$$E = y + \frac{V^2}{2g} \tag{g}$$

이 식을 유량 Q로 표시하면

$$E = y + \frac{1}{2g}\left(\frac{Q}{A}\right)^2$$

넓은 폭을 갖는 구형단면에서 단위폭당 유량을 q로 표시하면 $V = \dfrac{q}{y}$이고

$$E = y + \frac{1}{2g}\left(\frac{q}{y}\right)^2 \tag{h}$$

$$q = \sqrt{2g(y^2 E - y^3)} \tag{i}$$

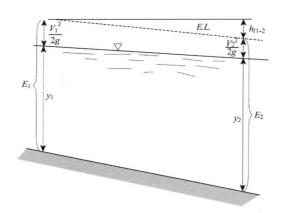

그림 8-6 개수로 흐름에서의 비에너지

식(i)로부터 y와 E의 관계 및 y와 q의 관계를 얻을 수 있다. 또, 비에너지선도와 유량선도로부터 임계깊이(critical depth) y_c가 존재함을 알 수 있다. 임계깊이 y_c보다 깊은 깊이의 흐름을 아임계흐름(subcritical flow)이라 하고 y_c보다 얕은 깊이의 흐름을 초임계흐름(supercritical)이라 한다. 개수로에서 임계깊이 y_c의 값은 에너지 E를 y에 대하여 미분한 것을 0으로 놓으면 구할 수 있다.

$$\frac{dE}{dy} = 1 + \frac{q^2}{2g}\left(\frac{-2}{y^3}\right) = 0$$

그러므로

$$q = \sqrt{gy_c^3} \implies y_c = \left(\frac{q^2}{g}\right)^{\frac{1}{3}} \tag{j}$$

임계깊이 y_c 에서의 속도를 V_c 로 표시할 때 임계상태에서의 유량은 $q = V_c\,y_c$ 이고 $q = \sqrt{gy_c^3}$ 이므로 임계속도 V_c 는 다음과 같이 된다.

$$V_c = \sqrt{gy_c} \tag{k}$$

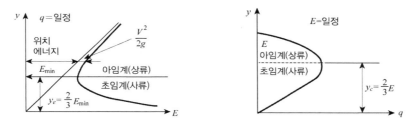

그림 8-7 비에너지선도와 유량선도

---

7. 폭 4[m]의 직사각형 수로에서 비에너지가 $E = 3$[m]일 때 최대유량은 몇 [m³/s]인가?

　⑦ 2.62　　　　　 ④ 3.62　　　　　 ⑤ 35.4　　　　　 ⑥ 36.2

Sol) 임계깊이 $y_c = \frac{2}{3}E = \frac{2}{3}\times3 = $ [m]

임계깊이에서 유량이 최대이므로 $y_c = \left(\frac{q_2}{g}\right)^{\frac{1}{3}}$: $2 = \left(\frac{q^2}{9.8}\right)^{\frac{1}{3}}$

$q^{\frac{2}{3}} = 2\times(9.8)^{\frac{1}{3}}$ ∴ $q = 8.85\,[\text{m}^2/\text{s·m}]$

따라서 최대유량 $Q = bq = 4\times8.85 = 35.4\,[\text{m}^3/\text{sec}]$　　　　　**답** ⑤

8. 직사각형 수로에서 단위폭당 유량이 0.532[m³/s]일 때 임계깊이 y_c[m]와 임계속도 V_c[m/s]는?

　⑦ $y_c = 0.61,\ V_c = 4.743$　　　　　 ④ $y_c = 0.51,\ V_c = 3.743$

　⑤ $y_c = 0.41,\ V_c = 2.743$　　　　　 ⑥ $y_c = 0.31,\ V_c = 1.743$

Sol) 임계깊이　　$y_c = \left(\frac{q^2}{g}\right)^{\frac{1}{3}} = \sqrt[3]{\frac{q^2}{1}} = \sqrt[3]{\frac{(0.532)^2}{9.8}} = 0.31\,[\text{m}]$

임계속도　　$V_c = \sqrt{gy_c} = \sqrt{9.8\times0.31} = 1.743\,[\text{m/sec}]$　　　　　**답** ⑥

8-4   수력도약(hydraulic jump)

1. 수력도약의 발생조건

1) 개수로에서 수로의 경사가 급경사로부터 완만한 경사로 변하게 될 때

2) 흐름의 조건이 초임계유동에서 아임계흐름으로 바뀌는 구역

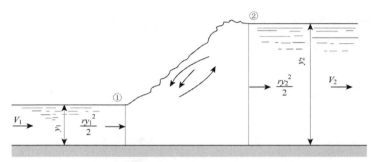

그림 8-8 수력도약(hydraulic jump)

2. 수력도약의 이용

1) 하천의 급류를 감속시켜 하상의 파괴를 방지한다.

2) 하수처리 과정에서 화약약품을 혼합시켜 주는 데 이용된다.

$$\text{수력도약 후의 수로깊이 } y^2 = \frac{+y_1}{2}\left[-1 + \sqrt{1 + \frac{8V_1^2}{gy_1^3}}\right] [\text{m}] \tag{l}$$

또는

$$y_2 = \frac{-y_1}{2} + \sqrt{\left(\frac{y_1}{2}\right)^2 + 2\frac{V_1^2 y_1}{g}} [\text{m}] \tag{m}$$

①, ② 단면에 베르누이 방정식을 적용시키면 수력도약에 있어서의 수두손실 h_L을 구할 수 있다.

$$\frac{V_1^2}{2g} + y_1 = \frac{V_2^2}{2g} + y_2 + h_L$$

여기서

$$h_L = \frac{(y_2 - y_1)^3}{4y_1 y_2} \tag{n}$$

개념예제

9. 수력도약이란?

㉮ 아임계흐름에서 초임계흐름으로 변할 때 나타나는 현상이다.

㉯ 유체가 빠른 흐름에서 느린 흐름으로 연결되면서 수심이 깊어지는 현상이다.

㉰ 비정상 균일유동에서 흔히 일어나는 현상이다.

㉱ 흐르고 있는 유체 속에 있는 밸브를 급히 닫을 때 일어나는 현상이다.

Sol) 수력도약(hydraulic jump)이란 개수로 유동에서 유체의 흐름이 빠른 흐름에서 갑자기 느린 흐름으로 바뀔 때 액면이 급격히 상승하는 현상을 말한다. 즉, 운동에너지가 위치에너지로 바뀌는 현상을 의미한다. **답** ㉯

10. 수력도약이 일어나기 전을 $y_1 = 3[\text{m}]$, $V_1 = 8[\text{m/sec}]$라 하면, 수력도약 후 깊이 y_2는 몇 [m]인가?

㉮ 2.76 ㉯ 3.37 ㉰ 4.93 ㉱ 5.17

Sol) 수력도약 후의 깊이(y_2) 구하는 공식으로부터

$$y_2 = \frac{y_1}{2}\left(-1 + \sqrt{\frac{8V_1^2}{gy_1}}\right) = \frac{3}{2}\left(-1 + \sqrt{1 + \frac{8 \times 8^2}{9.8 \times 3}}\right) = 4.93[\text{m}]$$

답 ㉰

11. 수력도약이 일어나기 전후에서의 수심이 각각 2[m], 4[m]이었다. 수력도약으로 인한 손실수두 h_t은 몇 [m]인가?

㉮ 0.25 ㉯ 0.45 ㉰ 0.75 ㉱ 0.87

Sol) 손실수두 구하는 공식으로부터

$$h_t = \frac{(y_2 - y_2)^3}{4y_1 y_2} = \frac{(4-2)^3}{4 \times 2 \times 4} = 0.25[\text{m}]$$

답 ㉮

제8장 적중 예상문제

01

개수로 흐름이란?

㉮ 유체의 자유표면이 대기와 직접 접한 상태에서 흐르는 흐름을 말한다.

㉯ 경사도가 항상 일정한 흐름이다.

㉰ 용기 속에서 완전히 밀폐된 상태로 흐른다.

㉱ 폐수로 흐름에 비해서 유속이 항상 적은 상태의 흐름이다.

02

개수로 흐름에 있어서 등류(uniform flow)를 얻을 수 있는 경우는?

㉮ 실제유체의 경우에만 얻을 수 있다.

㉯ 이상유체의 흐름에서만 얻을 수 있다.

㉰ 실제유체의 경우 유체의 가속되려는 힘과 마찰력이 서로 평형을 이룰 때 얻어진다.

㉱ 이상유체에서 경사가 점점 급하게 될 때 얻어진다.

03

개수로에서 경제적인 단면이란?

㉮ 비용과는 관계없이 단단한 단면을 말한다.

㉯ 접수길이를 최대로 하는 단면이다.

㉰ 마찰을 적게 하여 마찰손실을 적게 하는 단면을 말한다.

㉱ 주어진 유량에 대하여 접수길이를 최소로 하는 단면이다.

04

직사각형(구형) 수로에서의 경제적인 단면은?
(단, 폭은 b 이고 높이는 y 이다.)

㉮ $y = b$ ㉯ $y = \dfrac{b}{2}$ ㉰ $y = 2b$ ㉱ $y = b^2$

해설 및 정답

01

개수로(open channel) 흐름이란 액체의 흐름에 있어서 그 유체의 자유표면이 대기와 직접 접한 상태에서 흐르는 흐름을 말하며, 이 유동은 수로와 액면의 경사에 의해서 일어난다.

답 ㉮

02

등류란 실제유체에 있어서 유체의 가속되려는 힘과 마찰력이 서로 평형을 이룰 때 얻어진다.

답 ㉰

03

경제적인 수로단면이란 접수길이를 최소로 하는 것 즉, 접수길이(wetted perimeter)를 최소로 하는 단면을 말한다.

답 ㉱

04

직사각형 수로단면에서의 경제적인 수로단면 즉, 최량수력단면은 폭이 높이의 2배일 때이다.

답 ㉯

05

개수로에서 수력도약이 일어나는 경우는?

㉮ 수로의 경사가 완만한 경사로부터 급경사로 이어질 때
㉯ 수로의 경사가 급경사로부터 완만한 경사로 이어질 때
㉰ 수로의 경사가 점점 급하게 될 때
㉱ 수로의 경사가 변화되지 않을 때

06

개수로 흐름에서의 전단응력은?

㉮ 수력반지름에 비례한다.
㉯ 수력반지름에 반비례한다.
㉰ 수면의 경사도에 반비례한다.
㉱ 수력반지름과 수면의 경사도에 비례한다.

07

유도단면이 30[cm]×15[cm]인 폐유도에 액체가 가득 차 흐른다. 수력지름은?

㉮ 5[cm]
㉯ 10[cm]
㉰ 15[cm]
㉱ 20[cm]

08

깊이가 1[m]이고, 폭이 2[m]인 개수로의 수력반지름(R_h)은 몇 [m]인가?

㉮ 0.33
㉯ 0.5
㉰ 0.75
㉱ 2.5

09

폭이 4[m]이고 깊이가 2[m]인 직사각형 수로에 14.56[m³/sec]의 물이 흐른다. 이 개수로의 경사가 0.0004일 때 개수로의 마찰계수는 얼마인가?

㉮ 0.0109
㉯ 0.0142
㉰ 0.02727
㉱ 0.4236

05
수력도약(hydraulic jump)이란 개수로의 흐름에서 액체의 흐름이 빠른 흐름(초임계흐름)에서 갑자기 느린 흐름(아임계흐름)으로 변할 때 액면이 급격히 상승하는 현상을 말한다.

답 ㉯

06
개수로 흐름에서의 전단응력은 수력반지름에 비례한다.

답 ㉮

07
수력반지름
$$R_h = \frac{유동단면적(A)}{접수길이(P)} = \frac{30 \times 15}{2(30+15)} = 5[cm]$$
따라서 수력지름 $D = 4R_h = 4 \times 5 = 20[cm]$

답 ㉱

08
수력반지름
$$R_h = \frac{유동단면적(A)}{접수길이(P)} = \frac{1 \times 2}{1 \times 2 + 2} = 0.5[m]$$

답 ㉯

09
체지 또는 만량의 방정식으로부터
$$Q = \frac{1}{n} A R_h^{\frac{2}{3}} S^{\frac{1}{2}} \qquad A = 4 \times 2 = 8[m]$$
$$R_h = \frac{4 \times 2}{4 + 2 \times 2} = 1[m] \quad S = 0.0004$$
$$n = \frac{1}{Q} \cdot A$$
$$R_h^{\frac{2}{3}} \cdot S^{\frac{1}{2}} = \frac{1}{14.56} \times 8 \times 1^{\frac{2}{3}} \times (0.0004)^{\frac{1}{2}}$$
$$= 0.0109$$

답 ㉮

10

콘크리트로 된 직사각형 수로의 폭은 6[m]이고 깊이는 2[m]일 때 마찰계수 $n=0.016$이다. 체지상수 C는 얼마인가?

㉮ 64.2   ㉯ 75.2

㉰ 92.3   ㉱ 105

11

물이 흐르고 있는 개수로의 폭은 4[m]이고 깊이는 2[m]이다. 수로의 경사는 10000[m]에 대하여 4[m]의 차가 있다면 유량은 몇 [m³/s]이겠는가? (단, $n=0.015$이다.)

㉮ 7.8   ㉯ 10.67

㉰ 25.3   ㉱ 32.4

12

개수로에서 물의 깊이 $y=2$[m]이고, 속도 $V=8.02$[m/s]일 때 비(比)에너지는 몇 [m]인가?

㉮ 5.28   ㉯ 2.41

㉰ 4.73   ㉱ 9.26

13

폭이 15[m]인 수문하류에 수력도약이 발생하고 있다. 수력도약이 일어나기 전의 물의 깊이는 1[m]이고 유속은 20[m/sec]이다. 수력도약 후 물의 깊이는 몇 [m]인가?

㉮ 4.54   ㉯ 6.54

㉰ 7.54   ㉱ 8.54

14

[문제 13]에서 수력도약에서의 수두손실은 몇 [m]인가?

㉮ 10.4   ㉯ 11.4

㉰ 12.4   ㉱ 14.4

해설 및 정답

10

체지상수 $C=\frac{1}{n}R_h^{\frac{1}{6}}$

수력반지름

$(R_h)^{\frac{1}{6}}=\frac{A}{P}=\frac{2\times6}{6+2\times2}=1.2$[m]

$\therefore\ C=\frac{1}{n}R_h^{\frac{1}{6}}=\frac{1}{0.016}\times(1.2)^{\frac{1}{6}}=64.4$

답 ㉮

11

$Q=AV=A\frac{1}{n}R_h^{\frac{2}{3}}S^{\frac{1}{2}}$

$=(4\times2)\times\frac{1}{0.015}\times\left(\frac{8}{8}\right)^{\frac{2}{3}}\cdot(0.0004)^{\frac{1}{2}}$

$=10.67$[m³/s]

답 ㉯

12

$E=y+\frac{V^2}{2g}=2+\frac{8.02^2}{2\times9.81}=5.28$[m]

답 ㉮

13

수력도약 후의 깊이

$y_2=\frac{y_1}{2}\left(-1+\sqrt{1+\frac{8V_1^2}{gy_1}}\right)$

$=\frac{1}{2}\left(-1+\sqrt{\frac{8\times20^2}{9.8\times1}}\right)=8.54$[m]

답 ㉱

14

수력도약에 의한 수두손실

$h_t=\frac{(y_2-y_1)^3}{4y_1y_2}=\frac{(8.5-1)^3}{4\times8.5\times1}=12.4$[m]

답 ㉰

15

폭이 15[m]인 직사각형 단면 수로에 17.5[m³/s]의 물이 1.2[m] 깊이로 흐를 때 1.2[m] 깊이에서 등류(uniform flow)가 되기 위한 수로의 경사는 얼마인가? (단, 마찰계수 $n=0.015$로 한다.)

㉮ 0.000103   ㉯ 0.000203

㉰ 0.000303   ㉱ 0.0004

16

폭이 10[m]인 직사각형 단면수로에 15[m³/s]의 물이 흐르고 있을 때 물의 깊이는 2[m]이다. 이 개수로의 유동상태는?

㉮ 임계 유동   ㉯ 아임계 유동

㉰ 수력도약   ㉱ 초임계 유동

17

깊이에 비하여 너비가 매우 넓은 개수로에서 수력반지름은?

㉮ $\dfrac{y}{3}$ ㉯ $\dfrac{y}{2}$ ㉰ $\dfrac{2y}{3}$ ㉱ y

18

다음 그림에서 사다리꼴 단면의 수력반지름을 구하라.

㉮ $\dfrac{H(B-H\cos\theta)}{b+2H\,\text{cosec}\,\theta}$

㉯ $\dfrac{H(B-H\cot\theta)}{b+2H\,\text{cosec}\,\theta}$

㉰ $\dfrac{H(B-2H\cot\theta)}{b+H\,\text{cosec}\,\theta}$

㉱ $\dfrac{H(B-2H\cot\theta)}{b-H\,\text{cosec}\,\theta}$

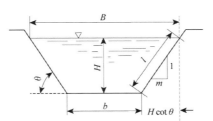

19

단위폭당의 유량이 2[m³/sec]일 때 임계깊이 y_c는 몇 [m]인가?

㉮ 0.74[m]   ㉯ 0.46[m]

㉰ 1.25[m]   ㉱ 1.52[m]

해설 및 정답

15

$$Q = \frac{1}{n} A R_h^{\frac{2}{3}} S^{\frac{1}{2}}, \quad S = \left(\frac{Qn}{A R_h^{\frac{2}{3}}}\right)^2,$$

$$R_h = \frac{15 \times 1.2}{15 + 2.4} = 1.03$$

$$S = \left(\frac{17.5 \times 0.015}{15 \times 1.2 \times 1.03^{\frac{2}{3}}}\right) = 0.000203$$

답 ㉯

16

단위폭당 유량

$$q = \frac{15}{10} = 1.5[\text{m}^3/\text{s·m}]$$

임계깊이

$$y_c = \sqrt[3]{\frac{q^2}{g}} = \sqrt[3]{\frac{(1.5)^2}{9.8}} = 0.612[\text{m}]$$

$y > y_c$이므로 아임계 유동이다.

답 ㉯

17

$$R_h = \frac{L \cdot y}{L + 2y}, \quad L \gg 2y$$

$$\therefore R_h \fallingdotseq \frac{L \cdot y}{L} = y$$

답 ㉱

18

$$B = b + 2H\cot\theta$$
$$b = B - 2H\cot\theta$$
$$P = b + 2l = b + 2H\,\text{cosec}\,\theta$$
$$A = \frac{1}{2}(B+b)H = H(B - H\cot\theta)$$
$$\quad = H(b + H\cot\theta)$$
$$R_h = \frac{A}{P} = \frac{H(B - H\cot\theta)}{b + 2H\,\text{cosec}\,\theta}$$

답 ㉯

19

$$y_c = \sqrt[3]{\frac{q^2}{g}} = \sqrt[3]{\frac{2^2}{9.8}} = 0.74[\text{m}]$$

답 ㉮

20

수로폭이 6[m]인 사각형 수로에서 11[m³/sec]의 물이 흐르고 있다. 임계유속을 구하라.

㉮ 2.62[m/sec]　　　㉯ 0.7[m/sec]

㉰ 5.12[m/sec]　　　㉱ 4.25[m/sec]

20

임계수심

$$y_c = \sqrt[3]{\frac{\left(\frac{Q}{b}\right)^2}{g}} = 0.7[m]$$

임계유속

$$V_c = \sqrt{gy_c} = \sqrt{0.7 \times 9.8} = 2.62[m/sec]$$

답 ㉮

21

수력도약이 일어나기 전후에서의 수로 깊이가 1.5[m], 9.24[m]이었다. 수력도약으로 인한 손실수두는 얼마인가?

㉮ 8.36[m]　　　㉯ 9.24[m]

㉰ 5.42[m]　　　㉱ 2.45[m]

21

$$h_l = \frac{(y_2 - y_1)^3}{4y_1 y_2} = \frac{(9.24 - 1.5)^3}{4 \times 1.5 \times 9.24} = 8.36[m]$$

답 ㉮

22

수력도약(hydraulic jump)이란?

㉮ 폐수로에서 액체가 흐를 때 갑자기 단면이 넓어져 유속이 감소되며 속도에너지가 압력에너지로 변하는 현상이다.

㉯ 개수로에서 액체가 흐를 때 갑자기 유로를 차단하면 압력파가 생기는 현상이다.

㉰ 개수로에서 액체가 흐를 때 단면의 증가나 수로경사의 완만으로 유속이 갑자기 감소되었을 때 유면이 갑자기 상승하는 현상이다.

㉱ 폐수로에서 액체가 흐를 때 단면의 증가나 수로경사의 완만으로 유량이 갑자기 감소되었을 때 액면이 갑자기 상승하는 현상이다.

22

수력도약이란 개수로에서 액체의 유동이 빠른 흐름에서 갑자기 느린 흐름으로 바뀔 때 액면이 급격히 상승하는 현상이다.

답 ㉰

23

수력도약 전의 유속과 유면의 깊이를 각각 V_1, y_1이라 할 때 수력도약이 일어나는 조건은?

㉮ $\frac{V_1^2}{gy_1} = 0$　　　㉯ $\frac{V_1^2}{gy_1} > 1$

㉰ $\frac{V_1^2}{gy_1} < 1$　　　㉱ $\frac{V_1^2}{gy_1} = 1$

23

수력도약이 일어날 수 있는 조건은 $\frac{V_1^2}{gy_1} > 1$일 때이다.

답 ㉯

24

수력도약이 일어나는 원인은?

㉮ 개수로에서 유로단면이 갑자기 증가하면 액체가 팽창하기 때문이다.

㉯ 개수로에 흐르는 액체의 운동에너지가 갑자기 위치에너지로 변하기 때문이다.

㉰ 개수로에서 유속의 갑작스런 감소로 생기는 에너지 손실 때문이다.

㉱ 수력도약은 비가역과정이므로 비가역량만큼 수면이 상승한다.

24

개수로에 흐르는 액체의 운동에너지(kinematic energy)가 위치에너지(potential energy)로 바뀌는(변하는) 현상을 수력도약이라 한다.

답 ㉯

25

수력도약이 일어나면?

㉮ 유량이 감소하게 된다.

㉯ 유속은 빨라지고 물의 깊이가 감소된다.

㉰ 유속은 더욱 빨라진다.

㉱ 유속은 느려지고 물의 깊이가 갑자기 증가한다.

25

수력도약이 발생되면 유속이 느려지고 따라서 물의 깊이가 급격히 증가한다.

답 ㉱

26

상류(tranquil flow)유동을 얻을 수 있는 경우는? (단, 여기서 Re는 레이놀드수이고, F_r는 프루드수이다.)

㉮ $F_r < 1$ ㉯ $F_r > 1$ ㉰ $Re < 500$ ㉱ $Re > 500$

26

상류란 유동속도가 기본파의 진행속도보다 느릴 때의 흐름으로 프루드수가 $F_r < 1$일 때 일어난다.

답 ㉮

27

아임계흐름(상류)이 일어나는 경우는?

㉮ 표준깊이 이상일 때 ㉯ 표준깊이 이하일 때

㉰ 임계깊이 이상일 때 ㉱ 임계깊이 이하일 때

27

아임계흐름이란 임계깊이보다 깊게 흐르는 개수로의 흐름으로 프루드수가 $F_r < 1$일 때 일어난다.

답 ㉰

28

그림과 같은 삼각형 수로에 물이 등류상태로 흐르고 있다. 이 수로의 경사도가 1/200일 때 접수길이에 작용하는 전단응력은 몇 [N/m²]인가? (단, 물의 비중량은 $\gamma = 9800$[N/m³]이다.)

㉮ 21.9

㉯ 10.6

㉰ 31.3

㉱ 16.7

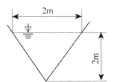

28

단면적 A와 접수길이 P는

$A = \dfrac{1}{2}(2 \times 2) = 2$ [m²]

$P = 2\sqrt{1^2 + 2^2} = 2\sqrt{5}$ [m]

수력반지름 $R_h = \dfrac{A}{P} = \dfrac{2}{2\sqrt{5}} = 0.447$ [m]

따라서 전단응력

$\tau_0 = \gamma R_h S = 9800 \times 0.447 \times \dfrac{1}{200}$

$= 21.9$ [N/m²]

답 ㉮

29

폭 2.4[m]의 직사각형 수로에서 비에너지가 $E=1.5$[m]일 때 최대 유량은 몇 [m³/s]인가?

㉮ 3.62

㉯ 2.62

㉰ 3.13

㉱ 8.96

30

그림과 같은 사다리꼴의 수로에 물이 24[m³/s]로 흐를 때 비에너지 (specific energy)는 몇 [m]인가?

㉮ 1.5

㉯ 2.7

㉰ 2.2

㉱ 3.1

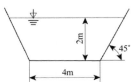

31

$y_1=3$[m], $V_1=0.3$[m/s]일 때 수력도약이 일어나는가?

㉮ 일어난다.

㉯ 일어나지 않는다.

㉰ 답이 없다.

㉱ 일어날 수도 일어나지 않을 수도 있다.

29

임계깊이 $y_c=\dfrac{2}{3}E=\dfrac{2}{3}\times1.5=1$[m]

임계깊이에 유량이 최대이므로

$y_c=\left(\dfrac{q^2}{g}\right)^{\frac{1}{3}}:1=\left(\dfrac{q^2}{9.8}\right)^{\frac{1}{3}}$

$\therefore q=3.13\,[\mathrm{m^3/s\cdot m}]$

답 ㉰

30

사다리꼴 면적 $A=4\times2+2\times2=12\,[\mathrm{m^2}]$

유속 $V=\dfrac{24}{12}=2\,[\mathrm{m/s}]$

비에너지 $E=y+\dfrac{V^2}{2g}=2\times\dfrac{2^2}{2\times9.8}=2.2$[m]

답 ㉰

31

$\dfrac{V_1^2}{gy_1}=\dfrac{(0.3)^2}{9.8\times3}=3.06\times10^{-3}<1$

$\therefore$ 수력도약이 일어나지 않는다.

답 ㉯

01

벽돌로 만든 직사각형(구형)개수로의 폭은 6[m]이고 바닥의 경사는 0.0001이다. 실험결과에 의하면 $n = 0.014$이다. 유량이 10[m³/s]일 때 이 개수로의 등류가 되는 깊이는 몇 [m]인가?

㉮ 3.62 　　　　㉯ 2.05
㉰ 1.76 　　　　㉱ 3.04

02

250[m³/s]의 물을 0.0004의 경사를 갖는 수로를 이용하여 배수하려고 한다. 이때 경제적인 사다리꼴 단면의 크기를 결정하라. (단, $n = 0.013$이다.)

㉮ $b = 6.53,\ y = 6.53$ 　　　　㉯ $b = 7.54,\ y = 7.54$
㉰ $b = 6.54,\ y = 7.54$ 　　　　㉱ $b = 7.54,\ y = 6.53$

03

폭이 12[m]이고 깊이가 1.2[m]인 직사각형 단면의 개수로에 물이 14[m³/s]씩 흐른다. 이 흐름의 임계경사 S_c는 얼마인가? (단, $n = 0.017$이다.)

㉮ 0.004 　　　　㉯ 0.0035
㉰ 0.00025 　　　　㉱ 0.0004

해설 및 정답　　㉮㉯㉰㉱

01

등류가 되는 깊이를 y 라 하면
$$A = 6y,\ P = 6 + 2y,\ R_k = \frac{6y}{6+2y}$$
$$Q = \frac{1}{n} A R_h^{\frac{2}{3}} S^{\frac{1}{2}} \text{로부터}$$
$$10 = \frac{1}{0.014} \times 6y \times \left(\frac{6y}{6+2y}\right)(0.0001)^{\frac{1}{2}}$$
$$y\left(\frac{6y}{6+2y}\right)^{\frac{2}{3}} = 2.33$$
위 식은 간단히 풀기 곤란하므로 시행착오법으로 풀어야 한다.
∴ $y = 2.05$

답 ㉯

02

경제적인 사다리꼴 단면의 경우
$$P = 2\sqrt{3}\,y,\ b = 2\frac{\sqrt{3}}{2}y,\ A = \sqrt{3}\,y^2$$
$$R_h = \frac{A}{P} = \frac{\sqrt{3}\,y^2}{2\sqrt{3}\,y} = \frac{y}{2}$$
$$250 = \frac{1}{0.013}(\sqrt{3}\,y^2)\left(\frac{y}{2}\right)^{\frac{2}{3}}(0.0004)^{\frac{1}{2}}$$
$$y^{\frac{8}{3}} = 148.9,\ y = 6.53[\text{m}]$$
∴ $b = 2\frac{\sqrt{3}}{3} \times 6.53 = 7.54[\text{m}]$

답 ㉱

03

임계경사 $S_c = \dfrac{gn^2}{y^{\frac{1}{3}}}$
$$q = \sqrt{gy_c^3}$$
$$y_c^3 = \frac{q^2}{g} = \frac{\left(\frac{14}{12}\right)^2}{9.81} = 0.139$$
$$y_c = 0.52[\text{m}]$$
$$S_c = \frac{9.81(0.017)^2}{(0.52)^{\frac{1}{3}}} = 0.0035$$

답 ㉯

04

그림과 같이 3각 위어에서 수도가 25[cm]일 때의 유량을 구하라.
(단, 유량계수를 0.62로 한다.)

㉮ 0.78[ℓ/sec]

㉯ 78[ℓ/sec]

㉰ 68[ℓ/sec]

㉱ 70[ℓ/sec]

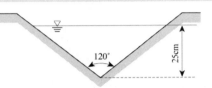

$$Q = \frac{8}{15} C \tan\theta \sqrt{2g}\, H^{\frac{5}{2}}$$

$$= \frac{8}{15} \times 0.62 \times \tan\frac{120°}{2} \times \sqrt{2 \times 9.8} \times 0.25^{\frac{5}{2}}$$

$$= 0.53 \times 0.62 \times 1.732 \times \sqrt{19.6} \times (0.5)^5$$

$$= 0.078\,[\mathrm{m^3/sec}]$$

$$= 78\,[\ell/\mathrm{sec}]$$

답 ㉯

05

다음 그림에서 수력반지름을 구하라.

㉮ $\dfrac{1}{2}$

㉯ $\dfrac{1}{3}$

㉰ 1

㉱ $\dfrac{1}{4}$

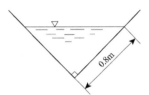

$$A = \frac{0.8 + 0.8}{2} = 0.8\,[\mathrm{m}]$$

$$P = 0.8 + 0.8 + 1.6\,[\mathrm{m}]$$

$$R_h = \frac{A}{P} = \frac{0.8}{1.6} = \frac{1}{2}\,[\mathrm{m}]$$

답 ㉮

06

그림에서 2각형의 V노치위어에서의 유량을 구하는 식은?

㉮ $H^{\frac{1}{2}}$

㉯ $H^{-\frac{1}{2}}$

㉰ $H^{\frac{5}{2}}$

㉱ $H^{\frac{3}{2}}$

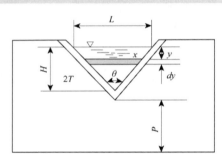

그림에서 자유표면으로부터 y의 깊이에 있는 점의 유속은 자유낙하속도와 같다.
즉, $V = \sqrt{2gy}$

따라서 유량 $Q = \displaystyle\int v\,dA = \int_0^H vx\,dy$

그런데 3각형의 관계로부터 $\dfrac{x}{H-y} = \dfrac{L}{H}$

다시 이 값을 대입하면

$$Q = \sqrt{2g}\,\frac{L}{H}\int_0^H y^{\frac{1}{2}}(H-y)\,dy$$

$$= \frac{4}{15}\sqrt{2g}\,\frac{L}{H}\cdot H^{\frac{5}{2}}$$

$$Q' = kH^{\frac{5}{2}}\,[\mathrm{m^3/min}]$$

답 ㉰

07

수력실험에서 14.56[cfs]의 유량이 폭 4[ft], 깊이 2[ft]의 직사각형 수로에서 유동하고 있는 것을 측정하였다. 수로의 경사가 0.0004이면 이 수로의 라이닝(lining)에 대한 조도계수는 얼마인가?

㉮ $n = 0.0163$

㉯ $n = 0.0613$

㉰ $n = 0.45$

㉱ $n = 0.54$

매닝(Manning) 공식을 이용하면

$$Q = 14.56 = A \frac{1.486}{n} R_h^{\frac{2}{3}} S^{\frac{1}{2}}$$

$$= (4 \times 2)\frac{1.486}{n}\left(\frac{4 \times 2}{8}\right)^{\frac{2}{3}}(0.0004)^{\frac{1}{2}}$$

$$n = 0.0163$$

답 ㉮

08

만약 물이 2[ft] 깊이로 유동할 때 4/10000 경사로 놓인 4[ft] 폭의 시멘트라이닝한 수로(cement-lined channel)에서 기대할 수 있는 유량은 얼마인가? (단, 마찰계수는 $n = 0.015$이다.)

㉮ 15.9[cfs]
㉯ 25.8[cfs]
㉰ 35.8[cfs]
㉱ 45.8[cfs]

09

4각 단면의 수로에서 마찰저항을 적게 하는 가장 경제적인 단면은? (단, 폭은 B이고 수심을 h라 한다.)

㉮ $B = \frac{1}{2}h$
㉯ $B = 2h$
㉰ $B = \frac{2}{3}h$
㉱ $B = 3h$

10

벽돌로 된 직사각형 수로의 등류깊이가 1.7[m]이고 폭이 6[m]이며 경사는 0.0001이다. 마찰계수가 $n = 0.016$일 때 유량은 얼마인가?

㉮ 10[m³/sec]
㉯ 20[m³/sec]
㉰ 30[m³/sec]
㉱ 40[m³/sec]

11

직사각형 수로가 200[cfs]를 운반한다. 폭 12[ft]에 대한 임계깊이와 임계속도를 구하라.

㉮ $y_c = 2.05$[ft], $V_c = 8.12$[ft/sec]
㉯ $y_c = 8.12$[ft], $V_c = 2.05$[ft/sec]
㉰ $y_c = 5.02$[ft], $V_c = 2.81$[ft/sec]
㉱ $y_c = 2.84$[ft], $V_c = 5.02$[ft/sec]

해설 및 정답

08

$$Q = AV = A\frac{1.486}{n}R_h^{\frac{2}{3}}S^{\frac{1}{2}}$$
$$= (4 \times 2)\frac{1.486}{0.015}\left(\frac{8}{8}\right)^{\frac{1}{2}}(0.0004)^{\frac{1}{2}}$$
$$= 15.9\,[\text{cfs}]$$

답 ㉮

09

마찰저항을 최소로 하려면 물에 젖는 부분의 둘레를 최소로 하면 된다.
젖음둘레 $l_\omega = B + 2h$, 단면적 $A = Bh$에서
$B = \frac{A}{h}$를 l_ω식에 대입하면
$$l_\omega = \frac{A}{h} + 2h$$
S를 극소로 하는 조건은 $\frac{dl_\omega}{dh} = 0$이므로
$$\frac{dl_\omega}{dh} = -\frac{A}{h^2} + 2 = \frac{-Bh}{h^2} + 2 = \frac{-B}{h} + 2 = 0$$
$$\therefore B = 2h$$
즉, 정사각형의 반이 되는 사각형이 가장 경제적인 단면이다.

답 ㉯

10

$$Q = \frac{1.49}{n}AR_h^{\frac{2}{3}}S^{\frac{1}{2}} \text{에서}$$
$$R_h = \frac{A}{P} = \frac{6 \times 1.7}{(1.7 \times 2 + y)}$$
$$S = 0.0001$$
$$\therefore Q = \frac{1.49}{0.016} \times 6 \times 1.7$$
$$\times \left(\frac{6 \times 1.7}{1.7 \times 2 + 6}\right)^{\frac{2}{3}}(0.0001)^{\frac{1}{2}}$$
$$= 10\,[\text{m}^3/\text{sec}]$$

답 ㉮

11

임계깊이
$$y_c = \sqrt[3]{\frac{q^2}{g}} = \sqrt[3]{\frac{(200/12)^2}{32.2}} = 2.05\,[\text{ft}]$$
임계속도
$$V_c = \sqrt{gy_c} = \sqrt{32.2 \times 2.05} = 8.12\,[\text{ft/sec}]$$

답 ㉮

12

밑바닥의 경사도가 0.0009인 사다리꼴의 개수로가 그림과 같다. 이 개수로가 자갈로 되어 있다고 할 때 등류상태로 얻을 수 있는 유량 Q를 구하라. (단, 자갈의 조도계수 n은 0.029이다.)

㉮ 120.7

㉯ 130.7

㉰ 20.7

㉱ 30.7

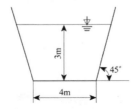

13

30[ft] 폭의 직사각형 수로 3[ft]의 깊이로 유동할 때 270[cfs]를 운반한다. 이 유동은 임계인가, 초임계인가?

㉮ 임계이다.

㉯ 초임계이다.

㉰ 임계일 수도 있고 초임계일 수도 있다.

㉱ 정답이 없다.

14

폭이 10[m], 수심이 2[m]인 직사각형 수로에 물이 20[m³/s]의 유량으로 흐르고 있다. 비에너지 E, 임계깊이 y_c, 임계속도 V_c를 구하라.

㉮ 2.05, 0.74, 2.7

㉯ 0.74, 20.5, 7.2

㉰ 2.05, 7.4, 3.7

㉱ 0.74, 0.74, 2.7

12

면적
$$A = 4 \times 3 + 3 \times 3 = 21\,[\mathrm{m}^2]$$
점수길이
$$P = 4 + 2 \times 3\sqrt{2} = 12.5\,[\mathrm{m}]$$
Chézy–Manning식으로부터 Chézy의 계수를 구하면
$$C = \frac{R_h^{\frac{1}{6}}}{n} = \frac{\left(\frac{21}{212.5}\right)^{\frac{1}{6}}}{0.029} = 37.597\,[\mathrm{m}^{\frac{1}{3}}/\mathrm{s}]$$
따라서 유량
$$Q = CA\sqrt{R_h S} = 37.597 \times 21$$
$$\times \sqrt{\left(\frac{21}{12.5}\right) \times 0.0009} = 30.7\,[\mathrm{m}^3/\mathrm{s}]$$

 ㉱

13

$$y_c = \sqrt[3]{\frac{q^2}{g}} = \sqrt[3]{\frac{(270/30)^2}{32.2}} = 1.36\,[\mathrm{ft}]$$
이 유동은 유동의 깊이가 임계깊이보다 크므로 초임계이다.

 ㉯

14

단위폭당 유량
$$q = \frac{Q}{b} = \frac{20}{10} = 2\,[\mathrm{m}^3/\mathrm{s}\cdot\mathrm{m}]$$
비에너지
$$E = y + \frac{q^2}{2gy^2} = 2 + \frac{2^2}{2 \times 9.8 \times 2^2} = 2.05\,[\mathrm{m}]$$
임계깊이
$$y_c = \left(\frac{q^2}{g}\right)^{\frac{1}{3}} = \left(\frac{2^2}{9.8}\right)^{\frac{1}{3}} = 0.74\,[\mathrm{m}]$$
임계속도
$$V_c = \sqrt{g y_c} = \sqrt{9.8 \times 0.74} = 2.7\,[\mathrm{m}/\mathrm{s}]$$

답 ㉮

15

그림과 같은 사각형 단면의 수로에 물이 $Q = 20[\text{m}^3/\text{s}]$의 유량으로 등류상태로 흐르고 있다. $S = 0.0064$, $n = 0.012$일 때 이 유동상태를 판단하라.

㉮ 상류

㉯ 사류

㉰ 임계흐름

㉱ 느린 흐름

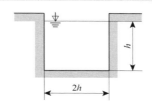

15

단면적 A와 접수길이 P는

$A = 2h^2$, $P = 4h$

수력반지름 $R_h = \dfrac{A}{P} = \dfrac{2h^2}{4h} = \dfrac{h}{2}$

$Q = \dfrac{1}{n} A R_h^{\frac{2}{3}} S^{\frac{1}{2}}$

$20 = \dfrac{1}{0.012}(2h^2)\left(\dfrac{h}{2}\right)^{\frac{2}{3}}(0.0064)^{\frac{1}{2}}$

정리하면

$2.38 = h^{\frac{8}{3}}$

$\therefore h = 1.3845[\text{m}]$

단위폭당 유량

$q = \dfrac{Q}{b} = \dfrac{20}{2 \times 1.3864} = 7.223[\text{m}^3/\text{s·m}]$

이때 임계깊이

$y_c = \left(\dfrac{q^2}{g}\right)^{\frac{1}{3}} = \left(\dfrac{7.223^2}{9.8}\right)^{\frac{1}{3}} = 1.746[\text{m}]$

따라서 $h < y_c$이므로 이 흐름은 초임계흐름(사류)이다.

답 ㉯

제9장. 압축성 유동

9-1   정상유동의 에너지방정식

그림 9-1과 같이 열역학적 계(系)에서 에너지 보존의 법칙에 따라 ① 단면으로 들어온 전에너지 양과 계에 가해진 열량의 합은 ② 단면으로부터 나오는 전에너지의 양과 축에 가해 준 일의 합과 같게 된다. 따라서

$$Q + \left(\frac{P_1}{\gamma} + U_1 + \frac{V_1^2}{2g} + Z_1 \right) \gamma_1 A_1 V_1 = W_S + \left(\frac{P_2}{\gamma} + U_2 + \frac{V_2^2}{2g} + Z_2 \right) \gamma_2 A_2 V_2 \quad \text{(a)}$$

식(a)에서 정상상태의 흐름에 대하여

$$\gamma_1 A_1 V_1 = \gamma_2 A_2 V_2$$

따라서 단위중량에 대한 정상유동의 에너지방정식은

$$q + \left(\frac{P_1}{\gamma} + U_1 + \frac{V_1^2}{2g} + Z_1 \right) = W_S + \left(\frac{P_2}{\gamma} + U_2 + \frac{V_2^2}{2g} + Z_2 \right) \quad \text{(b)}$$

식(b)에 비엔탈피식 $h = U + \dfrac{P}{\gamma}$ 를 대입시키고 또한 일과 열의 주고받음이 없는 경우를 생각하면 에너지방정식은 아래와 같게 된다.

$$h_1 + \frac{V_1^2}{2g} + Z_1 = h_2 + \frac{V_2^2}{2g} + Z_2$$

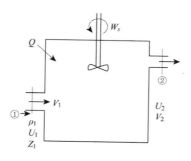

그림 9-1 정상유동의 에너지방정식

특별한 경우 $Z_1 = Z_2$이면

$$h_1 + \frac{v_1^2}{2g} = h_2 + \frac{v_2^2}{2g}$$

$\begin{array}{ll} Q, q & : 계(系)에 가해진 열량 \\ W_s, w_s & : 축(shaft)에 가해 준 일 \\ U & : 내부에너지 \\ \dfrac{P}{\gamma} & : 유동일(flow\ work) \\ \dfrac{V^2}{2g} & : 운동에너지 \\ Z & : 위치에너지 \end{array}$

개념예제

1. 수직으로 세워진 노즐(nozzle)에서 물이 초속 15[m/sec]로 뿜어 올려진다. 마찰손실을 포함한 모든 손실이 무시된다면 그 물은 몇 [m]까지 올라갈 수 있겠는가?

   ㉮ 7.87　　　　　㉯ 8.89　　　　　㉰ 11.48　　　　　㉱ 18.76

   Sol) 내부에너지와 엔탈피는 각각 온도만의 함수이다. 그러므로 물의 온도변화가 없다고 하면 $h_1 = h_2$이다. 그리고
   $Q = 0$, $W_s = 0$이므로 정상유동의 에너지방정식에서 $\dfrac{V_1^2}{2g} + Z_1 = \dfrac{V_2^2}{2g} + Z_2$

   최대 상승높이에서 물의 속도는 $V_2 = 0$이므로 $\dfrac{V_1^2}{2g} = Z_2 - Z_1 = h$

   따라서 $h = \dfrac{(15)^2}{2 \times 9.8} = 11.48 \,[\text{m}]$　　　　　　답 ㉰

9-2　완전기체(perfect gas)에 대한 열역학적 관계

완전기체의 상태방정식은 보일—샤를의 법칙으로부터 유도된 방정식으로 다음과 같다.

$$P_v = RT$$
$$P\frac{1}{\gamma} = RT$$
$$P = \gamma RT\,[\text{N/m}^2]$$

$\begin{array}{ll} P & : 절대압력 \\ v & : 비체적(v = \dfrac{1}{\gamma},\ v = \dfrac{1}{\rho}) \quad (\text{SI 단위인 경우}) \\ R & : 기체상수 \\ T & : 절대온도 \\ \gamma & : 비중량 \end{array}$

POINT

J. P. Joule(1818~1889)은 완전기체의 내부에너지(U)는 온도(T)만의 함수로 나타낼 수 있음을 증명하였다.

즉, $U = f(T)$ 또는 $U = U(T)$

완전기체인 경우 엔탈피(h)도 온도만의 함수이다.

일반식 $h = U + PV = C_v dT + RdT$

즉, $h = f(h)$ 또는 $h = h(T)$

- C_p : 일정한 압력하에서 단위질량의 기체온도를 1[℃] 높이는 데 필요한 열량

  개방계식 $dq = dh - Avdp$ (등압인 경우 $dp = 0$)

  $\therefore$ **정압비열** $\quad C_p = \left(\dfrac{\partial q}{\partial T}\right)_p = \left(\dfrac{dh}{dT}\right)_p \Rightarrow dh = C_p dT$ [kJ/kg]

- C_v : 체적을 일정하게 유지하고 단위질량의 기체온도를 1[℃] 높이는 데 필요한 열량

  밀폐계식 $dq = du - pdv$ (등압인 경우 $dv = 0$)

  $\therefore$ **정적비열** $\quad C_v = \left(\dfrac{\partial q}{\partial T}\right)_v = \left(\dfrac{du}{dT}\right)_v \Rightarrow du = C_v dT$ [kJ/kg]

개념예제

2. 완전기체의 내부에너지는?

    ㉮ 압력만의 함수이다.　　　　　　　㉯ 온도만의 함수이다.

    ㉰ 마찰 때문에 항상 증가한다.　　　　㉱ 정답이 없다.

   Sol) Joule은 완전기체의 내부에너지를 온도만의 함수로 나타낼 수 있음을 증명하였다.

   $u = u(T)$ 　　　　　　　　　　　　　　　　　　　　　　　　　　**답** ㉯

---

1. 비열 간의 관계식

1) 비열비(＝단열지수) : k

$$k = \frac{C_p}{C_v} = \frac{\text{등압비열}}{\text{등적비열}} (C_p > C_v)$$

따라서 x 는 항상 1보다 크다.

2) $C_p - C_v = R$

3) $C_v = \dfrac{R}{k-1}$ [kcal/kg·℃]

4) $C_p = kw = \dfrac{kR}{k-1}$ [kcal/kg·℃]

2. 비엔트로피(ds)

$$[\text{일반식}] \quad ds = \frac{dq}{T} \text{[kcal/kg·°K]}$$

열역학적 계가 주위의 변화를 일으키지 않고 이루어지면서 역과정을 통해 원상태로 되돌려질 수 있는 과정을 가역과정(reversible process)이라 한다.

이 과정에서 $ds = dq/T$이고, 단열과정에서 $dq = 0$이다. 그러므로 가역단열과정에서는 $ds = 0$,

즉, s는 일정하다. 이 같은 가역단열과정을 등엔트로피과정(isentropic process)이라고도 한다. 등엔트로피(또는 가역단열)과정에서 열역학 관계식은 다음과 같다.

$$\frac{T_2}{T_1} = \left(\frac{P_2}{P_1}\right)^{\frac{k-1}{k}} = \left(\frac{V_2}{V_1}\right)^{k-1}$$

개념예제

3. 가역단열과정에서 엔트로피 변화 dS는?

   ㉮ $dS = 1$ ㉯ $dS = 0$

   ㉰ $dS > 1$보다 항상 크다.   ㉱ $0 < dS < 1$

   Sol) 가역단열과정이란 외부와 열의 출입이 없는 과정, 즉, $dq = 0$

         따라서 엔트로피 일반식 $ds = \dfrac{dq}{T}$ 으로부터 $ds = 0$ **답** ㉯

4. 압력 $p_1 = 100[\text{kPa}\cdot\text{abs}]$, $t = 20[\text{℃}]$의 공기 5[kg]이 등엔트로피 변화하여 75[kcal]의 열량을 방출하고 160[℃]로 되었다면 최종의 압력은 몇 [kPa·abs]인가?
   (단, 공기의 비열비는 1.4이다. [SI 단위])

   ㉮ 275   ㉯ 325   ㉰ 392   ㉱ 425

   Sol) 등엔트로피 과정에서 $\dfrac{T_2}{T_1} = \left(\dfrac{P_2}{P_1}\right)^{\frac{k-1}{k}}$: $p_2 = p_1 \left(\dfrac{T_2}{T_1}\right)^{\frac{k}{k-1}} = 100\left(\dfrac{433}{293}\right)^{\frac{1.4}{1.4-1}}$ **답** ㉰

9-3 마하수(mach number)와 마하각(mach angle)

물체의 속도를 V, 음속을 C 라 하면 마하수 M은 무차원수로서 아래와 같이 정의된다.

$$M_a = \frac{\text{물체의 속도}(V)}{\text{음속}(C)} = \frac{V}{\sqrt{k \cdot R \cdot T}}$$

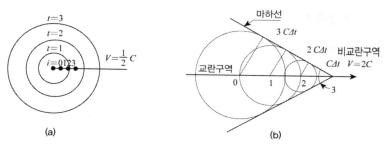

그림 9-2 마하각

POINT

$M < 1$인 흐름 : 아음속 흐름(subsonic flow)

$M > 1$인 흐름 : 초음속 흐름(supersonic flow)

마하각(mach angle) μ는 $\sin\mu = \dfrac{C}{V}$, 따라서 $\mu = \sin^{-1}\dfrac{C}{V} = \sin^{-1}\dfrac{1}{M_a}$ 로 나타낸다.
(참고 : 15℃를 기준으로 1m당 0.0065℃씩 떨어진다. ∴ h[m]에서 $t = 15 - 0.0065h$)

개념예제

5. 온도 25[℃]인 공기 속을 나는 물체의 마하각이 30°이면 물체의 속도는 몇 [m/sec]인가?

㉮ 358   ㉯ 568   ㉰ 692   ㉱ 748

Sol) 음속 $C = \sqrt{k \cdot R \cdot T} = \sqrt{1.4 \times 287 \times 298} = 346$[m/sec]

따라서 $\sin\mu = \dfrac{C}{V}$에서 $V = \dfrac{C}{\sin\mu} = \dfrac{346}{\sin 30°} = 692$[m/sec]   **답** ㉰

6. 온도 20[℃]인 공기 속을 2700[km/hr]로 나는 제트기의 마하수는?

㉮ 2.19   ㉯ 2.45   ㉰ 3.02   ㉱ 4.45

Sol) 음속 $C = \sqrt{k \cdot R \cdot T} = \sqrt{1.4 \times 287 \times (20 + 273)} = 343$[m/sec]

제트기의 속도 $V = \dfrac{2700 \times 1000}{3600} = 750$[m/sec]

따라서 $M = \dfrac{V}{C} = \dfrac{750}{343} = 2.19$ **답** ㉮

9-4 축소·확대노즐

단면적이 변하는 관 속에서 아음속 흐름과 초음속 흐름

$$\frac{dA}{dV} = \frac{A}{V}\left(\frac{V^2}{C^2} - 1\right) = \frac{A}{V}(M^2 - 1)$$

1. 아음속 흐름($-M-1$)

$$\frac{dA}{dV} < 0$$

즉, 속도가 증가하기 위해서는($dV > 0$) 단면적은 감소($dA < 0$)해야 한다.

2. 음속 흐름($M = 1$)

$$\frac{dA}{dV} = 0$$

즉, 속도는 단면적이 최소인 목(throat)까지 증가하고 목에서 음속을 얻을 수 있다.

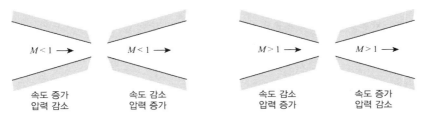

$M < 1 \longrightarrow$ $M < 1 \longrightarrow$ $M > 1 \longrightarrow$ $M > 1 \longrightarrow$

속도 증가 / 압력 감소   속도 감소 / 압력 증가   속도 감소 / 압력 증가   속도 증가 / 압력 감소

그림 9-3 축소노즐과 확대노즐

3. 초음속 흐름($M-1$)

$$\frac{dA}{dV} > 0$$

즉, 속도가 증가하기 위해서는($dV > 0$) 단면적은 증가($dA > 0$)해야 한다.

그림 9-3에서 알 수 있듯이 축소노즐에서는 아음속 흐름을 음속보다 큰 속도로 가속시킬 수 없다. 즉, 초음속을 얻기 위해서는 반드시 유체는 축소·확대노즐을 지나야 한다.

🔢 9-5 등엔트로피 흐름

1. 등엔트로피 흐름의 에너지방정식

$$q = 0, \quad w_s = 0, \quad Z_1 \approx Z_2 \text{이므로} \quad h_1 + \frac{V_1^2}{2} = h_2 + \frac{V_2^2}{2}$$

또는

$$C_p T_1 + \frac{V_1^2}{2} = C_p T_1 + \frac{V_2^2}{2}$$

$$h_1 + \frac{V_1^2}{2} = h_2 + \frac{V_2^2}{2} \ C_p T_1 + \frac{V_1^2}{2} = C_p T_1 + \frac{V_2^2}{2}$$

2. 정체온도, 정체압력, 정체밀도

$$\text{SI 단위} \quad T_0 = T + \frac{k-1}{kR} \frac{V^2}{2}$$

$$\text{중력단위} \quad T_0 = T + \frac{k-1}{kR} \frac{V^2}{2g}$$

여기서 T_0를 정체온도 또는 전온도라 한다.

$$\frac{T_0}{T} = 1 + \frac{k-1}{2} M^2$$

등엔트로피의 열역학 관계식에 적용하면

$$\frac{P_0}{P} = \left(1 + \frac{k-1}{2} M^2\right)^{\frac{k}{k-1}} \qquad \frac{\rho_0}{\rho} = \left(1 + \frac{k-1}{2} M^2\right)^{\frac{k}{k-1}}$$

마찬가지로 p_0를 정체압력(stagnation pressure), ρ_0를 정체밀도(stagnation density)라 한다.

3. 임계온도, 임계압력, 임계밀도

유체의 흐름속도가 목에서 음속에 도달할 때의 상태를 임계조건이라 하고 '＊'로 표시한다. 특히 $k = 1.4$인 경우 임계온도비, 임계압력비, 임계밀도는 다음과 같다.

$$\frac{T^*}{T_0} = \frac{2}{k+1} = 0.833 \qquad \frac{P^*}{P_0} = \frac{2}{k+1} = 0.528 \qquad \frac{\rho^*}{\rho_0} = \frac{2^{\frac{k}{k-1}}}{k+1} = 0.634$$

4. 마하수와 단면적 사이의 관계

$$\frac{A}{A^*} = \frac{1}{M}\left[\frac{1+\{(k-1)/2\}M^2}{(k+1)/2}\right]^{\frac{k+1}{2(k-1)}}$$

$$k = 1.4 \text{일 때, } \frac{A}{A^*} = \frac{1}{M}\left(\frac{5+M^2}{6}\right)^3$$

5. 질량유동률

1) 최대 질량유동률

최대 질량유동률(목에서 음속에 달할 때)

$$M_{\max} = \rho^* A^* V^* = \frac{A^* P_0}{\sqrt{T_0}}\sqrt{\frac{k}{R}\left(\frac{2}{k+1}\right)^{\frac{k+1}{(k-1)}}}$$

$$k = 1.4 \text{인 경우, } M_{\max} = 0.686\frac{A^* \rho_0}{\sqrt{RT_0}}$$

2) 아음속 질량유동률

목에서 속도가 아음속일 경우 질량유동률

$$m = \rho VA = A\sqrt{2\rho_0 P_0\frac{k}{k-1}\left(\frac{P}{P_0}\right)^{\frac{2}{R}}\left[1-\left(\frac{\rho}{\rho_0}\right)\right]^{\frac{x-1}{x}}}$$

9-5 충격파(shock wave)

초음속 흐름($M > 1$)이 급작스럽게 아음속($M < 1$)으로 변할 때 이 흐름에 불연속면이 생기는 데 이 불연속면을 충격파(shock wave)라 한다. 특히, 이 불연속면에서는 압력과 밀도가 따라서 급히 증대한다.

1) **수직충격파** : 유동방향에 수직으로 생긴 충격파
2) **경사충격파** : 유동방향에 경사진 충격파

압력을 P_1, 온도를 T_1, 유속을 q_1, 밀도를 ρ_1, Mach수를 M_1이라고 하면 Fanno 방정식에서

$$\frac{G}{A} = \frac{P}{\sqrt{T_0}} \cdot \sqrt{\frac{k}{R}} M \cdot \sqrt{1 + \frac{k-1}{2} M^2}$$

$$\therefore \frac{P_2}{P_1} = \frac{M_1 \sqrt{2 + (k-1)M_1^2}}{M_2 \sqrt{2 + (k-1)M_2^2}} \tag{a}$$

$$\frac{P}{\rho} = RT, \quad \frac{\rho_2}{\rho_1} = \frac{P_2}{P_1} \cdot \frac{T_1}{T_2}$$

이므로 충격파의 전후 상태량은 다음과 같은 관계가 성립한다.

$$M_2^2 = \frac{2 + (k-1)M_1^2}{2kM_1^2 - (k-1)} \tag{b}$$

$$\frac{P_2}{P_1} = \frac{2kM_1^2 - (k-1)}{+1} \tag{c}$$

$$\frac{T_2}{T_1} = \frac{[2kM_1^2 - (k-1)][2 + (k-1)M_1^2]}{(k+1)^2 M_1^2} \tag{d}$$

$$\frac{\rho_2}{\rho_1} = \frac{(k+1)M_1^2}{2 + (k-1)M_1^2} \tag{e}$$

$$\frac{V_2}{V_1} = \frac{2 + (k-1)M_1^2}{(k+1)M_1^2} \tag{f}$$

개념예제

7. 수직충격파는?

㉮ 가역과정이다. ㉯ 등엔탈피과정이다.
㉰ 등엔트로피과정이다. ㉱ 비가역과정이다.

Sol) 수직충격파는 비가역과정으로서 충격파가 발생되면 압력, 밀도, 온도 및 엔트로피(entropy)가 증가한다. **답** ㉱

8. 어떤 기체가 충격파 전의 음속이 380[m/sec]이었고 속도는 760[m/sec]이었다. 충격파 뒤의 음속이 500[m/sec]라 하면 충격파 뒤의 속도는 몇 [m/sec]인가? (단, 기체의 비열비 $k = 1.50$이다.)

㉮ 250 ㉯ 295 ㉰ 343 ㉱ 500

Sol) 충격파 전의 마하수 $M_1 = \frac{V_1}{C_1} = \frac{760}{380} = 2$

$$M_2^2 = \frac{2 + (k-1)M_1^2}{2kM_1^2 - (k-1)} = \frac{2 + (1.5-1) \times 2^2}{2 \times 1.5 \times 2^2(1.5-1)} = 0.348$$

$$\therefore M_2 = 0.59$$

충격파 뒤의 속도 $V_2 = C_2 M_2 = 500 \times 0.59 = 295[\text{m/sec}]$ **답** ㉯

제9장 적중 예상문제

01

수직으로 세운 노즐에서 물을 초속 15[m/s]로 뿜으면 올라갈 수 있는 최대높이는?

㉠ 5.67 ㉡ 6.29
㉢ 9.27 ㉣ 11.48

01
물의 온도변화가 없다고 하면 $h_1 = h_2$와 $u_1 = u_2$ 이다. 그리고 $Q = 0$, $W_s = 0$이므로 정상유동의 에너지방정식에서
$$gz_1 + \frac{V_1^2}{2g} = gz_2 + \frac{V_2^2}{2g}$$
최대 상승높이에서 물의 속도는 $V_2 = 0$이므로
$$\frac{15^2}{2} = 9.8(Z_2 - Z_1) = 9.8h$$
$$\therefore h = 11.48[m]$$
답 ㉣

02

완전기체의 내부에너지는?

㉠ 마찰 때문에 항상 증가한다. ㉡ 압력만의 함수이다.
㉢ 온도만의 함수이다. ㉣ 정답이 없다.

02
Joule은 완전기체의 내부에너지를 온도만의 함수로 나타낼 수 있음을 증명하였다.
$$u = u(T)$$
답 ㉢

03

완전기체의 정적비열의 정의는?

㉠ kC_p ㉡ $\left(\frac{\partial u}{\partial T}\right)_p$ ㉢ $\left(\frac{\partial T}{\partial u}\right)_v$ ㉣ $\left(\frac{\partial u}{\partial T}\right)_v$

03
$$k = \frac{C_p}{C_v}, \; C_v = \left(\frac{\partial q}{\partial T}\right)_v = \left(\frac{\partial u}{\partial T}\right)_v$$
$$dq = du + APdv$$
$$\therefore dq = du \,(\text{등적인 경우})$$
답 ㉣

04

30[℃]인 공기 속을 어떤 물체가 960[m/s]로 날 때 마하각은?

㉠ 30° ㉡ 21.3°
㉢ 15.6° ㉣ 40.2°

04
음속 $C = \sqrt{1.4 \times 287 \times 303} = [m/sec]$
마하각 $\mu = \sin^{-1}\frac{C}{V} = \sin^{-1}\frac{349}{960}$
$$\therefore \mu = 21.3°$$
답 ㉡

05

축소·확대노즐에서 축소부분의 유속은?

㉠ 아음속이 가능하다. ㉡ 초음속만 가능하다.
㉢ 아음속과 초음속이 가능하다. ㉣ 음속과 초음속이 가능하다.

05
축소 부분에서 $\frac{dA}{A} < 0$, $M < 1$이므로 아음속이 가능하다.
답 ㉠

06

등엔트로피 과정이란?

㉮ 가역단열과정이다.

㉯ 가역등온과정이다.

㉰ 마찰이 없는 비가역과정이다.

㉱ 마찰이 없는 등온과정이다.

07

−10[℃]인 공기 속을 제트기가 시속 3000[km]로 날 때 마하각은? (단, 공기의 기체상수 $R = 287$[N·m/kg·K], 비열비 $k = 1.4$이다.)

㉮ 36.8°　　㉯ 24.4°　　㉰ 23°　　㉱ 18.8°

08

축소·확대관로에서 확대 부분의 유속은?

㉮ 초음속만이 가능하다.　　㉯ 아음속만이 가능하다.

㉰ 초음속이 가능하다.　　㉱ 정답이 없다.

09

수직충격파는?

㉮ 축소노즐에서 발생한다.　　㉯ 가역과정이 된다.

㉰ 등엔트로피 과정이다.　　㉱ 비가역 과정이다.

10

축소·확대노즐의 목에서의 유속은?

㉮ 언제나 아음속이다.　　㉯ 초음속을 얻을 수 있다.

㉰ 초음속 또는 아음속이다.　　㉱ 음속 또는 아음속이다.

11

압력 500[kPa·abs], 온도 50[℃]의 용기에서 공기가 축소노즐을 지나 20[℃]인 대기 중으로 분출될 때 노즐 출구에서의 마하수는?

㉮ 0.715　　㉯ 0.842

㉰ 0.921　　㉱ 0.964

해설 및 정답

06

가역단열과정이란 외부와 열이 출입이 전혀 없는 과정으로 $dq = 0$

따라서 비엔트로피 $ds = \dfrac{dq}{T}$ 에서

$\therefore dx = 0, \displaystyle\int_{1}^{2} dx = 0, S_2 - S_1 = 0$

$S_2 = S_1$

즉, 등엔트로피과정은 가역단열과정에서의 상태변화식이다.

답 ㉮

07

$\mu = \sin^{-1}\dfrac{C}{V} = \sin^{-1}\dfrac{325}{833.3} = 23°$

답 ㉰

08

축소·확대관로에서의 확대부분의 유속은

$\dfrac{dA}{dV} > 0, \ M_a > 1$

의 관계가 성립되므로 초음속이 가능하다.

답 ㉰

09

수직충격파는 초음속 흐름에서 발생되며, 이것이 일어나면 유치의 온도, 압력, 밀도 등이 갑자기 증가되므로 완전한 비가역과정이다.

답 ㉱

10

축소·확대노즐의 목에서는 $\dfrac{dA}{dV} = 0, \ M = 1$ 이 된다. 즉, 음속이 가능하므로 음속이거나 아음속이 가능하다.

답 ㉱

11

$\dfrac{T_0}{T} = 1 + \dfrac{k-1}{2}M^2$ 에서

$T_0 = 273 + 50 = 323[°K]$

$T = 273 + 20 = 293[°K], \ k = 1.4$

$\dfrac{323}{293} = 1 + \dfrac{1.4-1}{2}M^2$

$\therefore M = 0.715$

답 ㉮

12

음속 340[m/sec]인 공기중을 나는 총알의 마하각이 45°일 때 총알의 속도는 몇 [m/sec]인가?

㉮ 680

㉯ 380

㉰ 580

㉭ 480

13

30[℃]인 공기중에서의 음속은?

㉮ 124[m/sec]

㉯ 340[m/sec]

㉰ 349[m/sec]

㉭ 440[m/sec]

14

어떤 기체가 충격파 전의 음속이 800[m/sec]이었고 속도는 1600[m/sec]이었다. 충격파 뒤의 음속이 1000[m/sec]라 하면, 충격파 뒤의 속도는 약 몇 [m/sec]인가? (단, 이 기체의 비열비는 $k=1.5$이다.)

㉮ 295

㉯ 354

㉰ 362

㉭ 590

15

20[℃]인 공기 속을 1020[m/sec]로서 나는 비행기의 정체 온도는 약 몇 [℃]인가?

㉮ 75.2

㉯ 203.7

㉰ 392.3

㉭ 537

16

용기 내의 공기가 축소·확대노즐을 지나 압력 20[kPa·abs]의 대기 중으로 분출했을 때 출구에서 마하수가 2.5였다면, 용기 내의 압력은 약 몇 [kPa·abs]인가? (단, 공기의 비율은 $k=1.40$이다.) (SI 단위)

㉮ 86

㉯ 171

㉰ 256

㉭ 342

해설 및 정답

12

$$V = \frac{C}{\sin \alpha} = \frac{340}{\sin 45°} = 480[\text{m/sec}]$$

답

13

충격파 전의 마하수

$$C = \sqrt{kRT} = \sqrt{1.4 \times 287 \times (273+30)}$$
$$= 349[\text{m/sec}]$$

답

14

충격파 전의 마하수 $M = \frac{V_1}{C_1} = \frac{1600}{800} = 2$

$$M_2^2 = \frac{2+(k-1)M_2^2}{2kM_1^2-(k-1)}$$
$$= \frac{2+(1.5-1)\times 2^2}{2 \times 1.5 \times 2^2(1.5-1)} = 0.348$$

$V_2 = C_2 M_2 = 1000 \times 0.59 = 590[\text{m/sec}]$

$\therefore M_2 = 0.59$

답

15

$$M_a = \frac{\text{물체의 속도}(V)}{\text{음속}(C)} = \frac{1020}{340} = 2.97$$

$$T_0 = T\left(1 + \frac{x-1}{2}M^2\right)$$
$$= (273+20)\left(1 + \frac{1.4-1}{2} \times 2.97^2\right)$$
$$= 810[°\text{K}] = 537[℃]$$

답

16

$$\frac{P_0}{P} = \left(1 + \frac{k-1}{2}M^2\right)^{\frac{k}{k-1}}$$

$$\therefore P_0 = P\left(1 + \frac{k-1}{2}M^2\right)^{\frac{k}{k-1}}$$
$$= 10\left(1 + \frac{1.4-1}{2}2.5^2\right)^{\frac{1.4}{1.4-1}}$$
$$= 342[\text{kPa·abs}]$$

답

17

1[℃]인 공기의 음속을 구하라.

㉮ 230.1[m/sec]   ㉯ 213.1[m/sec]

㉰ 331.1[m/sec]   ㉱ 312.1[m/sec]

17

$$C = \sqrt{kgRT} = \sqrt{1.4 \times 9.8 \times 29.27 \times 273}$$
$$= 331.1 [\text{m/sec}]$$

답 ㉰

18

다음 중 음파의 속도가 아닌 것은?

㉮ $\sqrt{kRT}$ ㉯ $\sqrt{\dfrac{Pv}{\rho}}$

㉰ $\sqrt{\dfrac{dP}{d\rho}}$ ㉱ $\sqrt{\dfrac{kP}{\rho}}$

18

㉮ 공기 중의 음속을 구할 때
㉯ 음속을 구하는 일반식
㉰ 절대단위(SI)로 음속을 구할 때 사용되는 식

답 ㉯

19

어떤 물체가 500[m/sec]의 속도로 상온의 공기 속을 지나갈 때 물체 표면의 온도 증가는 이론상 몇 [°K]인가?

㉮ 24.6[°K]   ㉯ 42.6[°K]

㉰ 124.6[°K]   ㉱ 142.6[°K]

19

$$T_0 - T = \frac{1}{R}\frac{k-1}{k}\frac{v^2}{2g} = \frac{1}{29.27} \times \frac{1.4-1}{1.4}$$
$$\times \frac{500^2}{2 \times 9.8} = 124.6[\text{°K}]$$

답 ㉰

20

온도가 −5[℃]인 추운 겨울에 180[m/s]의 속도로 비행하는 항공기의 마하수(mach number)는 얼마인가? (단, 공기의 $k=1.4$, $R=287$[J/kg·°K]이다.)

㉮ 0.529   ㉯ 0.549

㉰ 0.537   ㉱ 0.642

20

음속
$$C = \sqrt{kRT}$$
$$= \sqrt{1.4 \times 287 \times (273-5)} = 328.1[\text{m/sec}]$$
마하수 $M = \dfrac{V}{C} = \dfrac{180}{328.1} = 0.549$

답 ㉯

제9장 응용문제

01

도관에서 마하수($M=2$)로 흐르고 있다. 속도가 20[%] 감소하기 위해서 단면적은 몇 [%] 변화시켜야 하는가?

㉮ 30[%] 감소

㉯ 40[%] 감소

㉰ 50[%] 감소

㉱ 60[%] 감소

01

$$\frac{dA}{A} = \frac{dV}{V}(M^2-1) = 3\frac{dV}{V}$$

$$\frac{dA}{A} = 3 \times -0.2 = -0.6$$

∴ 면적은 60[%] 감소시켜야 한다.

 ㉱

02

노즐에서 500[m/sec]로 흐르는 공기의 밀도는 $\rho = 1.0976[kg/m^3]$, 온도는 300[℃]이다. 속도가 더 증가하기 위하여 단면적은 어떻게 하여야 하는가?

㉮ 증가한다.

㉯ 감소하여야 한다.

㉰ 일정하게 유지한다.

㉱ 점점 감소한다.

02

$$C = \sqrt{kRT} = \sqrt{1.4 \times 287 \times 573}$$
$$= 479.7[m/sec]$$

$$M = \frac{V}{C} = \frac{500}{479.7} = 1.0423 (초음속)$$

$\frac{dA}{A} = \frac{dV}{V}(M^2-1)$ 에서

$\frac{dA}{A}$ 는 $\frac{dA}{A}$ 에 비례한다.

∴ 유동속도가 증가하면 단면적은 증가한다.

 ㉮

03

해발 10[km] 상공을 시속 2000[km]의 속도로 제트기가 비행할 때 마하수를 구하라.

㉮ 2.61

㉯ 3.02

㉰ 3.53

㉱ 1.86

03

$$v = \frac{2000 \times 10^3}{3600} = 555.555[m/sec]$$

10[km]에서의 온도

$$t = 15 - 0.0065 \times 10^4 = -50[℃]$$

음속

$$a = \sqrt{kRT} = \sqrt{1.4 \times 287 \times (270-50)}$$
$$= 299.25[m/sec]$$

$$M = \frac{555.555}{299.25} = 1.86$$

 ㉱

제10장. 유체계측

밀도(비중량)의 계측

밀도(비중량)의 계측은 비중병, 아르키메데스의 원리(부력), 비중계, U자관 등을 이용하여 계측할 수 있다.

1. 비중병(용기)을 이용하는 방법

그림 10-1과 같이 무게가 W_1인 비중병에 온도 t[℃], 체적 V인 액체를 채웠을 때의 무게를 W_2라 하면 온도 t[℃]에서의 액체 비중량 $[\gamma_t]$은

$$\gamma_t = \rho_t g = \frac{W_2 - W_1}{V} \qquad \rho_t : \text{온도 } t\,[℃]\text{에서의 밀도}$$

2. 아르키메데스의 원리 이용(추를 이용하는 방법)

그림 10-2와 같이 체적을 알고 있는 추를 공기 중에서 잰 추의 무게가 W_a, 밀도(비중량)를 측정하고자 하는 액체 속에서 추의 무게가 W_l이라고 하면 아르키메데스의 원리를 이용하여 다음과 같이 쓸 수 있다.

$$W_l = W_a - F_B = W_a - \gamma_t V \qquad \gamma_t : \text{측정온도 } t\,[℃]\text{에서의 비중량}$$

그림 10-1 비중병

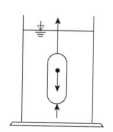

그림 10-2 아르키메데스 원리 이용

3. 비중계를 이용하는 방법

그림 10-3과 같이 가늘고 긴 유리관의 아래 부분에 수은(Hg)이나 납(Pb)을 넣고 유체 속에서 바로 서게 만든 비중계를 측정하고자 하는 액체 속에 넣고 액체의 표면과 일치되는 점의 눈금을 읽는다.

4. U자관을 이용하는 방법

그림 10-4와 같이 U자관의 한쪽에 비중을 알고 있는 유체(γ_1)를 넣고 다른 한쪽에 측정하려고 하는 유체(γ_2)를 넣어서 l_1과 l_2를 측정하면 아래와 같이 계산할 수 있다.

$$\gamma_2 = \gamma_1 \frac{l_1}{l_2}$$

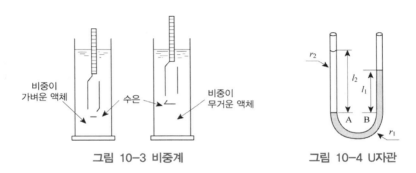

그림 10-3 비중계   그림 10-4 U자관

개념예제

1. 체적이 100[cm³]인 추의 무게가 공기 속에서는 4.9[N], 액체속에서는 2.4[N]이었다. 이 액체의 비중량은 몇 [N/m³]인가?

　㉮ 20000　　　　㉯ 25000　　　　㉰ 50000　　　　㉱ 40000

Sol) $\gamma = \dfrac{W_a - W_l}{V} = \dfrac{4.9 - 2.4}{1000 \times 10^{-6}} = 25000 [\text{N/m}^3]$ 　　　　답 ㉯

2. 용기의 무게가 196[kg]이고 이 용기 속에 0.02[m³]의 액체를 채운 후의 무게가 294[N]이었다. 이 액체의 비중은?

　㉮ 0.5　　　　㉯ 0.75　　　　㉰ 0.86　　　　㉱ 1.2

Sol) $\gamma = \dfrac{W_a - W_l}{V} = \dfrac{294 - 196}{0.02} = 4900 [\text{N/m}^3]$

$\therefore S = \dfrac{\gamma}{\gamma_w} = \dfrac{4900}{9800} = 0.5$ 　　　　답 ㉮

10-2 　점성계수의 계측

점성계수를 계측하는 점도계에는 스토크스(stokes)의 법칙을 이용한 낙구식 점도계, Hagen-Poiseuille의 법칙을 이용한 오스트발트 점도계와 세이볼트 점도계, 뉴턴(Newton)의 점성법칙을 이용한 맥미첼 점도계와 스토머점도계가 있다.

1. 낙구식 점도계

그림 10-5와 같이 측정하고자 하는 액체 속에서 구(球)가 낙하하는 속도를 측정하여 점성계수를 계측한다. 구의 점성저항은 스토크스(stokes) 법칙을 이용하면 구의 무게 및 부력과 평형을 이루므로($\sum Y = 0$)

$$3\pi\mu Vd - \frac{\pi d^3}{6}\gamma_s + \frac{\pi d^3}{6}\gamma_l = 0$$

$$\therefore \ 3\pi\mu Vd = \frac{\pi d^3}{6}(\gamma_s - \gamma_l) = 0$$

점성계수 $\mu = \dfrac{d^2(\gamma_s - \gamma_l)}{18\,V}$ [kg·sec/m²]

$\left[\begin{array}{l} d \ : \ \text{구의 직경} \\ \gamma_s : \ \text{구의 비중량} \\ \gamma_l \ : \ \text{액체의 비중량} \\ V \ : \ \text{낙하속도} \end{array}\right.$

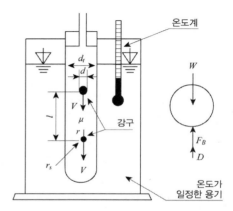

10-5 낙구식 점도계

2. 오스트발트(Ostwald) 점도계

그림 10-6과 같이 점성계수를 측정하고자 하는 액체를 A까지 채우고 다음에 B까지 끌어올려서 B의 액면에서 C까지 내려오는 데 걸리는 시간을 구하면 동점성계수(ν)를 계측할 수 있다.

기준 액체를 물로 잡아서 그 점도를 μ_w, 비중을 s_w, 유하시간을 t_w, 측정하려는 액체의 것을 각각 μ, s, t라 하면

$$\mu = \mu_w \frac{st}{s_w t_w} \text{[kg·sec/m}^2\text{]}$$

t_w와 t를 측정하여 위 식에서 μ를 계산한다. 또는

$$\nu = \frac{t}{t_0}\nu \text{ [cm}^2\text{/sec]}$$

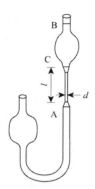

그림 10-6 오스트발트 점도계

3. 세이볼트(Saybolt) 점도계

그림 10-7과 같이 측정용기의 출구를 막은 후 액체를 A점까지 채운
다음, 막은 구멍을 열어서 용기 B에 액체가 채워지는 데 걸리는 시간
을 측정한다.

용기 B에 60[cc]가 채워지는 데 걸리는 시간 t [sec]라고 하면 동점성
계수(ν)는

$$\nu = 0.0022t - \frac{1.8}{t} \, [\text{stokes}]$$

ν : 동점성계수[m^2/sec=stokes]
t : 시간[sec]

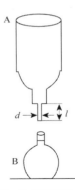

그림 10-7 세이볼트 점도계

4. 하겐-포아젤 방정식을 이용한 점도계

1) 오스트발트 점도계
2) 세이볼트 점도계

5. 뉴턴의 점성법칙을 이용한 점도계

1) MacMichael 점도계
2) Stormer 점도계

10-3 정압의 계측

1. 피에조미터(Piezometer) 구멍을 이용하는 방법

구멍의 단면은 유원과 평행하여야 하며, 이때 정압의 크기는 액주계의 높이로 측정한다. 구멍의
크기는 될 수 있는 대로 작고 매끈해야 한다.

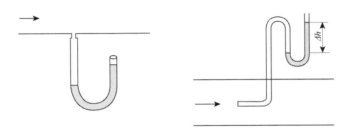

그림 10-8 정압의 측정방법

2. 정압관을 이용하는 방법

정압관을 유체 속에 직접 넣어서 마노미터의 높이 Δh로부터 측정한다. 이때 정압관은 유선의 방향과 일치되어야 한다.

$$\Delta h = C\frac{V^2}{2g}\,[\text{m}] \qquad\qquad C : \text{보정계수}$$

10-4 정체압력의 측정

정체압력이란 정체점(stagnation point)에서의 압력 즉, 유체의 유동속도가 0인 점에서의 압력이다. 때로는 전압(total pressure)이라고 한다.

전압(total pressure)＝정압(static pressure)＋동압(dynamic pressure)

1. 피토관(pitot tube)에 의한 정체압 측정

$$P_s = P_1 + \frac{1}{2}\rho V_1^2$$

- P_s : 정체압력(전압)
- P_1 : 정압
- ρ : 액체의 밀도
- V : 유체의 속도
- $\frac{1}{2}\rho V_1^2$: 동압

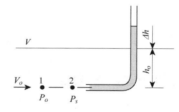

그림 10-9 정체압 측정

2. 피토관을 이용한 속도의 측정

정상류 속에 수평으로 놓인 직각으로 굽힌 유리관을 놓으면 상류의 한 점에서 흐름이 완전히 정체되어 속도가 0이 된다. 이 점을 정체점(stagnation point)이라고 하며, 2점의 압력은 Bernoulli 방정식으로부터

$$\frac{P_0}{\gamma} + \frac{V_0^2}{2g} = \frac{P_s}{\gamma}$$

그런데 $\dfrac{P_0}{\gamma}=h_0$이므로

$$\dfrac{P_s}{\gamma}=h_0+\Delta h=\dfrac{P_0}{\gamma}+\Delta h$$

$$\therefore\ V_0=\sqrt{2g\Delta h}\ [\text{m/sec}]$$

P_s를 정체압(stagnation pressure) 또는 전압(total pressure)이라고 하며 전압은 정압력 h_1과 동압력 Δh의 합이다.

위 식으로부터

$$V_0=\sqrt{\dfrac{2g(P_s-P_o)}{\gamma}}\ [\text{m/sec}]$$

그림 10-10은 정압과 정체압을 합하여 속도를 얻을 수 있는 피토-정압관이다. 그림의 액주계를 지나는 압력의 식으로 액주높이를 표시하면

$$\dfrac{P_o}{\gamma}S+kS+HS_o-(k-H)S=\dfrac{P_s}{\gamma}S,\quad \dfrac{P_s-P_o}{\gamma}=H\left(\dfrac{S_o}{S}-1\right)$$

$$V_o=\sqrt{2gH\left(\dfrac{S_o}{S}-1\right)}\ [\text{m/sec}]$$

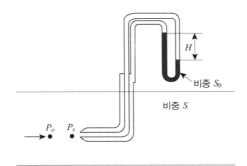

그림 10-10 피토-정압관

실제로 적용할 때에는 정압계측의 오차를 보정하기 위한 계수 C를 삽입하여

$$V_0=C\sqrt{2gH\left(\dfrac{S_o}{S}-1\right)}\ [\text{m/sec}]$$

10-5 유속(속도)의 계측

1. 시차 압력계를 이용하는 방법

시차 압력계의 양단을 정압관과 피토관에 각각 연결하여 유속을 측정하는 것이다.

$$V = \sqrt{2gH\left(\frac{S_o}{S} - 1\right)} \ [\text{m/sec}]$$

┌ V : 측정하고자 하는 유속
│ g : 중력가속도
│ H : 마노미터의 높이
│ S_o : 마노미터 액체의 비중
└ S : 측정하고자 하는 유체

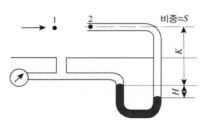

그림 10-11 시차 액주계

2. 피토관(pitot tube)을 이용하는 방법

압력 $P\,[\text{kg/m}^2]$ 또는 [mmAq], 유속 $V\,[\text{m/sec}]$, 비중량 $\gamma\,[\text{N/m}^3]$인 유체의 흐름과 평행으로 그림 10-12에 표시하는 바와 같이 2종의 피토관 T, S를 두면 T에서는 전압력 P_t, S에서는 정압 P_s가 구해진다.

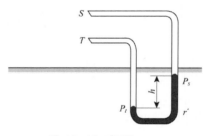

그림 10-12 피토관

$$P_t = \frac{\gamma}{2g} V^2 + P \qquad P_s = P$$

위의 두 식에서 유체의 속도 V는 다음 식으로 표시된다.

$$V = \sqrt{2g\frac{P_t - P_s}{\gamma}} \ [\text{m/sec}]$$

위 그림에 표시된 것과 같이 $(P_t - P_s)$가 U자관의 액주차 $H\,[\text{m}]$로 표시될 때에는 마노미터의 비중량을 $\gamma'\,[\text{kg/m}^3]$로 하여 $P_t - P_s = (\gamma' - \gamma)h\,[\text{kg/m}^2]$가 된다.

여기서 $P_t - P_s = P_d$(동압)이므로 위 식은

$$V = \sqrt{2gH\left(\frac{\gamma'}{\gamma} - 1\right)} \ [\text{m/sec}]$$

3. 풍속계(anemometer)와 유속계(current meter)

기체의 유속을 측정하는 기구를 풍속계라 하고 액체의 유속을 측정하는 기구를 유속계라 한다. 풍속계와 유속계는 기계적 회전요소를 이용하는 방법과 전자기학의 원리를 이용하는 방법으로 구분할 수 있다. 기계적 회전요소는 다시 컵(cup)형과 갓(vane)형으로 구분된다. 기체와 액체유동의 평균속도와 순간속도를 정확히 측정할 수 있는 또 다른 방법으로 열선풍속계(hot-wire anemometer)와 열막풍속계(hot-film anemometer)가 있다.

열선풍속계는 매우 가늘고 짧은 백금선을 전기적으로 가열하여 유동중에 놓으면 백금선이 냉각되는데 냉각효과는 유속에 따라 다르다. 이 원리를 이용하여 피토관(pitot in tube)으로는 도저히 불가능한 경계층의 두께도 측정이 가능하고 난류의 순간유동 속도도 측정이 가능하다. 열막풍속계의 감지요소(sensing element)는 직경이 0.05[mm] 정도인 아주 가는 유리막 위에 백금이나 금막을 입힌 것이다. 감지요소의 온도는 유체의 속도에 따라 다르며 유속은 막저항의 변화를 측정함으로써 결정할 수 있다.

4. 광학적 방법에 의한 유속측정

측정기구를 직접 유동중에 넣지 않고 광학적인 방법을 이용하면 유동상태에 전혀 교란을 주지 않는 장점을 갖는다. 광학적인 방법은 유속측정은 물론 유동상태를 눈으로 직접 볼 수 있어 물리적 현상을 정상적으로 판단하는 데 응용되고 있다. 광학적 방법의 근본원리는 밀도변화에 따른 굴적각의 변화를 이용하는 것이다. 다음과 같은 방법이 많이 활용된다.

1) 슈리렌 방법(schlieren method)
2) 섀도 그래프 방법(shadow graph method)
3) 간섭계(interferometer)
4) 기포방법(bubble method)

5. 피토-정압관(pitot-static tube)

피토관과 정압관을 조합하여 속도를 얻을 수 있는 피토-정압관은 그림 10-13과 같다. 피토-정압관에서 적용되는 방정식은 시차 액주계에서 적용된 방정식과 같다. 그러므로 유속 V_1은 다음과 같다.

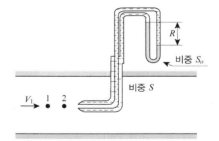

그림 10-13 피토-정압관

$$V_1 = C_V \sqrt{2gR'\left(\frac{S_o}{S} - 1\right)}$$

C_V : 속도계수

개념예제

3. 낙구식 점도계는 어느 법칙의 원리를 기초로 한 것인가?

㉮ Bernoulli eq'n ㉯ 뉴턴의 점성법칙

㉰ 연속의 법칙 ㉱ stokes 법칙

Sol) 낙구식 점도계는 구(球)가 액체 속에서 낙하할 때 스토크스 법칙에 의한 점성저항과 부력, 구의 무게가 평형을 이룬다는 원리를 이용하여 점성계수를 계측한다. **답** ㉱

4. 세이볼트(saybolt) 점도계를 이용하여 동점성계수를 측정하려고 한다. 어떤 유체 60[cc]를 통과시키는 데 100[sec]가 소요되었다면 동점성계수는 몇 [stokes]인가?

㉮ 0.202 ㉯ 0.434 ㉰ 0.525 ㉱ 1.385

Sol) $\nu = 0.0022t = -\dfrac{1.8}{t} = 0.0022 \times 100 - \dfrac{1.8}{100} = 0.202\,[\text{stokes}]$ **답** ㉮

5. 피토−정압관은 다음 중 무엇을 측정하는가?

㉮ 전압과 동압의 차 ㉯ 전압과 정압의 차

㉰ 정압 ㉱ 정압과 동압의 차

Sol) 피토−정압관은 선단에서 측정되는 전압과 측면의 피에조미터 구멍에서 측정되는 정압과 차 즉, 동압을 측정하는 것이다. **답** ㉯

6. 그림 10−13과 같이 흐르는 물의 유속을 측정하기 위하여 피토−정압관을 설치하였다. 액주계 속에는 수은(Hg)이 있고 $R' = 500$[mm]일 때 유속은 몇 [m/sec]인가? (단, 속도계수 $C_v = 1.15$이다.)

㉮ 9.75 ㉯ 11.45 ㉰ 12.8 ㉱ 15.7

Sol) $V = C_v \sqrt{2gR'\left(\dfrac{S_o}{S} - 1\right)} = 1.15 \times \sqrt{2 \times 9.8 \times 0.5\left(\dfrac{13.6}{1} - 1\right)} = 12.8\,[\text{m/sec}]$ **답** ㉰

7. 유동하는 기체의 속도를 측정할 수 있는 것은?

㉮ 열선풍속계(hot-wire anemometer)

㉯ 섀도 그래프 방법(shadow graph method)

㉰ 간섭계(interferometer)

㉱ 슈리렌 방법(schlieren method)

Sol) 열선풍속계는 가는 금속선(대개 백금선)을 가열하여 기체 유동 속에 놓으면 기체의 유동속도에 따라 금속선의 온도가 변화하고, 따라서 금속선의 전기저항을 변화하는 것을 이용해서 기체속도를 측정한다. 섀도 그래프, 간섭계, 슈리렌 방법은 빛을 이용해서 밀도변화를 측정한다. **답** ㉮

10-6 유량의 계측

유량을 계측하는 장치로는 벤투리미터, 오리피스(orifice), 노즐(nozzle), 로마미터(romameter), 위어(weir) 등이 있다.

1. 벤투리미터(venturi meter)

그림 10-14와 같이 점차 축소 및 확대하는 관을 벤투리미터라 한다. 벤투리미터는 단면이 점차로 축소하는 부분에서 유체를 가속시켜 압력강하를 일으킴으로써 유량을 측정할 수 있다. 그리고 확대부분에서 손실을 최소로 하기 위해서 원추각은 5~7°로 되어 있다. 벤투리미터 유량 Q는

$$Q = \frac{A_2}{\sqrt{1 - \left(\dfrac{A_2}{A_1}\right)^2}} \sqrt{\frac{2g}{\gamma}(p_1 - p_2)}$$

실제 유량 Q'은

$$Q' = \frac{C_1 A_2}{\sqrt{1 - \left(\dfrac{A_2}{A_1}\right)^2}} \sqrt{\frac{2g}{\gamma}(p_1 - p_2)} \text{ [m}^3\text{/sec]}$$

C_V : 속도계수

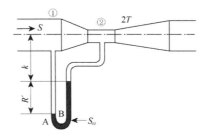

그림 10-14 벤투리미터

2. 오리피스(orifice)

오리피스는 그림 10-15와 같이 단면적을 갑자기 축소시켜 유속을 증가시키고 압력강하를 일으킴으로써 유량을 측정하는 장치이다.

이때 유량 Q'는

$$Q' = CA_o \sqrt{2g\left(\frac{p_1 - p_2}{\gamma}\right)} = CA_o \sqrt{2gR'\left(\frac{S_o}{S} - 1\right)} \text{ [m}^3\text{/sec]}$$

C : 유량계수
A_o : 오리피스의 단면적

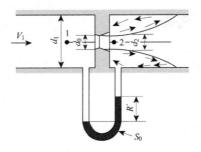

그림 10-15 오리피스

3. 노즐(nozzle)

유량을 측정할 때 노즐을 사용하면 오리피스(orifice)보다 압력손실이 작다.

$$Q = CA \sqrt{2g\left(\frac{p_1 - p_2}{\gamma}\right)} = CA \sqrt{2gR\left(\frac{S_o}{S} - 1\right)} \, [\text{m}^3/\text{sec}]$$

C : 유량계수 $= \dfrac{C_V}{\sqrt{1 - \left(\dfrac{d_2}{d_1}\right)^4}}$

A : 노즐의 단면적

C_V : 속도계수

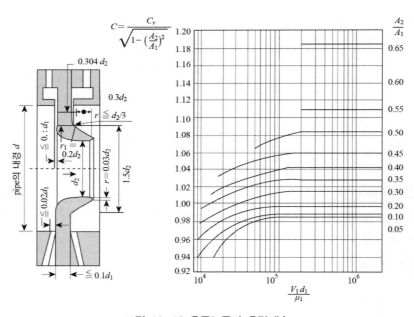

그림 10-16 유동노즐과 유량계수

4. 위어(weir)

개수로에서의 유량은 위어(weir)로 측정한다. 위어는 개수로에 어떤 장애물을 세움으로써 액체를 일단 차단하였다가 위로 넘쳐흐르게 함으로써 유량을 측정하도록 만든 장치를 말한다. 이때에 넘쳐흐르는 액체의 높이를 측정함으로써 유량이 계산된다.

1) 삼각위어＝V노치(notch) 위어

삼각위어는 유량이 작고 정확한 측정을 필요로 할 때 사용한다.
미소단면을 통한 유량 dQ는

$$dQ = C\sqrt{2gh}\,dA$$
$$C\sqrt{2gh}\,b'dh \tag{a}$$

상사 삼각형 원리에 의하여

$$\frac{b'}{b} = \frac{H-h}{h}$$
$$\therefore\; b' = \frac{(H-h)b}{H} \tag{b}$$

식(b)를 식(a)에 대입하면

$$dQ = Cb\sqrt{2gh}\,\frac{H-h}{H}dh$$

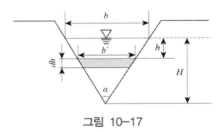

그림 10-17

전단면을 통한 유량 Q는

$$Q = \int_0^H Cb\sqrt{2gh}\,\frac{H-h}{H}\sqrt{h}\,dh = \frac{Cb\sqrt{2g}}{H}\left(H\times\frac{2}{3}H^{\frac{3}{2}} - \frac{2}{5}H^{\frac{5}{2}}\right)$$
$$= \frac{4}{15}Cb\sqrt{2g}\,H^{\frac{3}{2}}$$

$$\tan\frac{\alpha}{2}=\frac{\dfrac{b}{2}}{H}\;\text{에서}\;\;b=2H\tan\frac{\alpha}{2}\;\text{이므로}$$

$$Q=\frac{8}{15}\,C\tan\frac{\alpha}{2}\,\sqrt{2g}\,H^{\frac{5}{2}}$$

실제유량 $Q'=KH^{\frac{5}{2}}\,[\text{m}^3/\text{min}]$

2) 사각위어

사각위어는 그림 10-18과 같이 수로폭이 전면에 걸쳐 만들어져 있지 않고 폭의 일부만 만들어져 있는 위어를 말하고 중간 정도 유량을 측정하는 데 사용한다.

실제유량 Q'은

$$Q'=KLH^{\frac{3}{2}}\,[\text{m}^3/\text{min}]$$

여기서 유량계수 K는

$$K=107.1+\frac{0.177}{H}+14.2\frac{H}{P}-25.7\sqrt{\frac{(B-L)H}{BP}}+2.04\sqrt{\frac{B}{P}}$$

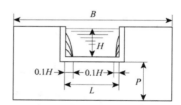

그림 10-18 사각위어

실제유량(Q') 공식의 적용범위는

$B=0.5\sim6.3\,[\text{m}]$

$L=0.15\sim5\,[\text{m}]$

$LP/B^2=0.06\,[\text{m}]$

$P=0.15\sim3.5\,[\text{m}]$ 이상

$H=0.03\sim0.45\sqrt{L}\,[\text{m}]$

3) 예봉위어(sharp crested weir)

예봉위어는 그림 10-19와 같이 위어가 개수로의 폭 전면에 걸쳐 만들어져 있어 대유량을 측정할 수 있는 위어이다.

실제 유량 $Q' = KH^{\frac{3}{2}} [\text{m}^3/\text{min}]$

$K = 107.1 + \left(\dfrac{0.177}{H} + 14.2\dfrac{H}{P}\right)(1 + \epsilon)$

$P < 1[\text{m}]$일 때 $\epsilon = 0$

$P > 1[\text{m}]$일 때 $\epsilon = 0.554(P - 1)$

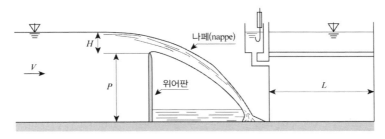

그림 10-19 예봉위어

실제 유량(Q') 공식의 적용범위는

$L = 0.5[\text{m}]$ 이상, $P = 0.3 \sim 2.5[\text{m}]$

$H = 0.03 \sim P[\text{m}]$, $H = L/4[\text{m}]$ 이하

4) 광정위어(broad crested weir)

동마루가 넓은 위어를 광정위어라 하며 위어를 넘쳐흐르는 흐름은 수로에 있어서 상류로부터 사류로 옮기는 흐름과 같다.

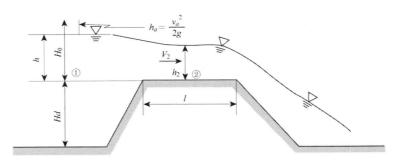

그림 10-20 광정위어

그림에서 ① 및 ②를 한 유선상의 2점이라 하여 마루부를 기준선으로 하여 베르누이정리를 적용하면

$$h + h_a = h_2 + \frac{V_2^2}{2g}$$

$$\frac{V_2^2}{2g} = h + h_a - h_2 = H_0 - h_2$$

그러므로 위어 마루부에서의 유속은 $V_2 = \sqrt{2g(H_0 - h_2)}$

위어의 폭을 B라 하면, 위어의 월류량은 $Q = CBh_2\sqrt{2g(H_0 - h_2)}$

위 식에서 $h_2 = 0$이거나 $h_2 = H_0$이면 Q=0이므로 최대유량은 h_2가 $0 \sim H_0$ 사이에 있을 때이다.

유량이 최대가 되기 위해서는 수심 h로 미분하면

$$\frac{dQ}{dh_2} = B\sqrt{2g}\,\frac{-3h_2 + 2H_0}{\sqrt{2(H + h_2)}} = 0$$

위 식을 만족하기 위해서는

$$-3h_2 + 2H_0 = 0$$

$$\therefore\ h_2 = \frac{2}{3}H_0$$

그러므로

$$실제유량(Q') = 1.7KLH^{\frac{3}{2}}\,[\text{m}^3/\text{min}]$$

개념예제

8. 직경이 10[cm]인 유동노즐이 15[cm]인 관에 부착되어 있다. 이 관에 물이 흐를 때 노즐입구와 출구에 설치된 물-수은(Hg) 시차 액주계가 250[mmHg]를 가리켰다. 이때 유량은 몇 [m³/sec]인가? [단, 유량계수(C) = 1.056이다.]

㉮ 0.025   ㉯ 0.0651   ㉰ 0.643   ㉱ 0.0785

Sol) 유량 $Q' = 1.056 \times \frac{\pi \times (0.1)^2}{4} \times \sqrt{2 \times 9.8 \times 0.25\left(\frac{13.6}{1} - 1\right)} = 0.0651\,[\text{m}^3/\text{sec}]$

답 ㉯

9. 그림과 같은 삼각 weir에서의 유량공식은? (단, C는 유량계수이다.)

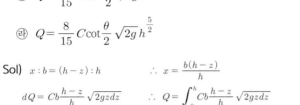

㉮ $Q = \dfrac{8}{15C} \sin \dfrac{\theta}{2} \sqrt{2g}\, h^{\frac{5}{2}}$

㉯ $Q = \dfrac{8}{15} C \cos \dfrac{\theta}{2} \sqrt{2g}\, h^{\frac{5}{2}}$

㉰ $Q = \dfrac{8}{15} C \tan \dfrac{\theta}{2} \sqrt{2g}\, h^{\frac{5}{2}}$

㉱ $Q = \dfrac{8}{15} C \cot \dfrac{\theta}{2} \sqrt{2g}\, h^{\frac{5}{2}}$

Sol) $x : b = (h - z) : h$ $\therefore\ x = \dfrac{b(h-z)}{h}$

$dQ = Cb \dfrac{h-z}{h} \sqrt{2gz dz}$ $\therefore\ Q = \displaystyle\int_0^h Cb \dfrac{h-z}{h} \sqrt{2gz dz}$

여기서 $b = 2h \tan \dfrac{\theta}{2}$ 이므로 $Q = \dfrac{8}{15} C \tan \dfrac{\theta}{2} \sqrt{2g}\, h^{\frac{5}{2}}$ **답** ㉰

10. 오른쪽 그림과 같이 비중 0.85인 기름이 흐르고 있는 개수로에 피토관을 설치했다. $\Delta h = 30$ [mm], $h = 120$[mm]일 때 유속 V는 몇 [m/sec]인가?

㉮ 0.707

㉯ 1.7

㉰ 1.58

㉱ 0.767

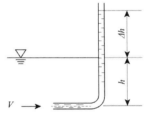

Sol) 정체점 압력을 P_s라고 하면

$$\frac{P}{\gamma} + \frac{V^2}{2g} = \frac{P_s}{\gamma}, \quad \frac{V^2}{2g} = \frac{P_s}{\gamma} - \frac{P}{\gamma} = \Delta h$$

$$V = \sqrt{2g\Delta h} = \sqrt{2 \times 9.8 \times 2 \times 10^{-2}} = 0.767\,[\text{m/sec}]$$

   답 ㉱

11. 비중량이 γ인 유체가 흐르는 원관에 피토-정압관을 설치하였다. 액주계에 비중량 γ_0인 액체를 넣었을 때 $\dfrac{V^2}{2g}$는?

㉮ H ㉯ $\gamma_0 H$

㉰ $H\left(\dfrac{\gamma}{\gamma_0}\right)$ ㉱ $H\left(\dfrac{\gamma_0}{\gamma} - 1\right)$

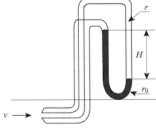

Sol) 정체점 압력을 P_0라고 하면

Bernoulli의 정리에 의하여 $\dfrac{V^2}{2g} = \dfrac{P_0 - P}{\gamma}$

또 액주계에서 $P_0 - P = H(\gamma_0 - \gamma)$, $\dfrac{P_0 - P}{\gamma} = H\left(\dfrac{\gamma_0}{\gamma} - 1\right)$

따라서 $\dfrac{V^2}{2g} = H\left(\dfrac{\gamma_0}{\gamma} - 1\right) = H\left(\dfrac{S_0}{S} - 1\right)$ (S : 비중)

   답 ㉱

01

폭 2[m], 위어 판의 높이 80[cm]인 전폭 위어에 있어서 수두가 50[cm]이었다. 유량[m³/sec]은? (단, 유량계수 $K=116.4$라 한다.)

㉮ 1.27

㉯ 1.37

㉰ 1.47

㉱ 1.57

02

수면의 높이 H인 오리피스에서 유출하는 물의 속도수두는? (단, 속도계수를 C_v라 한다.)

㉮ $\dfrac{C_v}{H}$

㉯ $\dfrac{C_v^2}{H}$

㉰ $C_v^2 H$

㉱ $C_v H$

03

물이 4[m/sec]의 속력으로 유동하고 있다. 비중이 1.25인 액체를 포함한 시차 액주계가 피토관에 설치되어 있다. 게이지 기중의 차는 몇 [m]인가? (단, 속도계수는 1이다.)

㉮ 0.168

㉯ 0.681

㉰ 0.816

㉱ 0.186

04

관 속에 물이 흐르고 있다. 피토관을 수은이 든 U자관에 연결하여 전압과 정압을 측정한 바 75[mm]의 액면차가 생겼다. 피토관 위치에 있어서의 유속은 몇 [m/sec]인가?

㉮ 4.31

㉯ 1.34

㉰ 3.41

㉱ 3.14

해설 및 정답

01

$$Q = KLH^{\frac{3}{2}} = 116.4 \times 2 \times 0.5^{\frac{3}{2}}$$
$$= 82.3\,[\mathrm{m^3/min}] = 1.37\,[\mathrm{m^3/sec}]$$

답 ㉯

02

오리피스에서 나온 직후의 유속
$$v_0 = C_v\sqrt{2gH}$$
따라서 속도수두
$$\frac{v_0^2}{2g} = \frac{C_v^2 2gH}{2g} = C_v^2 H$$

답 ㉰

03

$V = C\sqrt{2gH}$ 에서 $C=1$이므로
$$4\sqrt{2 \times 9.8 \times h}$$
$$\therefore\ h = 0.816\,[\mathrm{m}]$$

답 ㉰

04

압력차는
$$P_t - P_s = (\gamma' - \gamma)h$$
$$= (13.6 - 1.0) \times 9800 \times 0.075$$
$$= 9261\,[\mathrm{Pa}]$$

구하는 유속은
$$v = \sqrt{2g\frac{P_t - P_s}{\gamma}} = \sqrt{2 \times 9.8 \times \frac{9261}{9800}}$$
$$= 4.31\,[\mathrm{m/sec}]$$

답 ㉮

05

지름 50[mm]인 오리피스로부터 유체가 분출할 때 수축부의 지름이 45[mm]이었다. 수축계수 C_c는 얼마인가?

㉮ 0.6

㉯ 0.81

㉰ 0.95

㉭ 0.45

06

그림과 같은 4각 위어(weir)에서의 유량은?

㉮ L의 제곱에 비례한다.

㉯ H의 제곱에 비례한다.

㉰ H의 $\frac{3}{2}$ 제곱에 비례한다.

㉭ L의 $\frac{3}{2}$ 제곱에 비례한다.

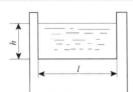

07

다음 중 개수로의 유량을 측정하는 것은 어느 것인가?

㉮ 벤투리계

㉯ 오리피스계

㉰ 피토-정압관

㉭ 위어

08

그림과 같이 V노치(notch)위어를 통하여 흐르는 유량은?
(단, H는 위어 상봉으로부터 수면까지의 깊이이다.)

㉮ $H^{\frac{1}{2}}$에 비례한다.

㉯ $H^{\frac{3}{2}}$에 비례한다.

㉰ H에 비례한다.

㉭ $H^{\frac{5}{2}}$에 비례한다.

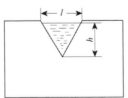

해설 및 정답 ㉮㉯㉰㉭

05

수축계수

$$C_c = \frac{\text{수축부면적}}{\text{오리피스면적}} = \left(\frac{4.5}{5}\right)^2 = 0.81$$

답 ㉯

06

$$Q \propto H^{\frac{3}{2}}$$

답 ㉰

07

위어(weir)는 개수로의 유량을 측정하는 계기이다.

답 ㉭

08

V노치위어는 3각 위어라고도 하며 유량
$$Q = KH^{\frac{5}{2}}[\text{m}^3/\text{min}]$$
로 구한다. 여기서 K는 유량계수이다.

답 ㉭

09

관로를 흐르는 물속에 피토관을 삽입하여 그 압력을 쟀더니 전압은 7.0[mAq], 정압은 6.0[mAq]이었다. 이 위치에 있어서의 유속은 얼마가 되는가?

㉮ 4.43[m/sec]

㉯ 7.67[m/sec]

㉰ 10.84[m/sec]

㉱ 11.71[m/sec]

10

그림과 같이 비중 0.85인 기름이 흐르고 있는 개수로에 피토관을 설치했다. $\Delta h = 30$[mm], $h = 12$[mm]일 때 유속 V는 몇 [m/sec]인가?

㉮ 0.707

㉯ 1.7

㉰ 1.58

㉱ 0.767

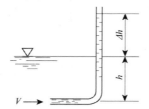

11

물이 들어있는 수조에 수면으로부터 10[m] 깊이에 직경 5[cm]인 노즐이 달려 있다. 만일, 이 노즐의 속도계수가 0.95라 할 때 실제 유속은 몇 [m/sec]인가?

㉮ 13.3

㉯ 15.5

㉰ 17.5

㉱ 21.4

12

피토관을 흐르는 물속에 넣었을 때 피토관의 4[cm] 높이까지 올라가 정지되었다. 이때 물의 유속은?

㉮ 7.8[m/sec]

㉯ 0.78[m/sec]

㉰ 8.9[m/sec]

㉱ 0.89[m/sec]

13

U자관에서 어떤 액체 20[cm]의 높이와 수은 4[cm]의 높이가 평형을 이루고 있다. 이 액체의 비중은?

㉮ 1.42

㉯ 2.53

㉰ 2.72

㉱ 0.367

09

$V = \sqrt{2gH}$ 에서

$V = \sqrt{2 \times 9.8(7.0 - 6.0)} = 4.43\,[\text{m/sec}]$

답 ㉮

10

정체점 압력을 P_s라고 하면

$\dfrac{P}{\gamma} + \dfrac{V^2}{2g} = \dfrac{P_s}{\gamma}, \ \dfrac{V^2}{2g} = \dfrac{P_s}{\gamma} - \dfrac{P}{\gamma} = \Delta h$

$V = \sqrt{2g\Delta h} = \sqrt{2 \times 9.8 \times 3 \times 10^{-2}}$

$\quad = 0.767\,[\text{m/sec}]$

답 ㉱

11

이론속도

$V_{th} = \sqrt{2g\Delta h} = \sqrt{2 \times 9.8 \times 10}$

$\quad = 0.767\,[\text{m/sec}]$

실제속도

$V_a = C_v \times V_{th} = 0.95 \times 14 = 13.3\,[\text{m/sec}]$

답 ㉮

12

$V = \sqrt{2gH}$

$V = \sqrt{2 \times 9.8 \times 004} = 0.885\,[\text{m/sec}]$

답 ㉱

13

$\gamma h = \gamma' h', \ Sh = S'h' : S = \dfrac{13.6 \times 4}{20} = 2.72$

답 ㉰

14

낙구식(falling ball type) 점도계는 다음 중 어느 원리를 이용한 것인가?

㉮ 하겐-포아젤 유동
㉯ 스토크스(stokes) 법칙
㉰ 에너지 보존법칙
㉱ 프란틀의 혼합길이이론

15

다음 중 점성계수를 측정할 수 없는 것은?

㉮ 세이볼트에 의한 방법
㉯ 낙구에 의한 방법
㉰ Ostwald에 의한 방법
㉱ U자관에 의한 방법

16

피토 정압관(pitot static tube)은 다음 중 무엇을 측정하는가?

㉮ 정압
㉯ 동압
㉰ 총압력
㉱ 동압과 정압의 차

17

열선풍속계(hotwire anemometer)는 무엇을 측정하는가?

㉮ 기체의 압력
㉯ 비행장의 풍속
㉰ 기체의 속도
㉱ 액체의 유량

18

어떤 기름의 표준체적을 세이볼트가 150[sec] 사이에 유출한다면 이 기름의 동점성계수는 얼마인가?

㉮ 0.318[cm^2/sec]
㉯ 0.318[m^2/sec]
㉰ 0.318×10^{-2}[cm^2/sec]
㉱ 0.318×10^{-3}[m^2/sec]

해설 및 정답

14

- 하겐-포아젤방정식 : $Q = \dfrac{\Delta P \pi d}{128 \mu l}$ 이고, 이 식은 직경이 d인 원형관 내 유동에 적용된다.
- 스토크스 법칙 : $D = 3\pi\mu \cdot d \cdot V$ 이고, 이 식은 대단히 저속으로 운동하는 물체의 저항을 측정하여 점성을 결정하는 데 유용한 식으로 낙구식 점도계에 이용된다.
- 낙구식 점도계에서는 온도변화를 고려하지 않으므로 에너지 보존법칙은 무관하다.
- 프란틀의 혼합길이는 난류에 적용되는 것이며 점성 측정과는 무관하다.

답 ㉯

15

점성계수를 측정하는 점도계로는 스토크스 법칙을 기초로 한 낙구식 점도계, 하겐-포아젤의 법칙을 기초로 한 오스트발트(Ostwald) 점도계와 세이볼트(saybolt) 점도계, 뉴턴의 점성법칙을 기초로 한 맥미첼 점도계와 스토머 점도계 등이 있다. U자관은 밀도나 비중량의 측정에 사용되는 계기이다.

답 ㉱

16

피토 정압관은 동압(dynamic pressure)을 측정하는 계기이다.

답 ㉯

17

열선풍속계는 기체(gas)의 속도를 측정하는 계기이다.

답 ㉰

18

실험식으로부터 동점성계수

$\nu = 0.0022t - \dfrac{1.8}{t}$

$= 0.0022 \times 150 - \dfrac{1.8}{150} = 0.318 \,[\text{cm}^2/\text{sec}]$

답 ㉮

19

비중병의 무게가 비었을 때는 0.2[N]이고, 액체로 충만되어 있을 때는 0.8[N]이다. 액체의 체적이 0.5[*l*]이면 이 액체의 비중량은 몇 [N/m³]인가?

㉮ 12
㉯ 120
㉰ 1200
㉭ 1780

20

다음 계측기 중 유량을 측정하는 데 사용하는 것은?

① 오리피스계	② 벤투리계
③ 위어(weir)	④ 피토관
⑤ 피토−정압관	⑥ 로마미터(romameter)

㉮ ①, ②, ⑥
㉯ ③, ④, ⑤
㉰ ①, ②, ③, ⑥
㉭ ①, ②, ⑤, ⑥

19

$$\gamma = \frac{W_2 - W_1}{V} = \frac{0.8 - 0.2}{0.5 \times 10^{-3}} = 1200[\text{N/m}^3]$$

답 ㉰

20

유량을 계측하는 계기는 오리피스, 벤투리미터, 노즐, 위어, 로마미터 등이 있다. 또한 피토−정압관은 동압(dynamic pressure)을 측정하는 계기이다.

답 ㉰

제10장 응용문제

01

물탱크와 그 아래쪽에 폭 180[cm], 길이 110[cm]인 수조가 있다. 물탱크의 수면하 75[cm]인 측벽에 지름 22[mm]인 오리피스를 붙여 수조에 물을 낙하시킨 바 8분 15초 후에 수조의 수심이 23[cm] 불었다고 하면, 오리피스의 유량계수 C는? (단, 물탱크 수면은 항상 일정하게 유지된다.)

㉮ 0.316
㉯ 0.361
㉰ 0.613
㉱ 0.631

02

그림과 같이 물이 흐르고 있다. 마노미터의 읽음이 $H=4$[cmHg]일 때 물의 속도를 구하라.

㉮ 3.14[m/sec]
㉯ 3.26[m/sec]
㉰ 5.32[m/sec]
㉱ 5.94[m/sec]

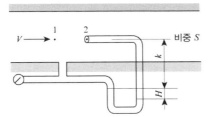

03

수면하 2.5[m]인 곳에 원형 오리피스를 만들어 매분 1000[ℓ]의 물을 유출시킬 때 유량계수를 1이라 하면 오리피스 단면의 지름은 몇 [cm]가 되겠는가?

㉮ 3.5
㉯ 4.5
㉰ 5.5
㉱ 6.5

해설 및 정답

01

오리피스의 단면적
$$A = \frac{\pi d^2}{4} = \frac{3.14 \times 0.022^2}{4} = 0.0038\,[\text{m}^2]$$
유입시간 $t = 8[\min] + 15[\sec] = 495[\sec]$
유량 $= \frac{1.8 \times 1.1 \times 0.23}{495} = 0.00092\,[\text{m}^3/\text{sec}]$
$Q = CAV = CA\sqrt{2gh}$ 에서
$$C = \frac{Q}{A\sqrt{2gh}} = \frac{0.00092}{0.00038 \times \sqrt{2 \times 9.8 \times 0.75}}$$
$$= 0.631$$

답 ㉱

02

$V = \sqrt{2gH\left(\frac{S_0}{S}-1\right)}$ 에서
$$V = \sqrt{2 \times 9.8 \times 0.04\left(\frac{13.6}{1}-1\right)}$$
$$= 3.14\,[\text{m/sec}]$$

답 ㉮

03

$Q = CA\sqrt{2gH}\,[\text{m}^3/\text{sec}]$, $C = 1$
$Q = 1000[\ell/\min] = 1[\text{m}^3/\min]$
$= \frac{1}{60}[\text{m}^3/\text{sec}]$
$\frac{1}{60} = 1 \times A \times \sqrt{2 \times 9.8 \times 2.5}$
$A = \frac{1}{420}[\text{m}^2]$, $A = \frac{\pi d^2}{4}$
$d = \sqrt{\frac{4A}{\pi}} = \sqrt{\frac{4}{420i}} = 0.055[\text{m}] = 5.5[\text{cm}]$

답 ㉰

04

오른쪽 그림과 같이 설치한 피토-정압관의 액주계 눈금 $H = 150[\text{mm}]$ 일 때 점 1에서의 유속은 몇 $[\text{m/sec}]$인가?
(단, 액주계의 액체는 수은 $S = 13.60$이다.)

㉮ 1.56
㉯ 6.32
㉰ 6.09
㉱ 3.5

05

동심원통 사이에 유체를 넣고 하나의 원통이 회전할 때 다른 원통이 토크를 받는 원리를 이용한 회전식 점도계에서 속도구배는?

㉮ 회전속도에 비례하고 원통 사이의 간격에 반비례한다.
㉯ 회전속도와 원통 사이의 간격에 비례한다.
㉰ 원통 사이의 간격에 비례하고 회전속도에 반비례한다.
㉱ 원통 사이의 간격과 회전속도에 비례한다.

06

어떤 예봉구형 위어에서 유량은 $Q = 1.9 L H^{\frac{3}{2}}$으로 표시할 수 있다. 폭이 5[m]이고 수면으로부터 위어상봉까지 깊이가 4[m]일 때 유량은 몇 $[\text{m}^3/\text{sec}]$인가?

㉮ 45
㉯ 54
㉰ 68
㉱ 76

07

그림과 같이 물탱크에 오리피스가 연결되어 있을 때 유체의 실제속도 V_a는?

㉮ $\sqrt{2gH}$
㉯ $\sqrt{\dfrac{H}{x_0^2 + y_0^2}}$
㉰ $\dfrac{x_0}{\sqrt{2y_0/g}}$
㉱ $x_0 \sqrt{2y_0/g}$

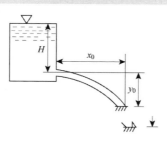

04

$$V = \sqrt{2gH\left(\frac{S_0}{S} - 1\right)}$$
$$= \sqrt{2 \times 9.8 \times 0.15 (13.6 - 1)} = 6.09 [\text{m/sec}]$$
$$= \sqrt{2 \times 9.8 \times 0.04 \left(\frac{13.6}{1} - 1\right)} = 3.14 [\text{m/sec}]$$

답 ㉰

05

$\tau = \mu \dfrac{du}{dy}$이고 회전원통의 반경이 r, 회전속도가 $N[\text{rpm}]$, 원통 사이의 간격이 b일 때

$$\frac{du}{dy} = \frac{2\pi r}{60} \frac{N}{b}$$

따라서 $\dfrac{du}{dy} \propto \dfrac{N}{b}$

답 ㉮

06

이 예봉구형 위어에 대한 유량계수 K는 대략 1.9 이다.

따라서 $Q = 1.9 L H^{\frac{3}{2}}$

$$Q = 1.9 \times 5 \times 4^{\frac{3}{2}} = 76 [\text{m}^3/\text{s}]$$

답 ㉱

07

속도의 x 성분은 변하지 않으므로 $V_a t = x_0$ 여기서 t는 유체입자가 출구로부터 착지점까지 가는 데 걸리는 시간이다. 한편 y 방향으로는 유체 입자가 중력에 의하여 t시간 동안에 y_0의 거리를 이용한다.

따라서 $y_0 = \dfrac{gt^2}{2}$

$$\therefore \frac{V_a}{x_0} = \frac{1}{\sqrt{2y_0/g}}, \quad V_a = \frac{x_0}{\sqrt{2y_0/g}}$$

답 ㉰

08

직경이 7.6[cm]인 오리피스로 5[m]의 수두에 의하여 물이 흘러나간다. 흘러나오는 물의 착지점은 출구로부터 $x_0 = 4.5$[m]이고, $y_0 = 1.2$[m]이다. 이 오리피스의 속도계수는 C_v는 얼마인가?

㉮ 0.98

㉯ 0.95

㉰ 0.92

㉱ 0.85

09

각도가 90°인 어떤 예봉삼각 위어에서 유량 Q는 다음과 같이 표시할 수 있다. 실험결과에 의하면 $K = 1.53$이다. H가 150[mm]일 때 유량은 몇 [m³/s]인가?

$$Q = KH^{\frac{5}{2}}$$

㉮ 0.26

㉯ 0.013

㉰ 0.0065

㉱ 0.089

10

지름 10[mm]인 강구(비중=7.8)가 비중이 0.9인 기름 속에서 0.05[m/sec]의 일정한 속도로 낙하하고 있다. 이 강구가 큰 탱크 안에서 낙하할 때 기름의 점성계수는 얼마인가?

㉮ 7.5[N·sec/m²]

㉯ 7.5[kg·sec/m²]

㉰ 7.5×10^{-2}[N·sec/m²]

㉱ 7.5×10^{-2}[kg·sec/m²]

해설 및 정답

㉮ ㉯ ㉰ ㉱

08

이론속도

$$V_{th} = \sqrt{2gH} = \sqrt{2 \times 9.8 \times 5} = 9.9 \,[\text{m/s}]$$

실제속도는 물의 궤적을 이용하여 구한다.

1.2[m]를 낙하하는 데 걸리는 시간은

$$t = \sqrt{2y_0/g} = \sqrt{\frac{2 \times 1.2}{9.8}} = 0.495\,[\text{s}]$$

실제속도 $V_a = \dfrac{x_0}{t} = \dfrac{4.5}{0.495} = 9.09\,[\text{m/s}]$

따라서 속도계수 $C_v = \dfrac{V_a}{V_{th}} = \dfrac{9.09}{9.9} = 0.92$

답 ㉰

09

$$Q = 1.53 H^{\frac{5}{2}} = 1.53 \times (0.150)^{\frac{5}{2}} = 0.013\,[\text{m}^3/\text{s}]$$

$K = 1.53$

$K = C_w \dfrac{8}{15}\sqrt{2g}\tan\dfrac{\phi}{2}$ 로부터 C_w는 0.65임을 알 수 있다.

답 ㉯

10

낙구식 점도계에 의한 실험식으로부터 점성계수

$$\mu = \frac{d^2(\gamma_s - \gamma_l)}{18\,V}$$
$$= \frac{(0.01)^2(9800 \times 7.8 - 9800 \times 0.9)}{18 \times 0.05}$$
$$= 7.5\,[\text{kg} \cdot \text{sec/m}^2]$$

답 ㉮

과년도 출제문제

유체역학 제1회 기출문제

기계유체역학

01

정상상태인 포텐셜 유동에 대한 정지한 경계면에서의 경계조건은?

㉮ 경계면에서 속도가 0이다.

㉯ 경계면에서 그 면에 대한 직각 방향의 속도성분이 0이다.

㉰ 경계면에서 그 면에 대한 접선 방향의 속도성분이 0이다.

㉱ 정지한 경계면이 등 포텐셜선이어야 한다.

01

답 ㉯

02

그림과 같이 수두 H[m]에서 오리피스의 유출속도가 V[m/s]이라면 유출속도를 2V로 하기 위해서는 H를 얼마로 해야 하는가?

㉮ $2H$

㉯ $3H$

㉰ $4H$

㉱ $6H$

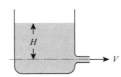

02

$v = \sqrt{2gh}$

$v' = 2v = 2\sqrt{2gh} = \sqrt{2g4h} = \sqrt{2gH}$ 에서

$H = 4h$

답 ㉰

03

평행한 평판 사이의 층류 흐름을 해석하기 위해서 필요한 무차원수와 그 의미를 바르게 나타낸 것은?

㉮ 레이놀즈 수=관성력/점성력

㉯ 레이놀즈 수=관성력/탄성력

㉰ 프루드 수=중력/관성력

㉱ 프루드 수=관성력/점성력

03

레이놀즈 수

$R_e = \dfrac{관성력}{점성력}$

답 ㉮

04

원관 내 완전히 발달된 난류 속도분포 $\dfrac{u}{u_0} = \left(1 - \dfrac{r}{R}\right)^{1/7}$ [R : 반지름] 에 대한 단면 평균속도는 중심속도 u_0의 몇 배인가?

㉮ 0.5 ㉯ 0.571

㉰ 0.667 ㉱ 0.817

04

답 ㉱

05

몸무게가 750N인 조종사가 지름 5.5m의 낙하산을 타고 비행기에서 탈출하고 있다. 항력계수가 1.0이고, 낙하산의 무게를 무시한다면 조종사의 최대 종속도는 약 몇 m/s가 되는가? (단, 공기의 밀도는 1.2kg/m³이다.)

㉮ 7.25 ㉯ 8

㉰ 5.26 ㉱ 10

05

무게＝양력

$$750 = C_L \dfrac{\rho A V^2}{2}$$

$$V = \sqrt{\dfrac{2 \times 750}{\rho A}} = \sqrt{\dfrac{2 \times 750 \times 4}{1.2 \times \pi 5.5^2}} = 7.25 \text{ m/s}$$

답 ㉮

06

12mm의 간격을 가진 평행한 평판 사이에 점성계수가 0.4N·s/m²인 기름이 가득 차 있다. 아래쪽 판을 고정하고 윗판을 3m/s인 속도로 움직일 때 발생하는 전단응력은 몇 N/m²인가?

㉮ 100 ㉯ 200

㉰ 300 ㉱ 400

06

$$\tau = \mu \dfrac{V}{L} = 0.3 \times \dfrac{3}{0.012} = 100 \text{ N/m}^2$$

답 ㉮

07

국소 대기압이 700mmHg일 때 절대압력은 40kPa이다. 이는 게이지 압력으로 얼마인가?

㉮ 47.7kPa 진공 ㉯ 45.3kPa 진공

㉰ 40.0kPa 진공 ㉱ 53.3kPa 진공

07

$$p_g = p_{abs} - p_0 = 40 - 101.3 \times \dfrac{700}{760}$$

$$= -53.3 \text{ kPa}$$

답 ㉱

08

그림과 같이 아주 큰 저수조의 하부에 연결된 터빈이 있다. 직경 $D=10\text{cm}$인 노즐로부터 대기 중으로 분출되는 유량은 $0.08\text{m}^3/\text{s}$이고 터빈 출력이 15kW일 때 수면 높이 H는 약 몇 m인가? (단, 터빈의 효율은 100%이고, 수면으로부터 출구 사이의 손실은 무시하며, 수면은 일정하게 유지된다고 가정한다.)

㉮ 17.2

㉯ 21.7

㉰ 24.4

㉱ 29.1

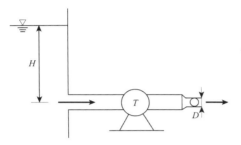

08

유속 $v = \dfrac{Q}{A} = \dfrac{4 \times 0.08}{\pi 0.1^2} = 10.191\,\text{m/s}$

속도 수두 $h_1 = \dfrac{v^2}{2g} = \dfrac{10.191^2}{2 \times 9.8} = 5.298\,\text{m}$

출력에 의한 손실 $h_2 = \dfrac{P}{\gamma Q} = \dfrac{15}{9.8 \times 0.08}$

$\qquad\qquad\qquad = 19.13\,\text{m}$

∴ 전 손실 수두 $= 5.298 + 19.13 = 24.4\,\text{m}$

 답 ㉰

09

물을 이용한 기압계는 왜 실제적이지 못한가?

㉮ 대기압이 물기둥을 지탱할 수 없다.

㉯ 물기둥의 높이가 너무 높다.

㉰ 표면장력의 영향이 너무 크다.

㉱ 정수역학의 방정식을 적용할 수 없다.

09

수은은 비중이 13.6이므로 높이가 낮지만, 물은 1기압이 10m에 해당하므로 너무 높아 시험하기 곤란

 답 ㉯

10

$\dfrac{1}{10}$ 크기의 모형 잠수함을 해수 밀도의 $\dfrac{1}{2}$, 해수 점성계수의 $\dfrac{1}{2}$인 액체 중에서 실험한다. 실제 잠수함을 2m/s로 운전하려면 모형 잠수함은 몇 m/s의 속도로 실험해야 하는가?

㉮ 20   ㉯ 1   ㉰ 0.5   ㉱ 4

10

잠수함 : 레이놀드 수 적용

$R_e = \dfrac{\rho v L}{\mu} = \dfrac{\dfrac{\rho}{2} v_m \dfrac{L}{10}}{\dfrac{\mu}{2}}$

$v_m = v \times 10 = 20\,\text{m/s}$

 답 ㉮

11

다음 중 음속의 표현식이 아닌 것은? (단, $k=$비열비, $P=$절대압력, $\rho=$밀도, $T=$절대온도, $E=$체적탄성계수, $R=$기체상수)

㉮ $\sqrt{\dfrac{P}{\rho^k}}$ ㉯ $\sqrt{\dfrac{E}{\rho}}$ ㉰ $\sqrt{kRT}$ ㉱ $\sqrt{\dfrac{\partial P}{\partial \rho}}$

11

음속 $C = \sqrt{\dfrac{dp}{d\rho}} = \sqrt{\dfrac{K}{\rho}} = \sqrt{\dfrac{kp}{\rho}} = \sqrt{kRT}$

답 ㉮

12

아주 긴 원관에서 유체가 완전 발달된 층류(laminar flow)로 흐를 때 전단응력은 반경 방향으로 어떻게 변화하는가?

㉮ 전단응력은 일정하다.

㉯ 관 벽에서 0이고, 중심까지 포물선 형태로 증가한다.

㉰ 관 중심에서 0이고, 관 벽까지 선형적으로 증가한다.

㉱ 관 벽에서 0이고, 중심까지 선형적으로 증가한다.

13

난류에서 평균 전단응력과 평균 속도구배의 비를 나타내는 점성계수는?

㉮ 유동의 혼합 길이와 평균 속도구배의 함수로 나타낼 수 있다.

㉯ 유체의 성질이므로 온도가 주어지면 일정한 상수이다.

㉰ 뉴턴의 점성법칙으로 구한다.

㉱ 임계 레이놀즈수를 이용하여 결정한다.

14

다음 중에서 차원이 다른 물리량은?

㉮ 압력   ㉯ 전단응력

㉰ 동력   ㉱ 체적탄성계수

15

내경이 50mm인 180° 곡관(bend)을 통하여 물이 5m/s의 속도와 0의 계기압력으로 흐르고 있다. 물이 곡관에 작용하는 힘은 약 몇 N인가?

㉮ 0   ㉯ 24.5

㉰ 49.1   ㉱ 98.2

16

2차원 직각좌표계 (x, y) 상에서 속도포텐셜(velocity potential)이 $\phi = 3x^2 y + y^3$으로 주어지는 어떤 이상유체에 대한 유동장이 있다. 점 $(-1, 2)$에서의 유속의 방향이 x축과 이루는 각도(degree)는?

㉮ 36.9°   ㉯ 51.5°

㉰ 62.7°   ㉱ 71.6°

12

전단응력 분포 : 관중심 0, 관벽 최대 1차 직선
속도 분포 : 관벽 0, 관중심 최대 2차 포물선

답 ㉰

13

난류 전단응력

$$\tau = (\mu + \eta)\frac{du}{dy} = \eta\frac{du}{dy} = \rho l^2 \frac{du}{dy}$$

(l : 프란틀의 혼합거리)

답 ㉮

14

압력, 응력, 체적탄성계수 : FL^{-2}
동력 : FLT^{-1}

답 ㉰

15

$$F = 2\rho QV = 2\rho AV^2$$
$$= 2 \times 1000 \times \frac{\pi 0.05^2}{4} \times 5^2 = 98.12\,\text{N}$$

답 ㉱

16

$$\frac{\partial \phi}{\partial x} = -6xy = -6 \times 1 \times 2 = -12$$
$$\frac{\partial \phi}{\partial y} = -3x^2 + 3y^2 = -3 \times 1^2 + 3 \times 2^2 = 9$$
$$\tan\theta = \frac{9}{12} = \frac{3}{4}, \ \theta = 36.9°$$

답 ㉮

17

그림과 같은 관에 유리관 A, B를 세우고 물을 흐르게 했을 때 유리관 B의 상승높이 h_2는 약 몇 cm인가?

㉮ 34.4

㉯ 10

㉰ 15.6

㉭ 12.5

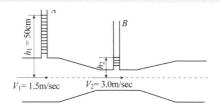

18

수평 파이프의 직경이 입구 D에서 출구의 $\frac{1}{2}D$로 감소되었을 때 비압축성 유체의 입구 유속 V에 대한 출구 유속으로 맞는 것은?

㉮ $\frac{1}{2}V$ ㉯ $\frac{1}{4}V$ ㉰ $2V$ ㉭ $4V$

19

아래 그림과 같이 폭이 3m이고, 높이가 4m인 수문의 상단이 수면 아래 1m에 놓여 있다. 이 수문에 작용하는 물에 의한 전압력의 작용점은 수면 아래로 몇 m인가?

㉮ 3.77

㉯ 3.44

㉰ 3.00

㉭ 2.36

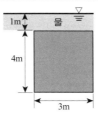

20

그림과 같이 수조에 안지름이 균일한 관을 연결하고 관의 한 점의 정압을 측정할 수 있도록 액주계를 설치하였다. 액주계의 높이 H가 나타내는 것은?

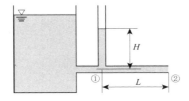

㉮ 관의 길이 L에서 생긴 손실수두와 같다.

㉯ 수조 내의 액체가 갖는 단위 중량당의 총에너지를 나타낸다.

㉰ 관에 흐르는 액체의 전압과 같다.

㉭ 관에 흐르는 액체의 동압을 나타낸다.

17

$p_1 = \gamma 0.5$, $p_2 = \gamma h_2$

베르누이 방정식 : $\dfrac{p_1}{\gamma} + \dfrac{v_1^2}{2g} = \dfrac{p_2}{\gamma} + \dfrac{v_2^2}{2g}$

$\therefore \ \dfrac{p_1 - p_2}{\gamma} = \dfrac{v_2^2 - v_1^2}{2g}$

$\therefore \ 0.5 - h_2 = \dfrac{3^2 - 1.5^2}{2g}$

$h_2 = 0.5 - \dfrac{6.75}{2g} = 0.1556 \text{ m} = 15.6 \text{ cm}$

답 ㉰

18

$Q = A_1 V_1 = A_2 V_2$

$\therefore \ V_2 = 4V_1$

답 ㉭

19

$y_p = \bar{y} + \dfrac{I_c}{\bar{y}A} = 3 + \dfrac{3 \times 4^3}{3 \times 3 \times 4 \times 12}$

$= 3.44 \text{ m}$

답 ㉯

20

속도 일정

베르누이 방정식에서

$\dfrac{p_1}{\gamma} + \dfrac{v^2}{2g} = \dfrac{p_2}{\gamma} + \dfrac{v^2}{2g} + h_l$

$h_l = \dfrac{p_1 - p_2}{\gamma} = H$ (손실 수두와 같다)

답 ㉮

유체역학 **제2회 기출문제**

기계유체역학

01

다음의 그림과 같이 밑면이 2m×2m인 탱크에 비중 0.8인 기름이 떠 있을 때 밑면이 받는 계기압력(게이지 압력)은 몇 kPa인가? (단, 물의 밀도는 1000kg/m³이고, 중력가속도는 9.8m/s²이다.)

㉮ 22.1
㉯ 19.6
㉰ 17.64
㉱ 15.68

1m	기름
1m	물

01

$$P_g = \gamma_1 h_1 + \gamma_2 h_2 = 9.8 \times 0.8 \times 1 + 9.8 \times 1$$
$$= 17.64\,\mathrm{kPa}$$

답 ㉰

02

그림과 같이 비중이 0.83인 기름이 12m/s의 속도로 수직 고정평판에 직각으로 부딪치고 있다. 판에 작용되는 힘 F는 몇 N인가?

㉮ 23.5
㉯ 28.9
㉰ 288.6
㉱ 234.7

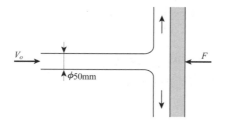

02

$$F = \rho QV = \rho A V^2$$
$$= 1000 \times 0.83 \times \frac{\pi 0.05^2}{4} \times 12^2$$
$$= 234.7\,\mathrm{N}$$

답 ㉱

03

부르돈관 압력계(Bourdon gauge)에서 압력에 대한 설명으로 가장 올바른 것은?

㉮ 액주의 중량과 평형을 이룬다.
㉯ 탄성력과 평형을 이룬다.
㉰ 마찰력과 평형을 이룬다.
㉱ 게이지압력과 평형을 이룬다.

03

답 ㉯

04

두 유선 사이의 유동함수 차이 값과 가장 관련이 있는 것은?

㉮ 질량유량
㉯ 유량
㉰ 압력수두
㉱ 속도수두

04

답 ㉯

05

그림에서 입구 A에서 공기의 압력은 3×10^5Pa(절대압력), 온도 20℃, 속도 5m/s이다. 그리고 출구 B에서 공기의 압력은 2×10^5Pa(절대압력), 온도 20℃이면 출구 B에서의 속도는 몇 m/s인가? (단, 공기는 이상기체로 가정한다.)

㉮ 13.3
㉯ 25.2
㉰ 30
㉱ 36

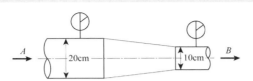

05

압축성 연속 방정식

$M/t = \rho_1 A_1 V_1 = \rho_2 A_2 V_2 = 3.567 \times 2^2 \times 5$

$\qquad = 2.378 \times 1^2 \times V_2$

$V_2 = 29.9 = 30 \, \mathrm{m/s}$

단, $\rho_1 = \dfrac{P}{RT} = \dfrac{3 \times 10^5}{287 \times 293} = 3.567$

$\qquad \rho_2 = \dfrac{2 \times 10^5}{287 \times 293} = 2.378$

답 ㉰

06

다음의 그림과 같이 반지름 R인 한 쌍의 평행 원판으로 구성된 점도 측정기(parallel plate viscometer)를 사용하여 액체시료의 점성계수를 측정하는 장치가 있다. 위쪽의 원판은 아래쪽 원판과 높이 h를 유지하고 각도는 ω로 회전하고 있으며 갭 사이를 채운 유체의 정도는 위 평판을 정상적으로 돌리는데 필요한 토크를 측정하여 계산한다. 갭 사이의 속도 분포는 선형적이며, Newton 유체일 때, 다음 중 회전하는 원판의 밑면에 작용하는 전단응력의 크기에 대한 설명으로 맞는 것은?

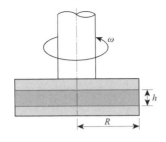

㉮ 중심축으로부터의 거리에 관계없이 일정하다.
㉯ 중심축으로부터의 거리에 비례하여 선형적으로 증가한다.
㉰ 중심축으로부터의 거리의 제곱으로 증가한다.
㉱ 중심축으로부터의 거리에 반비례하여 감소한다.

06

답 ㉯

07

공기가 평판 위를 3m/s의 속도로 흐르고 있다. 선단에서 50cm 떨어진 곳에서의 경계층 두께는? (단, 공기의 동점성계수 $\nu = 16 \times 10^{-6} \mathrm{m^2/s}$ 이다.)

㉮ 0.08mm

㉯ 0.82mm

㉰ 8.2mm

㉱ 82mm

07

$$R_e = \frac{U_\infty x}{v} = \frac{3 \times 0.5}{16 \times 10^{-6}} = 93750$$

층류이므로

$$\delta = \frac{5x}{\sqrt{R_e}} = \frac{5 \times 0.5}{\sqrt{93750}} \times 10^3 = 8.2\,\mathrm{mm}$$

답 ㉰

08

입구 단면적이 20cm²이고 출구 단면적이 10cm²인 노즐에서 물의 입구 속도가 1m/s일 때, 입구와 출구의 압력차이 $P_{입구} - P_{출구}$는 약 몇 kPa 인가? (단, 노즐은 수평으로 놓여 있고 손실은 무시할 수 있다.)

㉮ −1.5 ㉯ 1.5 ㉰ −2.0 ㉱ 2.0

08

$$V_2 = 2 \times 1 = 2\,\mathrm{m/s}$$

$$\frac{\triangle p}{\gamma} = \frac{V_2^2 - V_1^2}{2g} = \frac{3}{2g}$$

$$\triangle p = \gamma \times \frac{3}{2g} = 1.5\,\mathrm{kPa}$$

답 ㉯

09

밸브(지름 0.3m)에 연결된 수평원판(지름 0.3m)에 물(동점성계수 $\nu = 1.0 \times 10^{-6} \mathrm{m^2/s}$, 밀도 $\rho = 997.4 \mathrm{kg/m^3}$)이 유속 2.0m/s로 유동할 때 손실동력이 5kW이었다. 이것을 공기($\nu = 1.5 \times 10^{-5} \mathrm{m^2/s}$, 밀도 $\rho = 1.177 \mathrm{kg/m^3}$)로 완전히 상사한 조건에서 지름 0.15m인 수평원관 에서 실험한다면 손실동력은 약 몇 kW인가?

㉮ 6.0 ㉯ 39.8 ㉰ 51.4 ㉱ 159.0

09

답 ㉯

10

유체입자가 일정한 기간 내에 이동한 경로를 이은 선은?

㉮ 유선 ㉯ 유맥선 ㉰ 유적선 ㉱ 시간선

10

답 ㉰

11

가로 5m, 세로 4m의 직사각형 평판이 평판 면과 수직한 방향으로 정지된 공기 속에서 10m/s로 운동할 때 필요한 동력은 약 몇 kW인 가? (단, 공기의 밀도는 $1.23 \mathrm{kg/m^3}$, 정면도 항력계수는 1.10이다.)

㉮ 1.3 ㉯ 13.5 ㉰ 18.1 ㉱ 324.1

11

항력 $D = C_d \dfrac{\rho A V^2}{2} = 1.1 \times 1.23 \times \dfrac{5 \times 4 \times 10^2}{2}$

$\qquad = 1353\,\mathrm{N}$

$H = DV = 1353 \times 19 = 13530\,\mathrm{W} = 13.5\,\mathrm{kW}$

답 ㉯

12

물을 사용하는 원심 펌프의 설계점에서의 전 양정이 30m이고 유량은 1.2m³/min이다. 이 펌프의 전효율이 80%라면 이 펌프를 1200rpm의 설계점에서 운전할 때 필요한 축동력을 공급하기 위한 토크는 몇 N·m인가?

㉮ 46.7 ㉯ 58.5 ㉰ 467 ㉱ 585

13

지름이 5cm인 비누풍선 속의 내부 초과 압력은 2.08Pa이다. 이 비누막의 표면 장력은 몇 N/m인가?

㉮ 1.3×10^{-3} ㉯ 5.2×10^{-3}

㉰ 5.2×10^{-2} ㉱ 1.3×10^{-2}

14

다음 중 물리량의 차원이 틀리게 표시된 것은? (단, F : 힘, M : 질량, L : 길이, T : 시간을 의미한다.)

㉮ 선운동량 : MLT^{-1}

㉯ 각운동량 : ML^2T^{-1}

㉰ 동력 : FLT^{-1}

㉱ 에너지 : MLT^{-1}

15

그림과 같이 지름 D와 깊이 H의 원통 용기 내에 액체가 가득 차 있다. 수평방향으로의 등가속도(가속도=a) 운동을 하여 내부의 물의 35%가 흘러 넘쳤다면 가속도 a와 중력가속도 g의 관계로 올바른 것은? (단, $D = 1.2H$이다.)

㉮ $a = 1.2g$

㉯ $a = 0.8g$

㉰ $a = 0.42g$

㉱ $a = 1.42g$

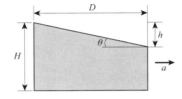

해설 및 정답 ㉮㉯㉰㉱

$$H = \frac{\gamma h Q}{\eta} = \frac{9800 \times 30 \times 1.2}{0.8 \times 60} = 7350\,\text{W}$$

$$T = \frac{H}{\omega} = \frac{60 \times 7350}{2\pi \times 1200} = 58.5\,\text{N m}$$

답 ㉯

$$\sigma = \frac{\triangle p\,D}{8} = \frac{2.08 \times 0.05}{8} = 1.3 \times 10^{-2}$$

답 ㉱

14

답 ㉱

15

$$D = 1.2H$$

$$\frac{V'}{\frac{\pi D^2}{4}} = \frac{\frac{\pi D^2 h}{4}}{\frac{\pi D^2 H}{4}} = \frac{h}{1.2D} = 0.35$$

$$\tan\theta = \frac{h}{D} = 1.2 \times 0.35 = 0.42 = \frac{a_x}{g}$$

$$a_x = 0.42\,g$$

답 ㉰

16

지름이 일정하고 수평으로 놓여진 원관 내의 유동이 완전 발달된 층류 유동일 경우 압력은 유동의 진행 방향으로 어떻게 변화하는가?

㉮ 선형으로 감소한다.　　㉯ 선형으로 증가한다.

㉰ 포물선형으로 증가한다.　　㉱ 포물선형으로 감소한다.

17

어느 장치에서의 유량 $Q[\text{m}^3/\text{s}]$는 지름 $D[\text{cm}]$, 높이 $H[\text{m}]$, 중력가속도 $g[\text{m/s}^2]$, 동점성계수 $\nu[\text{m}^2/\text{s}]$와 관계가 있다. 차원해석(파이정리)을 하여 무차원수 사이의 관계식으로 나타내고자 할 때 최소한 필요한 무차원수는 몇 개인가?

㉮ 2　　　　㉯ 3　　　　㉰ 4　　　　㉱ 5

18

위가 열린 원뿔형 용기에 그림과 같이 물이 채워져 있을 때 아래면(반지름 0.5m)에 작용하는 정수력은 약 몇 kN인가?

㉮ 0.77

㉯ 2.28

㉰ 3.08

㉱ 3.84

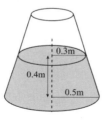

0.3m
0.4m
0.5m

19

수평 원관 속을 흐르는 유체의 층류 유동에서 관마찰계수는?

㉮ 상대조도만의 함수이다.

㉯ 마하수만의 함수이다.

㉰ 레이놀즈 수만의 함수이다.

㉱ 프루드 수만의 함수이다.

20

안지름이 30mm, 길이 1.5m인 파이프 안을 유체가 난류상태로 유동하여 압력손실이 14715Pa로 나타났다. 관 벽에 나타나는 전단응력은 약 몇 Pa인가?

㉮ 7.35×10^{-3}　　　　㉯ 73.5

㉰ 7.35×10^{-5}　　　　㉱ 7350

해설 및 정답

16

답 ㉮

17

물리량수 : 5
기본차원수 : 2
무차원수 : $5-2=3$

답 ㉯

18

$F = \gamma h A$
$\quad = 9.8 \times 0.4 \times \pi \times 0.5^2$
$\quad = 3.08\text{kN}$

답 ㉰

19

층류 $f = \dfrac{64}{R_e}$

답 ㉰

20

압력 강하에 의한 전단응력
$\tau = \dfrac{\triangle p\, D}{4L} = \dfrac{14715 \times 0.03}{4 \times 1.5} = 73.5\,\text{Pa}$

답 ㉯

유체역학 제3회 기출문제

기계유체역학

01

직경이 6cm이고 속도가 23m/s인 수평방향 물제트가 고정된 수직평판에 수직으로 충돌한 후 평판면의 주위로 유출된다. 물제트의 유동에 대항하여 평판을 현재의 위치에 유지시키는데 필요한 힘은 약 몇 N인가?

① 1200
② 1300
③ 1400
④ 1500

01

$$F = QV = e\theta V^2$$
$$= 1000 \times \frac{\pi \cdot 0.6^2}{4} \times 23^2$$
$$= 1494.9 \text{N}$$
$$\fallingdotseq 1500 \text{N}$$

답 ④

02

2차원 흐름 속의 한 점 A에 있어서 유선 간격은 4cm이고 평균 유속은 12m/s이다. 다른 한 점 B에 있어서의 유선간격이 2cm일 때 B의 평균 유속은 얼마인가? (단, 유체의 흐름은 비압축성 유동이다.)

① 24m/s
② 12m/s
③ 6m/s
④ 3m/s

02

유선상에서
$$Q = A_1 V_1 = A_2 V_2$$
$$= b h_1 V_1 = b h_2 V_2$$
$$V_2 = \frac{4}{2} \times 12 = 24 \text{m/s}$$

답 ①

03

다음 중 아래의 베르누이 방정식을 적용시킬 수 있는 조건으로만 나열된 것은?

$$\frac{P_1}{pg} + \frac{V_1}{2g} + z_1 = \frac{P_2}{pg} + \frac{V_2}{2g} + z_2$$

① 비정상 유동, 비압축성 유동, 점성 유동
② 정상 유동, 압축성 유동, 비점성 유동
③ 비정상 유동, 압축성 유동, 점성 유동
④ 정상 유동, 비압축성 유동, 비점성 유동

03

베르누이 eq.
$$\frac{P}{r} + \frac{V^2}{2g} + Z = C$$
정상류, 마찰손실무시(비점성 유동)
따라서 비압축성 유동

답 ④

04

물이 들어있는 탱크에 수면으로부터 20m 깊이에 지름 5cm의 노즐이 있다. 이 노즐의 송출계수(discharge coefficient)가 0.9일 때 노즐에서의 유속은 몇 m/s인가?

① 392   ② 36.4

③ 17.8   ④ 22.0

05

그림과 같은 지름이 2m인 원형수문의 상단이 수면으로부터 6m 깊이에 놓여 있다. 이 수문에 작용하는 힘과 힘의 작용점의 수면으로부터 깊이는?

① 188kN, 6.036m

② 214kN, 6.036m

③ 216kN, 7.036m

④ 188kN, 7.036m

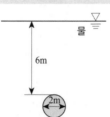

06

안지름 40cm인 관속을 동점성계수 $1.2 \times 10^{-3} \text{m}^2/\text{s}$의 유체가 흐를 때 임계 레이놀즈수(Reynolds number)가 23000이면 임계속도는 몇 m/s인가?

① 1.1   ② 2.3

③ 4.7   ④ 6.9

07

경계층(boundary layer)에 관한 설명 중 틀린 것은?

① 경계층 바깥의 흐름은 포텐셜 흐름에 가깝다.

② 균일 속도가 크고, 유체의 점성이 클수록 경계층의 두께는 얇아진다.

③ 경계층 내에서는 점성의 영향이 크다.

④ 경계층은 평판 선단으로부터 하류로 갈수록 두꺼워진다.

04

$$V = C \cdot \sqrt{2gh}$$
$$= 0.9 \cdot \sqrt{2 \times 9.8 \times 20}$$
$$= 17.8 \text{m/s}$$

답 ③

05

$$F = rFA = 9.81 \times (6+1) \times \frac{\pi}{4} 2^2$$
$$= 215.6 \text{kN}$$
$$y_p = \overline{y} + \frac{Ic}{\overline{y}A} = 7 \frac{\frac{\pi 2^4}{7 \times \frac{\pi}{4} 2^2 \times 64}} = 7.036 \text{m}$$

답 ③

06

$$R_e = \frac{V \cdot d}{\nu}$$
$$V = \frac{R_e \cdot \nu}{d} = \frac{2300 \times 1.2 \times 10^{-3}}{0.4}$$
$$= 6.9 \text{m/s}$$

답 ④

07

경계층

• 밖에는 자유흐름(비점성)
• 점성이 크면 경계층 두께 커진다.
• 경계층 내에서는 마찰 항력이 크다.
• 평판 선단에서 하류로 갈수록 경계층 두께가 커진다.

답 ②

08

이상유체 유동에서 원통주위의 순환(circulation)이 없을 때 양력과 항력은 각각 얼마인가? (단, ρ : 밀도, V : 상류속도, D : 원통의 지름)

① 양력 $= \rho V^2 D$, 항력 $= \dfrac{1}{2} \rho V^2 D$

② 양력 $= 0$, 항력 $= \dfrac{1}{4} \rho V^2 D$

③ 양력 $= \rho V^2 D$, 항력 $= \rho V^2 D$

④ 양력 $= 0$, 항력 $= 0$

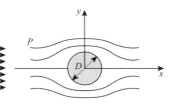

09

수력기울기선(Hydraulic Grade Line : HGL)이 관보다 아래에 있는 곳에서의 압력은?

① 완전 진공이다.

② 대기압보다 낮다.

③ 대기압과 같다.

④ 대기압보다 높다.

10

그림과 같이 15℃인 물(밀도는 998.6kg/m³)이 200kg/min의 유량으로 안지름이 5cm인 관 속을 흐르고 있다. 이때 관마찰계수 f는? (단, 액주계에 들어있는 액체의 비중(S)은 3.2이다.)

① 0.02

② 0.04

③ 0.07

④ 0.09

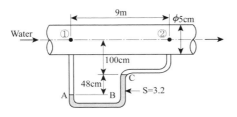

08
순환이 없으면 양력, 항력이 없다.
답 ④

09
수력구배된 $\left(H \cdot G \cdot L = \dfrac{P}{r} + Z \right)$이 관 아래에 있으면 진공압이다.
답 ②

10
pascal's 원리

$P_A = P_B = P_1 + r_w \cdot 0.148$

$\quad = P_2 + r_w 0.1 + r \times 0.48$

$\quad = P_1 + r_w (0.1 + 0.48)$

$\quad = P_2 + r_w 0.1 + r \cdot 0.48$

$P_1 - P_2 = 0.48 (r - r_w)$

$\quad = 0.48 \times (3.2 - 0.9986) \times r_w$

$\quad = 0.48 \times 9.8 (3.2 - 0.9986)$

①-③ : 베르누이 eg. $V = \dfrac{M}{eA} = 1.7 \mathrm{m/s}$

$\dfrac{P_1}{r} = \dfrac{P_2}{r} + h_l$

$h_l = \dfrac{P_1 - P_2}{r_w} = \dfrac{0.48 \times 9.8 (3.2 - 0.9986)}{9.8}$

$\quad = 0.48 (3.2 - 0.9986) = 1.0566$

$\quad = f \dfrac{l}{d} \cdot \dfrac{V^2}{y} = f \dfrac{9}{0.05} \times \dfrac{1.7^2}{2 \times 9.8}$

$f = 0.0398 = 0.04$

답 ②

11

길이가 5mm이고 발사속도가 400m/s인 탄환의 항력을 10배 큰 모형을 사용하여 측정하려고 한다. 모형을 물에서 실험하려면 발사속도는 몇 m/s이어야 하는가? (단, 공기의 점성계수는 2×10^{-5}kg/m·s, 밀도는 1.2kg/m³이고 물의 점성계수는 0.001kg/m·s라고 한다.)

① 2.0
② 2.4
③ 4.8
④ 9.6

11

$$\frac{\rho_n V_n L_n}{\mu_n} = \frac{\rho_p V_p L_p}{\mu_p}$$

$$\frac{1000 \times V_n \times 10^{L_p}}{0.001} = \frac{5 \times 1.2 \times 400 \times L_p}{2 \times 10^{-5}}$$

$$V_n = 2.4 \text{m/s}$$

답 ②

12

그림과 같은 반지름 R인 원관 내의 층류유동 속도분포는 $u(r) = U\left(1 - \dfrac{r^2}{R^2}\right)$으로 나타내어진다. 여기서 원관 내 전체가 아닌 $0 \le r \le \dfrac{R}{2}$인 원형 단면을 흐르는 체적유량 Q를 구하면?

① $Q = \dfrac{5\pi UR^2}{16}$

② $Q = \dfrac{7\pi UR^2}{16}$

③ $Q = \dfrac{5\pi UR^2}{32}$

④ $Q = \dfrac{7\pi UR^2}{32}$

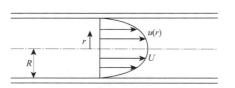

12

$$Q = \int U \cdot dA = \int_0^{n/c} U\left(1 - \frac{r^2}{R^2}\right)2\pi r\, dr$$

$$= 2\pi u \int\left(r - \frac{r^3}{R^2}\right)dr = 2\pi U\left[\frac{r^2}{2} - \frac{r^4}{4R^2}\right]^{\frac{R}{2}}$$

$$= \pi U\left(\frac{R^2}{4} - \frac{1}{2R^2}\times\left(\frac{R}{2}\right)\right)^4$$

$$= \pi U\left(\frac{8-1}{32}R^2\right)$$

$$= \frac{7\pi u}{32}R^2$$

답 ④

13

그림과 같이 입구속도 U_0의 비압축성 유체의 유동이 평판위를 지나 출구에서의 속도분포가 $U_0\dfrac{y}{\delta}$가 된다. 검사체적을 ABCD로 취한다면 단면 CD를 통과하는 유량은? (단, 그림에서 검사체적의 두께는 δ, 평판의 폭은 b이다.)

① $\dfrac{U_0 b\delta}{2}$

② $U_0 b\delta$

③ $\dfrac{U_0 b\delta}{4}$

④ $\dfrac{U_0 b\delta}{8}$

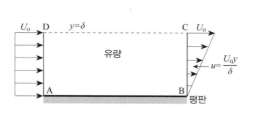

13

$$Q = \int U \cdot dA = \int U_0\frac{y}{\delta} \cdot b \cdot dy$$

$$= \frac{bU_0}{\delta} \cdot \left[\frac{y^2}{2}\right]^{\delta}$$

$$= \frac{U_0 d \cdot b}{2}$$

답 ①

14

그림과 같이 동일한 단면의 U자관에서 상호간 혼합되지 않고 화학작용도 하지 않는 두 종류이 액체가 담겨져 있다. $\rho_A = 1000kg/m^3$, $l_A = 50cm$, $\rho_B = 500kg/m^3$일 때 l_B는 몇 cm인가?

① 100
② 50
③ 75
④ 25

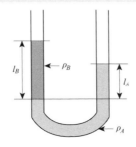

15

그림과 같은 원통형 측 틈새로 점성계수 $\mu = 0.51Pa\cdot s$인 윤활유가 채워져 있을 때, 축을 1800rpm으로 회전시키기 위해서 필요한 동력은 몇 W인가? (단, 틈새에서의 유동은 Couette 유동이라고 간주한다.)

① 45.3
② 128
③ 4807
④ 13610

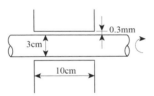

16

다음 중 차원이 잘못 표시된 것은? (단, M : 질량, L : 길이, T : 시간)

① 압력(pressure) : MLT^{-2}
② 일(work) : ML^2T^{-2}
③ 동력(power) : ML^2T^{-3}
④ 동점성계수(kinematic viscosity) : L^2T^{-1}

17

질량 60g, 직경 64mm인 테니스공이 25m/s의 속도로 회전하며 날아갈 때, 이 공에 작용하는 공기 역학적 양력은 몇 N인가? (단, 공기의 밀도는 1.23kg/m³, 양력계수는 0.3이다.)

① 0.37
② 0.45
③ 1.50
④ 3.63

14

$$P_c = P_d = \rho_A \cdot l_A = \rho_B \cdot l_B$$
$$l_B = \frac{l_A l_a}{l_B} = \frac{1000}{500} \times 50$$
$$= 100cm$$

답 ①

15

$$F = \mu \cdot \frac{V}{C} \cdot A$$
$$= 0.51 \times \frac{\pi 0.03 \times 1800}{\frac{0.3}{1000} \times 60} \times \pi D \cdot l$$
$$= 0.51 \times \frac{1000 \times \pi \times 0.03 \times 1800}{0.3 \times 60}$$
$$\times \pi \cdot 0.03 \times 0.1$$
$$= 45.25N$$

답 ①

16

답 ①

17

$$L = C_L \cdot \frac{\rho A V^2}{2}(0.064)^2$$
$$= 0.3 \times \frac{1.23}{2} \times \frac{\pi}{4} \times 25^2$$
$$= 0.37N$$

답 ①

18

그림과 같이 지름이 D인 물방울을 지름 d인 N개의 작은 물방울로 나누려고 할 때 요구되는 에너지양은? (단, $D \gg d$ 이고, 표면장력을 σ이다.)

① $4\pi D^2 \left(\dfrac{D}{d} - 1 \right) \sigma$

② $2\pi D^2 \left(\dfrac{D}{d} - 1 \right) \sigma$

③ $\pi D^2 \left(\dfrac{D}{d} - 1 \right) \sigma$

④ $2\pi D^2 \left[\left(\dfrac{D}{d} \right)^2 - 1 \right] \sigma$

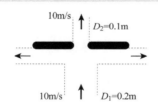

19

그림과 같이 지름 0.1m인 구멍이 뚫린 철판을 지름 0.2m, 유속 10m/s인 분류가 완벽하게 균형이 잡힌 정지 상태로 떠받치고 있다. 이 철판의 질량은 약 몇 kg인가?

① 240

② 320

③ 400

④ 800

10m/s ↑ $D_2 = 0.1$m

← →

10m/s ↑ $D_1 = 0.2$m

20

유체의 밀도 ρ, 속도 V, 압력강하 $\triangle P$의 조합으로 얻어지는 무차원 수는?

① $\sqrt{\dfrac{\triangle P}{\rho V}}$

② $\rho \sqrt{\dfrac{V}{\triangle P}}$

③ $V \sqrt{\dfrac{\rho}{\triangle P}}$

④ $\triangle P \sqrt{\dfrac{V}{\rho}}$

18

D인 물방울

$F_1 = \sigma \cdot \pi D$: $n = \dfrac{D}{d}$

에너지 $U_1 = F_1 \cdot nD = \sigma \pi D \cdot nD$

에너지 $U_2 = \sigma \cdot \pi D \cdot nd$

$\therefore \triangle U = U_1 - U_2 = \sigma \pi D \cdot nD - \sigma \pi D \cdot nd$

$\qquad = \sigma \pi D (nD - nd)$

$\qquad = \sigma \pi D \left(\dfrac{D^2}{d} - \dfrac{D}{d} d \right)$

$\sigma \pi D^2 \left(\dfrac{D}{d} - 1 \right)$

답 ③

19

$F = \rho Q V$

$\quad = \rho A V^2 = 1000 \times \dfrac{\pi}{4} 0.2^2 \times 10^2$

$\quad = mg + 1000 \dfrac{\pi}{4} 0.1^2 \times 10^2$

$m = \dfrac{1000\pi 10^1 (0.2^2 - 0.1^2)}{g \times 4}$

$\quad = 240 \text{kg}$

답 ①

20

무차원수 $= \dfrac{분자}{분모} = 1$

$\quad = V \sqrt{\dfrac{\rho}{\triangle P}} = \dfrac{L}{T} \sqrt{\dfrac{MT^2 L^2}{L^3 \cdot ML}}$

$\quad = 1$

답 ③

유체역학 제4회 기출문제

기계유체역학

01

다음 중 유선의 방정식은 어느 것인가? (단, ρ : 밀도, A : 단면적, V : 평균속도, u, v, w는 각각 x, y, z방향의 속도이다)

① $\dfrac{d\rho}{\rho} + \dfrac{dA}{A} + \dfrac{dV}{V} = 0$

② $\dfrac{\partial u}{\partial x} + \dfrac{\partial v}{\partial y} + \dfrac{\partial w}{\partial z} = 0$

③ $\dfrac{dx}{u} = \dfrac{dy}{v} = \dfrac{dz}{w}$

④ $d\left(\dfrac{v^2}{2} + \dfrac{P}{\rho} + gy\right) = 0$

01
① 연속 방정식
② 연속 방정식
③ 유선 방정식
④ 오일러 운동 방정식

답 ③

02

수면차가 15m인 두 물탱크를 지름 300mm, 길이 1500m인 원관으로 연결하고 있다. 관로의 도중에 곡관이 4개 연결되어 있을 때 관로를 흐르는 유량은 몇 ℓ/s인가? (단, 관마찰계수는 0.032, 입구 손실계수는 0.45, 출구 손실계수는 1, 곡관의 손실계수는 0.17이다)

① 89.6

② 92.3

③ 95.2

④ 98.5

02

$$h_l = 15 = K_1 \frac{v^2}{2g} + K_2 \frac{v^2}{2g} + f \frac{l}{d} \frac{v^2}{2g}$$

$$= \left(0.032 \times \frac{1500}{0.3} + 0.045 + 1 + 0.17\right) \frac{v^2}{2g}$$

$$v = 1.348 \,\mathrm{m/s}$$

$$\therefore Q = Av = \frac{\pi 0.3^2}{4} \times 1.348$$

$$= 0.0952 \mathrm{m^3/s} = 95.2 \,\ell/\mathrm{s}$$

답 ③

03

점성력에 대한 관성력의 비로 나타내는 무차원 수의 명칭은?

① 레이놀즈 수

② 코우시 수

③ 프루드 수

④ 웨버 수

03

답 ①

04

한 변이 2m인 위가 열려 있는 정육면체 통에 물을 가득 담아 수평 방향으로 9.8m/s²의 가속도로 잡아 끌 때 통에 남아 있는 물의 양은 얼마인가?

① 8m³

② 4m³

③ 2m³

④ 1m³

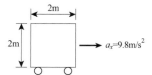

04

$$\tan\theta = \frac{\triangle h}{l} = \frac{a_x}{g} = 1$$

$\triangle h = 2$ (높이차)

∴ 반이 넘침 : $2 \times 2 \times 2/2 = 4\,\mathrm{m}^3$

답 ②

05

$2h$ 떨어진 두 개의 평행 평판 사이에 뉴턴 유체의 속도 분포가 $u = u_0[1-(y/h)^2]$와 같을 때 밑판에 작용하는 전단응력은? (단, μ는 점성계수이고, $y = 0$은 두 평면의 중앙이다)

① $\dfrac{2\mu u_0}{h}$

② $\dfrac{\mu u_0}{h}$

③ $2\mu u_0 h$

④ $\mu u_0 h$

05

$$U = U_0\left(1 - \frac{y^2}{h^2}\right)$$

$$\frac{dU}{dy} = 0 - U_0 \times \frac{2y}{h^2}\bigg)_{y=-h} = \frac{U_0}{h}$$

$$\tau = \mu \times \frac{2\,U_0}{h}$$

답 ①

06

분수에서 분출되는 물줄기 높이를 2배로 올리려면 노즐로 공급되는 게이지 압력을 몇 배로 올려야 하는가? (단, 이곳에서의 동압은 무시한다)

① 1.414

② 2

③ 2.828

④ 4

06

$$h = \frac{v^2}{2g} = \frac{p}{\gamma}$$

h가 2배이면 p도 2배

답 ②

07

다음 중 유량 측정과 직접적인 관련이 없는 것은?

① 오리피스(Orifice)

② 벤투리(Venturi)

③ 노즐(Nozzle)

④ 부르돈관(Bourdon tube)

07

답 ④

08

시속 800km의 속도로 비행하는 제트기가 400m/s의 상대 속도로 배기가스를 노즐에서 분출할 때의 추진력은? (단, 이때 흡기량은 25kg/s이고, 배기되는 연소 가스는 흡기량에 비해 2.5% 증가하는 것으로 본다)

① 3,920N

② 4,694N

③ 4,870N

④ 7,340N

08

$$V_1 = \frac{800 \times 10^3}{3600} = 222.22\,\mathrm{m/s}$$

$$F = M_2 V_2 - M_1 V_1$$
$$= 25 \times 1.025 \times 400 - 25 \times 222.22 = 4694\,\mathrm{N}$$

답 ②

09

비중 0.85인 기름의 자유표면으로부터 10m 아래에서의 계기압력은 약 몇 kPa인가?

① 83

② 830

③ 98

④ 980

10

다음 후류(wake)에 관한 설명 중 옳은 것은?

① 표면마찰이 주원인이다.

② $(d_p/d_x) < 0$인 영역에서 일어난다.

③ 박리점 후방에서 생긴다.

④ 압력이 높은 구역이다.

11

포텐셜 유동 중 2차원 자유와류(free vortex)의 속도 포텐셜은 $\phi = K\theta$로 주어지고, K는 상수이다. 중심에서의 거리 $r = 10$m에서의 속도가 20m/s라면 $r = 5$m에서의 계기압력은 몇 Pa인가? (단, 중심에서 멀리 떨어진 곳에서의 압력은 대기압이며 이 유체는 밀도는 1.2kg/m³이다)

① −60

② −240

③ −960

④ 240

12

동점성계수의 차원을 $[M]^a[L]^b[T]^c$로 나타낼 때, a+b+c의 값은?

① −1

② 0

③ 1

④ 3

13

지름 5cm의 구가 공기 중에서 매초 40m의 속도로 날아갈 때 항력은 약 몇 N인가? (단, 공기의 밀도는 1.23kg/m³이고, 항력계수는 0.60이다)

① 1.16

② 3.22

③ 6.35

④ 9.23

09

$$p = \gamma h = 0.85 \times 9.8 \times 10 = 83\,\text{kPa}$$

답 ①

10

답 ③

11

답 ③

12

$$v = \frac{L^2}{T} = L^2 T^{-1}$$

$\therefore M^a L^b T^c$에서 $\alpha = 0,\ \beta = 2,\ \gamma = -1$

$\alpha + \beta + \gamma = 0 + 2 - 1 = 1$

답 ③

13

항력 $D = C_D \dfrac{\rho A V^2}{2}$

$= 0.6 \times \dfrac{1.23 \times \pi\, 0.05^2 \times 40^2}{2 \times 4}$

$= 1.158\,\text{N}$

답 ①

14

점성계수 $\mu = 1.1 \times 10^{-3}$N·s/m²인 물이 직경 2cm인 수평원관 내를 층류로 흐를 때, 관의 길이가 1000m, 압력강하는 8800Pa이면 유량 Q는 약 몇 m³/s인가?

① 3.14×10^{-5}

② 3.14×10^{-2}

③ 3.14

④ 314

15

절대압력 700kPa의 공기를 담고 있고 체적은 0.1m³, 온도는 20℃인 탱크가 있다. 순간적으로 공기는 밸브를 통해 바깥으로 단면적 75mm²를 통해 방출되기 시작한다. 이 공기의 유속은 310m/s이고, 밀도는 6kg/m³이며 탱크 내의 모든 물성치는 균일한 분포를 갖는다고 가정한다. 방출하기 시작하는 시각에 탱크 내 밀도의 시간에 따른 변화율은 몇 kg/m³·s인가?

① −12.338

② −2.582

③ −20.381

④ −1.395

16

100m 높이에 있는 물의 낙차를 이용하여 20MW의 발전을 하기 위해서 필요한 유량은 약 m³/s인가? (단, 터빈의 효율은 90%이고, 모든 마찰손실은 무시한다)

① 18.4

② 22.7

③ 180

④ 222

17

길이 150m의 배가 8m/s의 속도로 항해한다. 배가 받는 조파 저항을 연구하는 경우, 길이 1.5m의 기하학적으로 닮은 모형의 속도는 몇 m/s인가?

① 12

② 80

③ 1

④ 0.8

해설 및 정답

14

층류유량 $Q = \dfrac{\triangle p \pi d^4}{128 \mu l}$

$\qquad = \dfrac{8800 \times \pi \times 0.02^4}{128 \times 1.1 \times 10^{-3} \times 1000}$

$\qquad = 3.14 \times 10^{-5}\,\mathrm{m^3/s}$

답 ①

15

유량 $Q = AV = 75 \times 310000 / 10^9$

$\qquad = 0.02325\,\mathrm{m^3/s}$

$\qquad = \dfrac{0.1}{t}$

$\therefore\ t = \dfrac{0.1}{0.02325} = 4.3$초

밀도변화율 $= -\dfrac{drho}{dt} = \dfrac{\rho}{t} = \dfrac{6}{4.3} = 1.395$

$\therefore\ \dfrac{d\rho}{dt} = -1.395$

답 ④

16

$\eta = \dfrac{L}{\gamma H Q}$ 에서

$Q = \dfrac{L}{\eta \gamma H} = \dfrac{20 \times 10^3}{0.9 \times 9.8 \times 100} = 22.675\,\mathrm{m^3/s}$

답 ②

17

배 설계 : 프루드수 적용

$\dfrac{v_m^2}{L_m} = \dfrac{v_p^2}{L_p}$

$v_m = v_p \sqrt{\dfrac{L_m}{L_p}} = 8 \times \sqrt{\dfrac{1.5}{150}} = 0.8\,\mathrm{m/s}$

답 ④

18

점도가 $0.101 \text{N} \cdot \text{s/m}^2$, 비중이 0.85인 기름이 내경 300mm, 길이 3km의 주철관 내부를 흐르며, 유량은 $0.0444\text{m}^3\text{/s}$이다. 이 관을 흐르는 동안 기름 유동이 겪은 수두 손실은 약 몇 m인가?

① 7.14

② 8.12

③ 7.76

④ 8.44

19

관내의 층류 유동에서 관 마찰계수 f는?

① 조도만의 함수이다.

② 오일러수의 함수이다.

③ 상대조도와 레이놀즈수의 함수이다.

④ 레이놀즈수만의 함수이다.

20

기온이 27℃인 여름날 공기 속에서의 음속은 −3℃인 겨울날에 비해 몇 배나 빠른가? (단, 공기의 비열비의 변화는 무시한다)

① 1.00

② 1.05

③ 1.11

④ 1.23

18

$$v = \frac{Q}{A} = \frac{4 \times 0.0444}{\pi 0.3^2} = 0.628$$

∴레이놀드수 $R_e = \dfrac{\rho v d}{\mu}$

$$= \frac{0.85 \times 1000 \times 0.622 \times 0.3}{0.101} = 1572.3$$

관마찰계수 $f = \dfrac{64}{R_e} = \dfrac{64}{1572.3} = 0.0407$

$$h_l = f\frac{l}{d}\frac{v^2}{2g} = 0.0407 \times \frac{300}{0.3} \times \frac{0.628^2}{2g} = 8.12\text{m}$$

답 ②

19

층류에서 관 마찰계수는

$$f = \frac{64}{R_e}$$

답 ④

20

음속 $C = \sqrt{kRT}$

$$C_1 = \sqrt{kR300}, \quad C_2 = \sqrt{kR270}$$

$$\frac{C_1}{C_2} = \sqrt{\frac{300}{270}} = 1.05\ \text{배}$$

답 ②

유체역학 제5회 기출문제

기계유체역학

01

안지름이 250mm인 원형관 속을 평균속도 1.2m/s로 유체가 흐르고 있다. 흐름 상태가 완전 발달된 층류라면 단면 최대유속은 몇 m/s인가?

① 1.2　　　② 2.4　　　③ 1.8　　　④ 3.6

01

관 중심속도는 평균속도의 2배이므로
$2 \times 1.2 = 2.4 \text{m/s}$이다.

답 ②

02

어떤 온도의 공기가 50m/s의 속도로 흐르는 곳에서 정압(static pressure)이 120kPa이고, 정체압(stagnation pressure)이 121kPa일 때, 이곳을 흐르는 공기의 온도는 약 몇 ℃인가? (단, 공기의 기체상수는 287J/kg·K이다)

① 249　　　② 278　　　③ 522　　　④ 556

02

답 ①

03

2차원 공간에서 속도장이 $\vec{V} = 2xt\vec{i} - 4y\vec{j}$로 주어질 때, 가속도 $\vec{a}$는 어떻게 나타나는가? (여기서, t는 시간을 나타낸다)

① $4xt\vec{i} - 16y\vec{j}$

② $4xt\vec{i} + 16y\vec{j}$

③ $2x(1 + 2t^2)\vec{i} - 16y\vec{j}$

④ $2x(1 + 2t^2)\vec{i} + 16y\vec{j}$

03

속도와 가속도 관계를 알려면 다음 식을 기억하자.
속도 $v_x = f(x, t)$일 때, 체인을 걸면
$$dv_x = \frac{\partial v}{\partial x}dx + \frac{\partial v}{\partial t}dt$$
$\therefore$ 가속도 $a_x = \dfrac{dv}{dt} = \dfrac{dx}{dt}\dfrac{\partial v}{\partial x} + \dfrac{\partial v}{\partial t}$
$$= v_x \frac{\partial v}{\partial x} + \frac{\partial v}{\partial t}$$

$\vec{V} = 2xt i - 4y j$
$\vec{a} = (2xt \times 2t + 2x)i + (-4y \times -4)j$
$\quad = 2x(2t^2 + 1)i - 16y j$

답 ④

04

속도 3m/s로 움직이는 평판에 이것과 같은 방향으로 수직하게 10m/s의 속도를 가진 제트가 충돌한다. 이 제트가 평판에 미치는 힘 F는 얼마인가? (단, 유체의 밀도를 ρ라 하고 제트의 단면적을 A라 한다)

① $F = 10\rho A$　　　② $F = 100\rho A$

③ $F = 49\rho A$　　　④ $F = 7\rho A$

04

관벽에 미치는 힘
$F = \rho QV = \rho A V^2 = \rho A(10-3)^2 = 49\rho A$

답 ③

05

그림과 같이 안지름이 2m인 원관의 하단에 0.4m/s의 평균 속도로 물이 흐를 때, 체적유량은 약 몇 m³/s인가? (단, 그림에서 θ는 120° 이다)

① 0.25

② 0.36

③ 0.61

④ 0.83

06

길이 100m인 배가 10m/s의 속도로 항해한다. 길이 1m인 모형 배를 만들어 조파저항을 측정한 후 원형 배의 조파저항을 구하고자 동일한 조건의 해수에서 실험할 경우 모형 배의 속도를 약 몇 m/s로 하면 되겠는가?

① 1   ② 10

③ 100   ④ 200

07

한 변의 길이가 3m인 뚜껑이 없는 정육면체 통에 물이 가득 담겨있다. 이 통을 수평방향으로 9.8m/s²로 잡아끌어 물이 넘쳤을 때 통에 남아 있는 물의 양은 몇 m³인가?

① 13.5   ② 27.0

③ 9.0   ④ 18.5

08

폭이 2m, 길이가 3m인 평판이 물속에 수직으로 잠겨있다. 이 평판의 한쪽 면에 작용하는 전체 압력에 의한 힘은 약 얼마인가?

① 88kN

② 176kN

③ 265kN

④ 353kN

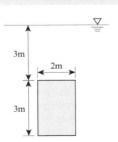

09

흐르는 물의 유속을 측정하기 위해 피토정압관을 사용하고 있다. 압력 측정결과, 전압력수두가 15m이고, 정압수두가 7m일 때 이 위치에서의 유속은?

① 5.91m/s　　② 9.75m/s　　③ 10.58m/s　　④ 12.52m/s

10

지름 D인 구가 V로 흐르는 유체 속에 놓여 있을 때 받는 항력이 F이고, 이 때의 항력계수(drag coefficient)가 4이다. 속도가 $2V$일 때 받는 항력이 $3F$라면 이 때의 항력계수는 얼마인가?

① 3　　　　② 4.5　　　　③ 8　　　　④ 12

11

다음 중 2차원 비압축성 유동이 가능한 유동은 어떤 것인가?
(단, u는 x방향 속도성분이고, v는 y방향 속도성분이다)

① $u = x^2 - y^2,\ v = -2xy$　　　　② $u = 2x^2 - y^2,\ y = 4xy$

③ $u = x^2 + y^2,\ v = 3x^2 - 2y^2$　　④ $u = 2x + 3xy,\ v = -4xy + 3y$

12

일반적으로 뉴턴 유체에서 온도 상승에 따른 액체의 점성계수 변화를 가장 바르게 설명한 것은?

① 분자의 무질서한 운동이 커지므로 점성계수가 증가한다.
② 분자의 무질서한 운동이 커지므로 점성계수가 감소한다.
③ 분자간의 응집력이 약해지므로 점성계수가 증가한다.
④ 분자간의 응집력이 약해지므로 점성계수가 감소한다.

13

정지해 있는 평판에 층류에 흐를 때 평판 표면에서 박리(separation)가 일어나기 시작할 조건은? (단, P는 압력, u는 속도, ρ는 밀도를 나타낸다)

① $u = 0$

② $\dfrac{\partial u}{\partial y} = 0$

③ $\dfrac{\partial u}{\partial x} = 0$

④ $\rho u \dfrac{\partial u}{\partial x} = \dfrac{\partial P}{\partial x}$

09
정체압＝정압＋동압
동압＝$15 - 7 = 8$
$v = \sqrt{2\mathrm{g} \times 8} = 12.52\,\mathrm{m/s}$

답 ④

10
항력 $D = 4 \times \dfrac{\rho D V^2}{2}$
항력 $3D = C_d \dfrac{\rho D (2V)^2}{2}$
$\therefore\ \dfrac{1}{3} = \dfrac{4}{C_d'} \times \dfrac{1}{4}$
$C_d = 3$

답 ①

11
연속방정식의 조건 : $\dfrac{\partial u}{\partial x} = \dfrac{\partial v}{\partial y}$에서
①번 $2x + (-2x) = 0$이 되므로 만족

답 ①

12

답 ④

13
박리점
속도 구배 $\dfrac{du}{dy} = 0$인 점

답 ②

14

그림과 같은 펌프를 이용하여 $0.2m^3/s$의 물을 퍼 올리고 있다. 흡입부 (①)와 배출부 (②)의 고도 차이는 3m이고, ①에서의 압력은 $-20kPa$, ②에서의 압력은 $150kPa$이다. 펌프의 효율이 70%이면 펌프에 공급해야 할 동력[kW]은? (단, 흡입관과 배출관의 지름은 같고 마찰 손실은 무시한다)

① 34

② 40

③ 49

④ 57

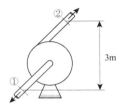

15

수평 원관(圓管) 내에서 유체가 완전 발달한 층류 유동할 때의 유량은?

① 압력강하에 반비례한다.

② 관 안지름의 4승에 반비례한다.

③ 점성계수에 반비례한다.

④ 관의 길이에 비례한다.

16

어떤 윤활유의 비중이 0.89이고 점성계수가 $0.29kg/m \cdot s$이다. 이 윤활유의 동점성계수는 약 몇 m^2/s인가?

① 3.26×10^{-5}

② 3.26×10^{-4}

③ 0.258

④ 2.581

17

다음 그림에서 A점과 B점의 압력차는 약 얼마인가? (단, A는 비중 1의 물, B는 비중 0.899의 벤젠이고, 그 중간에 비중 13.6의 수은이 있다)

① 22.17kPa

② 19.4kPa

③ 278.7kPa

④ 191.4kPa

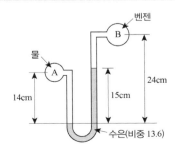

14

전수두 $h = \dfrac{p_2 - p_1}{\gamma} + z_2 - z_1$

$= \dfrac{170}{9.8} + 3 = 20.35$

$\therefore \eta = 0.7 = \dfrac{\gamma h Q}{H}$ 에서

소요동력 $H = \dfrac{9.8 \times 20.35 \times 0.2}{0.7} = 57kW$

답 ④

15

답 ③

16

$\mu = \rho \nu$에서

$\nu = \dfrac{\mu}{\rho} = \dfrac{0.29}{0.89 \times 1000} = 3.26 \times 10^{-3} m/s$

답 ②

17

파스칼의 원리 : 동일선상에서의 압력은 같다.

$P_c = P_d$

$P_a + \gamma_w h = P_b + \gamma_1 h_1 + \gamma_2 h_2$

$P_a - P_b$

$= (0.899 \times 0.09 + 13.6 \times 0.15 - 1 \times 0.15) \times 9.8$

$= 19.4kPa$

답 ②

18

지름 2cm인 관에 부착되어 있는 밸브의 부차적 손실계수 K가 5일 때 이것을 관 상당길이로 환산하면 몇 m인가? (단, 관 마찰계수 $f = 0.025$이다)

① 2　　　② 2.5　　　③ 4　　　④ 5

19

Buckingham의 파이(pi)정리를 바르게 설명한 것은? (단, k는 변수의 개수, r은 변수를 표현하는데 필요한 최소한의 기준차원의 개수이다)

① $(k-r)$개의 독립적인 무차원수의 관계식으로 만들 수 있다.
② $(k+r)$개의 독립적인 무차원수의 관계식으로 만들 수 있다.
③ $(k-r+1)$개의 독립적인 무차원수의 관계식으로 만들 수 있다.
④ $(k+r+1)$개의 독립적인 무차원수의 관계식으로 만들 수 있다.

20

액체의 표면 장력에 관한 일반적인 설명으로 틀린 것은?

① 표면 장력은 온도가 증가하면 감소한다.
② 표면 장력의 단위는 N/m이다.
③ 표면 장력은 분자력에 의해 생긴다.
④ 구형 액체 방울의 내외부 압력차는 $P = \dfrac{\sigma}{R}$이다.
　　(단, 여기서 σ는 표면 장력이고, R은 반지름이다)

18

$h_l = f\dfrac{l}{d}\dfrac{v^2}{2g} = K\dfrac{v^2}{2g}$ 에서

$\therefore\ l_e = \dfrac{Kd}{f} = \dfrac{5 \times 0.02}{0.025} = 4\text{m}$

답 ③

19

답 ①

20

액체 $\sigma = \dfrac{\Delta pD}{4}$

비눗방울 $\sigma = \dfrac{\Delta pD}{8}$

답 ④

유체역학 제6회 기출문제

기계유체역학

01

다음 중 무차원에 해당하는 것은?

① 비중   ② 비중량   ③ 점성계수   ④ 동점성계수

02

4℃ 물의 체적 탄성계수는 $2.0 \times 10^9 \text{N/m}^2$이다. 이 물에서의 음속은 약 몇 m/s인가?

① 141   ② 341

③ 19,300   ④ 1,414

03

바닷속 임의의 한 지점에서 측정한 계기압력이 98.7MPa이다. 이 지점의 깊이는 몇 m인가? (단, 해수의 비중량은 10kN/m^3이다)

① 9,540   ② 9,635

③ 9,680   ④ 9,870

04

수면의 높이가 지면에서 h인 물통 벽의 측면에 구멍을 뚫고 물을 지면으로 분출시킬 때 지면을 기준으로 물이 가장 멀리 떨어지게 하는 구멍의 높이는?

① $\dfrac{3}{4}h$ ② $\dfrac{1}{2}h$ ③ $\dfrac{1}{4}h$ ④ $\dfrac{1}{3}h$

05

30명의 흡연가가 피우는 담배연기를 처리할 수 있는 흡연실에서 1인당 최소 $30\ell/s$의 신선한 공기를 필요로 할 때, 공급되어야 할 공기의 최소 유량은 몇 m^3/s인가?

① 0.9   ② 1.6   ③ 2.0   ④ 2.3

해설 및 정답   ㉮ ㉯ ㉰ ㉱

01

답 ①

02

음속 $C = \sqrt{\dfrac{K}{\rho}} = \sqrt{\dfrac{2 \times 10^9}{1000}} = 1{,}414 \text{m/s}$

답 ④

03

답 ④

04

$v = \sqrt{2g(h-y)}$, $y = \dfrac{1}{2}gt^2$ 에서 $t = \sqrt{\dfrac{2y}{g}}$

$x = vt = \sqrt{2g(h-y)} \times \sqrt{\dfrac{2y}{g}} = \sqrt{4y(h-y)}$

$\therefore \dfrac{dx}{dy} = \dfrac{4h - 8y}{2\sqrt{4y(h-y)}} = 0$

$\therefore y = \dfrac{h}{2}$

답 ②

05

답 ①

06

원관 내를 완전한 층류로 흐를 경우 관 마찰계수 f 는?

① 상대 조도만의 함수가 된다.
② 마하수만의 함수이다.
③ 오일러수만의 함수이다.
④ 레이놀즈수만의 함수이다.

07

그림과 같은 사이펀에 물이 흐르고 있다. 사이펀의 안지름은 5cm이고, 물탱크의 수면은 항상 일정하게 유지된다고 가정한다. 수면으로부터 출구 사이의 총 손실수두가 1.5m이면, 사이펀을 통해 나오는 유량은 약 몇 m^3/min인가?

① 0.38
② 0.41
③ 0.64
④ 0.92

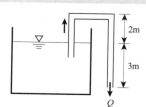

08

유속 V의 균일 유동장에 놓인 물체 둘레의 순환이 Γ일 때, 이 물체에 발생하는 양력 L(Kutta-Joukowski의 정리)은? (단, 유체의 밀도는 ρ라 한다)

① $L = \dfrac{\Gamma}{\rho V}$

② $L = \dfrac{\rho \Gamma}{V}$

③ $L = \dfrac{V\Gamma}{\rho}$

④ $L = \rho V\Gamma$

09

다음 중 경계층에서 유동박리 현상이 발생할 수 있는 조건은?

① 유체가 가속될 때
② 순압력구배가 존재할 때
③ 역압력구배가 존재할 때
④ 유체의 속도가 일정할 때

06

답 ④

07

$$Q = AV = A\sqrt{2gh}$$
$$= \frac{\pi 0.05^2 \sqrt{2g \times 1.5}}{4 \times 1/60}$$
$$= 0.64 m^3/min$$

답 ③

08

답 ④

09

답 ③

10

밀도가 ρ_1, ρ_2인 두 종류의 액체 속에 완전히 잠긴 물체의 무게를 스프링 저울로 측정한 결과 각각 W_1, W_2이었다. 공기 중에서 이 물체의 무게 G는?

① $G = \dfrac{W_1\rho_2 + W_2\rho_1}{\rho_2 - \rho_1}$

② $G = \dfrac{W_1\rho_2 - W_2\rho_1}{\rho_2 - \rho_1}$

③ $G = \dfrac{W_1\rho_2 + W_2\rho_1}{\rho_2 + \rho_1}$

④ $G = \dfrac{W_1\rho_2 - W_2\rho_1}{\rho_2 + \rho_1}$

11

다음 그림에서 관입구의 부차적 손실계수 K는?
(단, 관의 안지름은 20mm, 관 마찰계수는 0.0188이다)

① 0.0188

② 0.273

③ 0.425

④ 0.621

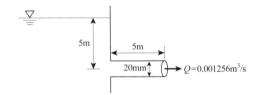

12

2차원 유동 중 속도포텐셜이 존재하는 것은? (단, $\vec{V} = (u, v)$이다)

① $\vec{V} = (x^2 - y^2,\ 2xy)$

② $\vec{V} = (x^2 - y^2,\ -2xy)$

③ $\vec{V} = (x^2 + y^2,\ -2xy)$

④ $\vec{V} = (x^2 + y^2,\ 2xy)$

13

압력과 밀도를 각각 P, ρ라 할 때 $\sqrt{\dfrac{\Delta P}{\rho}}$ 의 차원은?
(단, M, L, T는 각각 질량, 길이, 시간의 차원을 나타낸다)

① $\dfrac{M}{LT}$

② $\dfrac{M}{L^2 T}$

③ $\dfrac{L}{T}$

④ $\dfrac{L}{T^2}$

10

ρ_1인 액체 속에서의 무게

$$W_1 = G - \rho_1 g V, \quad V = \frac{(G - W_1)}{\rho_1 g}$$

ρ_2인 액체 속에서의 무게

$$W_2 = G - \rho_2 g V = G - \rho_2 g (G - W_1)/\rho_1 g$$

$$= \frac{G\rho_1}{\rho_1} - \frac{G\rho_2}{\rho_1} + \frac{W_1\rho_2}{\rho_1}$$

$$\therefore\ G = \frac{W_2\rho_1 - W_1\rho_2}{\rho_1 - \rho_2}$$

답 ②

11

$$Q = AV,$$

$$V = \frac{Q}{A} = \frac{4 \times 0.001256}{\pi 0.02^2} = 4\,\text{m/s}$$

베르누이 방정식

$$\frac{p_1}{\gamma} + z_1 = \frac{p_2}{\gamma} + \frac{v^2}{2g} + z_2 + h_l$$

손실수두 : $h_l = 5 - \dfrac{v^2}{2g} = 4.18\,\text{m}$

$$h_l = \left(K + f\frac{l}{d}\right)\frac{v^2}{2g}$$

$$= \left(K + 0.0188 \times \frac{5}{0.02}\right) \times \frac{4^2}{19.6}$$

$$\therefore\ K = 0.425$$

답 ③

12

$$\frac{\delta u}{dy} + \frac{\delta v}{dx} = 2y + (-2y) = 0$$

답 ②

13

$$\sqrt{\frac{p = FL^{-2} = MLT^{-2}L^{-2}}{\rho = ML^{-3}}} = \sqrt{\frac{L^2}{T^2}} = L/T$$

답 ③

14

유체 속에 잠겨있는 경사진 판의 윗면에 작용하는 압력 힘의 작용점에 대한 설명 중 맞는 것은?

① 판의 도심보다 위에 있다.
② 판의 도심에 있다.
③ 판의 도심보다 아래에 있다.
④ 판의 도심과는 관계가 없다.

15

다음 중 원관 내 층류유동의 전단응력분포로 옳은 것은?

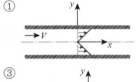
①

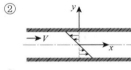
②

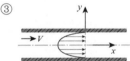
③

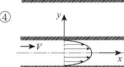
④

16

직경이 30mm이고, 틈새가 0.2mm인 슬라이딩 베어링이 1800rpm으로 회전할 때 윤활유에 작용하는 전단응력은 약 몇 Pa인가? (단, 윤활유의 점성계수 $\mu = 0.38\text{N} \cdot \text{s/m}^2$이다)

① 5,370   ② 8,550   ③ 10,744   ④ 17,100

17

유량계수가 0.75이고, 목지름이 0.5m인 벤투리미터를 사용하여 안지름이 1m인 송유관 내의 유량을 측정하고 있다. 벤투리 입구와 목의 압력차가 수은주 80mm이면 기름의 질량유량은 몇 kg/s인가? (단, 기름의 비중은 0.9, 수은의 비중은 13.6이다)

① 158   ② 166   ③ 666   ④ 739

18

길이 125m, 속도 9m/s인 선박의 모형실험을 길이 5m인 모형선으로 프루드(Froude) 상사가 성립되게 실험하려면 모형선의 속도는 약 몇 m/s로 해야 하는가?

① 1.61   ② 4.02   ③ 0.36   ④ 36

해설 및 정답

14

$$y_p = \bar{y} + \frac{I}{\bar{y}A}$$

답 ③

15

답 ①

16

$$\tau = \mu \frac{V}{C} = 0.38 \times \frac{\pi dN}{60 \times 0.0002}$$
$$= 5,370\text{Pa}$$

답 ①

17

$$M' = C \cdot \frac{A_2}{\sqrt{1 - \left(\frac{A_2}{A_1}\right)^2}} \cdot \sqrt{\frac{2g \triangle p}{\gamma}}$$

답 ③

18

프루드 수 적용

$$\frac{V_m^2}{L_m} = \frac{V_p^2}{L_p} \qquad \frac{9^2}{125} = \frac{V_m^2}{5}$$

$$\therefore V_m = \frac{9 \times \sqrt{5}}{12.5} = 1.61\text{m/s}$$

답 ①

19

그림과 같이 유량 $Q=0.03\text{m}^3/\text{s}$의 물 분류가 $V=40\text{m/s}$의 속도로 곡면판에 충돌하고 있다. 판은 고정되어 있고 휘어진 각도가 135°일 때 분류로부터 판이 받는 충격력의 크기는 약 몇 N인가?

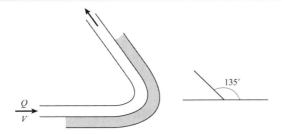

① 2,049
② 2,127
③ 2,638
④ 2,898

20

2차원 유동장에서 속도벡터가 $\vec{V}=6y\vec{i}+2x\vec{j}$일 때 점 $(3, 5)$를 지나는 유선의 기울기는? (단, $\vec{i}, \vec{j}$는 x, y방향의 단위벡터이다)

① $\dfrac{1}{3}$
② $\dfrac{1}{5}$
③ $\dfrac{1}{9}$
④ $\dfrac{1}{12}$

19

$F_x = \rho Q V(1+\cos 55) = 1887\text{N}$

$F_y = \rho Q V \sin 55 = 982\text{N}$

$F = \sqrt{F_x^2 + F_y^2} = 2,127\text{N}$

답 ②

20

유선방정식

$$\frac{dx}{u} = \frac{dx}{v} = \frac{dx}{6y} = \frac{dy}{2x}$$

$$\therefore \ \frac{dy}{dx} = \frac{3 \times 2}{6 \times 5} = \frac{1}{5}$$

답 ②

유체역학 제7회 기출문제

기계유체역학

01

파이프 내에 점성유체가 흐른다. 다음 중 파이프 내의 압력 분포를
지배하는 힘은?

① 관성력과 중력   ② 관성력과 표면장력

③ 관성력과 탄성력   ④ 관성력과 점성력

02

역학적 상사성(相似性)이 성립하기 위해 프르드(Froude)수를 같게
해야 되는 흐름은?

① 점성 계수가 큰 유체의 흐름

② 표면 장력이 문제가 되는 흐름

③ 자유표면을 가지는 유체의 흐름

④ 압축성을 고려해야 되는 유체의 흐름

03

비중이 0.8인 오일을 직경이 10cm인 수평원관을 통하여 1km 떨어진
곳까지 수송하려고 한다. 유량이 0.02m³/s, 동점성계수가 2×10^{-4}m²/s
라면 관 1km에서의 손실수두는 약 얼마인가?

① 33.2m   ② 332m

③ 16.6m   ④ 166m

04

지름 20cm인 구의 주위에 밀도가 1,000kg/m³, 점성계수는 10.8×10^{-3}Pa·s
인 물이 2m/s의 속도로 흐르고 있다. 항력계수가 0.2인 경우 구에
작용하는 항력은 약 몇 N인가?

① 12.6   ② 200

③ 0.2   ④ 25.12

해설 및 정답

01

답 ④

02

답 ③

03

속도 $v = \dfrac{Q}{A} = \dfrac{4 \times 0.02}{\pi 0.1^2} = 2.55 \text{m/s}$

$R_e = \dfrac{vd}{\nu} = \dfrac{2.55 \times 0.1}{2 \times 10^{-4}} = 1275$

$f = \dfrac{64}{1275} = 0.05$

$h_l = f \dfrac{l}{d} \dfrac{v^2}{2g} = 0.05 \times \dfrac{1000}{0.1} \dfrac{2.55^2}{2 \times 9.8} = 166 \text{m}$

답 ④

04

항력 $D = C_d \times \dfrac{\rho A V^2}{2}$

$= 0.2 \times \dfrac{1000 \times \pi 0.2^2 \times 2^2}{2 \times 4}$

$= 12.56 \text{N}$

답 ①

05

산 정상에서의 기압은 93.8kPa이고, 온도는 11℃이다. 이때 공기의 밀도는 약 몇 kg/m³인가? (단, 공기의 기체상수는 287J/kg·℃이다)

① 0.00012

② 1.15

③ 29.7

④ 1150

06

다음 중 유동장에 입자가 포함되어 있어야 유속을 측정할 수 있는 것은?

① 열선속도계

② 정압피토관

③ 프로펠러 속도계

③ 레이저 도플러 속도계

07

비중이 0.8인 기름이 지름 80mm인 곧은 원관 속을 90ℓ/min로 흐른다. 이때의 레이놀즈수는 약 얼마인가? (단, 이 기름의 점성계수는 5×10^{-4} kg/s·m이다)

① 38,200

② 19,100

③ 3,820

④ 1,910

08

그림과 같은 노즐에서 나오는 유량이 0.078m³/s일 때 수위(H)는 얼마인가? (단, 노즐 출구의 안지름은 0.1m이다)

① 5m

② 10m

③ 0.5m

④ 1m

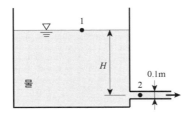

09

정지상태의 거대한 두 평판 사이로 유체가 흐르고 있다. 이 때 유체의 속도분포(u)가 $u = V\left[1 - \left(\dfrac{y}{h}\right)^2\right]$일 때, 벽면 전단응력은 약 몇 N/m²인가? (단, 유체의 점성계수는 4N·s/m²이며, 평균속도 $V=0.5$m/s, 유로 중심으로부터 벽면까지의 거리 $h=0.01$m이며, 속도 분포는 유체 중심으로부터의 거리(y)의 함수이다)

① 200

② 300

③ 400

④ 500

해설 및 정답

05

$\rho = \dfrac{P}{RT} = \dfrac{93.8 \times 10^3}{287 \times 284} = 1.15 \text{kg/m}^3$이나

기체상수의 단위가 잘못되어 약분되지 않으므로

$= \dfrac{93.8 \times 1000}{287 \times 11} = 29.7$답이 됨.

문제 실수

답 전항정답

06

답 ④

07

$R_e = \dfrac{4Q}{\pi d\nu} = \dfrac{4 \times 90 \times 10^{-3} \times 800}{\pi 60 \times 0.08 \times 5 \times 10^{-4}}$

$= 38216$

답 ①

08

$v = \dfrac{Q}{A} = \dfrac{0.078 \times 4}{\pi \, 0.1^2} = 9.363 \, \text{m/s} = \sqrt{2gh}$

$h = \dfrac{v^2}{2g} = 5 \, \text{m}$

답 ①

09

$\tau = \mu \dfrac{du}{dy} = 4 \times 100 = 400 \, \text{Pa}$

(단, 속도구배 $\dfrac{du}{dy} = v \times \dfrac{2y}{h^2}$

$= 0.5 \times \dfrac{2 \times 0.01}{0.01^2} = 100$)

답 ③

10

검사체적에 대한 설명으로 옳은 것은?

① 검사체적은 항상 직육면체로 이루어진다.

② 검사체적은 공간상에서 등속 이동하도록 설정해도 무방하다.

③ 검사체적 내의 질량은 변화하지 않는다.

④ 검사체적을 통해서 유체가 흐를 수 없다.

11

다음 중 기체상수가 가장 큰 기체는?

① 산소   ② 수소

③ 질소   ④ 공기

12

그림과 같이 큰 댐 아래에 터빈이 설치되어 있을 때, 마찰손실 등을 무시한 최대 발생 가능한 터빈의 동력은 약 얼마인가? (단, 터빈 출구관의 안지름은 1m이고, 수면과 터빈 출구관 중심까지의 높이차는 20m이며, 출구속도는 10m/s이고, 출구압력은 대기압이다)

① 1,150kW

② 1,930kW

③ 1,540kW

④ 2,310kW

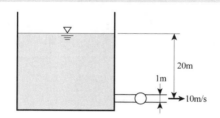

13

경계층 내의 무차원 속도분포가 경계층 끝에서 속도 구배가 없는 2차원 함수로 주어졌을 때 경계층의 배제두께(δ_t)와 경계층 두께(δ)의 관계로 올바른 것은?

① $\delta_t = \delta$ ② $\delta_t = \dfrac{\delta}{2}$

③ $\delta_t = \dfrac{\delta}{3}$ ④ $\delta_t = \dfrac{\delta}{4}$

10

답 ②

11

답 ②

12

동력 $P = \gamma H Q = \gamma H \dfrac{\pi d^2 v}{4}$

$= \dfrac{9.8 \times 20 \times 3.14 \times 1 \times 10}{4}$

$= 1538 = 1540\text{kW}$

답 ③

13

배제두께 $U = U_0 \left(\dfrac{y^2}{\delta^2} \right)$

$\delta = \int \left(1 - \dfrac{U}{U_0} \right) dy = \int \left(1 - \dfrac{y^2}{\delta^2} \right) dy = \dfrac{\delta}{3}$

답 ③

14

2차원 직각좌표계(x, y)에서 속도장이 다음과 같은 유동이 있다. 유동장 내의 점 (L, L)에서의 유속의 크기는? (단, $\vec{i}, \vec{j}$는 각각 x, y방향의 단위벡터를 나타낸다)

$$\vec{V}(x, y) = \frac{U}{L}(-x\vec{i} + y\vec{j})$$

① 0   ② U

③ $2U$ ④ $\sqrt{2}\,U$

14

x방향 속도 $u = U\dfrac{-x}{L} = -U$

y방향 속도 $v = U$

$\therefore\ V = \sqrt{u^2 + v^2} = \sqrt{2}\,U$

답 ④

15

그림과 같은 수문에서 멈춤장치 A가 받는 힘은 약 몇 kN인가? (단, 수문의 폭은 3m이고, 수은의 비중은 13.6이다)

① 37

② 510

③ 586

④ 879

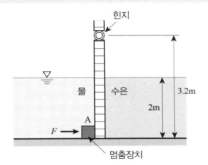

15

물의 전압력 $F_1 = \gamma h\,A$
$$= 9.8 \times 1 \times 2 \times 3 = 58.8\text{kN}$$

수은의 전압력 $F_2 = 58.8 \times 13.6 = 799.68\text{kN}$

$\therefore\ \bar{y} = 1.2 + \dfrac{2 \times 2}{3} = 2.533$

$\therefore\ 58.8 \times 2.533 + F \times 3.2 = 799.68 \times 2.533$

$F = \dfrac{799.68 \times 2.533 - 58.8 \times 2.533}{3.2} = 586\text{kN}$

답 ③

16

용기에 너비 4m, 깊이 2m인 물이 채워져 있다. 이 용기가 수직 상방향으로 9.8m/s²로 가속될 때, B점과 A점의 압력차 $P_B - P_A$는 몇 kPa인가?

① 9.8

② 19.6

③ 39.2

④ 78.4

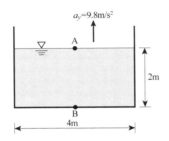

16

$$\triangle P = \gamma \triangle h\left(1 + \frac{a_x}{g}\right)$$
$$= 9.8 \times 2 \times \left(1 + \frac{9.8}{9.8}\right)$$
$$= 39.2\text{kPa}$$

답 ③

17

프로펠러 이전 유속을 u_0, 이후 유속을 u_2라 할 때 프로펠러의 추진력 F는 얼마인가? (단, 유체의 밀도와 유량 및 비중량을 ρ, Q, γ라 한다)

① $F = \rho Q(u_2 - u_0)$ ② $F = \rho Q(u_0 - u_2)$

③ $F = \gamma Q(u_2 - u_0)$ ④ $F = \gamma Q(u_0 - u_2)$

18

2차원 비압축성 정상류에서 x, y의 속도 성분이 각각 $u = 4y$, $v = 6x$로 표시될 때, 유선의 방정식은 어떤 형태를 나타내는가?

① 직선   ② 포물선
③ 타원   ④ 쌍곡선

19

반지름 3cm, 길이 15m, 관마찰계수 0.025인 수평원관 속을 물이 난류로 흐를 때 관 출구와 입구의 압력차가 9,810Pa이면 유량은?

① $5.0\text{m}^3/\text{s}$ ② $5.0\ell/\text{s}$
③ $5.0\text{cm}^3/\text{s}$ ④ $0.5\ell/\text{s}$

20

다음 중 점성계수 μ의 차원으로 옳은 것은?
(단, M : 질량, L : 길이, T : 시간이다)

① $ML^{-1}T^{-2}$ ② $ML^{-2}T^{-2}$
③ $ML^{-1}T^{-1}$ ④ $ML^{-2}T$

17 답 ①

18 답 ④

19
$$\Delta p = \gamma h_l = \gamma f \frac{l}{d} \frac{v^2}{2g}$$
$$9810 = 9810 \times 0.025 \times \frac{15}{0.06} \times \frac{v^2}{2g}$$
$$v = 1.77\,\text{m}/\text{s}$$
$$Q = AV = \frac{\pi 0.06^2}{4} \times 1.77 = 5 \times 10^{-3}\text{m}^3/\text{s}$$
$$= 5\ell/\text{s}$$
답 ②

20
점성계수의 차원
$$\mu = FTL^{-2} = MLT^{-2}TL^{-2} = ML^{-1}T^{-1}$$
답 ③

유체역학 제8회 기출문제

기계유체역학

01

정상, 균일유동장 속에 유동 방향과 평행하게 놓여진 평판 위에 발생하는 층류 경계층의 두께 δ는 x를 평판 선단으로부터의 거리라 할 때, 비례값은?

① x^1 ② $x^{\frac{1}{2}}$ ③ $x^{\frac{1}{3}}$ ④ $x^{\frac{1}{4}}$

01

층류 경계층의 두께

$$\frac{\delta}{x} = \frac{5}{\sqrt{\dfrac{ux}{\nu}}}$$

$$\therefore \ \delta \propto x^{\frac{1}{2}}$$

답 ②

02

다음 중 유체에 대한 일반적인 설명으로 틀린 것은?

① 점성은 유체의 운동을 방해하는 저항의 척도로서 유속에 비례한다.
② 비점성유체 내에서는 전단응력이 작용하지 않는다.
③ 정지유체 내에서는 전단응력이 작용하지 않는다.
④ 점성이 클수록 전단응력이 크다.

02

답 ①

03

안지름 0.1m인 파이프 내를 평균 유속 5m/s로 어떤 액체가 흐르고 있다. 길이 100m 상의 소실수두는 약 몇 m인가? (단, 관 내의 흐름으로 레이놀즈수는 1000이다.)

① 81.6 ② 50 ③ 40 ④ 16.32

03

$$h_l = f \frac{l}{d} \frac{v^2}{2g} = \frac{64}{1000} \times \frac{100}{0.1} \times \frac{5^2}{2g} = 81.6 \, \text{m}$$

답 ①

04

중력과 관성력의 비로 정의되는 무차원수는? (단, ρ : 밀도, V : 속도, l : 특성 길이, μ : 점성계수, P : 압력, g : 중력가속도, c : 소리의 속도)

① $\dfrac{\rho Vl}{\mu}$ ② $\dfrac{V}{\sqrt{gl}}$ ③ $\dfrac{P}{\rho V^2}$ ④ $\dfrac{V}{c}$

04

$$F_r = \frac{v}{\sqrt{l g}}$$

답 ②

05

다음 중 체적 탄성 계수와 차원이 같은 것은?

① 힘

② 체적

③ 속도

④ 전단응력

06

압력구배가 0인 평판 위의 경계층 유동과 관련된 설명 중 틀린 것은?

① 표면조도가 천이에 영향을 미친다.

② 경계층 외부유동에서의 교란정도가 천이에 영향을 미친다.

③ 층류에서 난류로의 천이는 거리를 기준으로 하는 Reynolds수의 영향을 받는다.

④ 난류의 속도 분포는 층류보다 덜 평평하고 층류경계층보다 다소 얇은 경계층을 형성한다.

07

한 변이 1m인 정육면체 나무토막의 아랫면에 1080N의 납을 매달아 물속에 넣었을 때, 물 위로 떠오르는 나무토막의 높이는 몇 cm인가? (단, 나무토막의 비중은 0.45, 납의 비중은 11이고, 나무토막의 밑면은 수평을 유지한다.)

① 55

② 48

③ 45

④ 42

08

유선(streamline)에 관한 설명으로 틀린 것은?

① 유선으로 만들어지는 관을 유관(streamtube)이라 부르며, 두께가 없는 관벽을 형성한다.

② 유선 위에 있는 유체의 속도 벡터는 유선의 접선방향이다.

③ 비정상 유동에서 속도는 유선에 따라 시간적으로 변화 할 수 있으나, 유선 자체는 움직일 수 없다.

④ 정상유동일 때 유선은 유체의 입자가 움직이는 궤적이다.

해설 및 정답

05

답 ④

06

답 ④

07

무게 $= 1080 + 0.45 \times 9810 \times 1$

$\quad\quad = 9810 \times 1 \times 1 \times h$ (넘친 물 무게)

$h = 0.56\,\mathrm{m}$

$\therefore 1 - 0.56 = 0.44\mathrm{m} = 44\mathrm{cm}$

답 ③

08

답 ③

09

속도 15m/s로 항해하는 길이 80m의 화물선의 조파 저항에 관한 성능을 조사하기 위하여 수조에서 길이 3.2m인 모형 배로 실험을 할 때 필요한 모형 배의 속도는 몇 m/s인가?

① 9.0　　　　② 3.0　　　　③ 0.33　　　　④ 0.11

10

길이 20m의 매끈한 원관에 비중 0.8의 유체가 평균속도 0.3m/s로 흐를 때, 압력손실은 약 얼마인가? (단, 원관의 안지름은 50mm, 점성계수는 8×10^{-3}Pa·s이다.)

① 614Pa　　　② 734Pa　　　③ 1235Pa　　　④ 1440Pa

11

관로 내 물(밀도 1000kg/m³)이 30m/s로 흐르고 있으며 그 지점의 정압이 100kPa일 때, 정체압은 몇 kPa인가?

① 0.45　　　　② 100　　　　③ 450　　　　④ 550

12

원관에서 난류로 흐르는 어떤 유체의 속도가 2배가 되었을 때, 마찰계수가 $\dfrac{1}{\sqrt{2}}$배로 줄었다. 이 때 압력손실은 몇 배인가?

① $2^{\frac{1}{2}}$배　　② $2^{\frac{3}{2}}$배　　③ 2배　　　④ 4배

13

아래 그림과 같이 직경이 2m, 길이가 1m인 관에 비중량 9800N/m³인 물이 반 차있다. 이 관의 아래쪽 사분면 AB 부분에 작용하는 정수력의 크기는?

① 4900N

② 7700N

③ 9120N

④ 12600N

09

$$F_r = \frac{v_m^2}{l_m} = \frac{v_p^2}{l_p} = \frac{15^2}{80} = \frac{v_m^2}{3.2}$$

$$\therefore \; v_m = 15\sqrt{\frac{3.2}{80}} = 3$$

답 ②

10

$$R_e = \frac{0.8 \times 1000 \times 0.3 \times 0.05}{8 \times 10^{-3}} = 1500$$

$$f = \frac{64}{1500} = 0.0426$$

$$\Delta p = \gamma f \frac{l}{d} \frac{v^2}{2g}$$

$$= 0.8 \times 9800 \times 0.0426 \times \frac{20}{0.05} \times \frac{0.3^2}{2g}$$

$$= 614 \, Pa$$

답 ①

11

정체압 = 정압 + 동압

$$= 100 + 9.8 \times \frac{30^2}{2g} = 550 \, kPa$$

답 ④

12

$$\delta p = \gamma f \frac{l}{d} \frac{v^2}{2g} = \frac{1}{\sqrt{2}} \times 2^2 = 2^{\frac{3}{2}}$$

답 ②

13

수직분력　$F_v = \gamma V = 9800 \times \dfrac{\pi 1^2 \times 1}{4} = 7693 \, N$

수평분력

$$F_h = \gamma \bar{h} A = 9800 \times 0.5 \times 1 \times 1 = 4900 \, N$$

합력　$F = \sqrt{F_v^2 + F_h^2} = \sqrt{7693^2 + 4900^2}$

$$= 9120 \, N$$

답 ③

14

항력에 관한 일반적인 설명 중 틀린 것은?

① 난류는 항상 항력을 증가시킨다.
② 거친 표면은 항력을 감소시킬 수 있다.
③ 항력은 압력과 마찰력에 의해서 발생한다.
④ 레이놀즈수가 아주 작은 유동에서 구의 항력은 유체의 점성계수에 비례한다.

15

다음 중 질량 보존을 표현한 것으로 가장 거리가 먼 것은? (단, ρ는 유체의 밀도, A는 관의 단면적, V는 유체의 속도이다.)

① $\rho A V = 0$
② $\rho A V =$ 일정
③ $d(\rho A V) = 0$
④ $\dfrac{d\rho}{\rho} + \dfrac{dA}{A} + \dfrac{dV}{V} = 0$

16

유속 3m/s로 흐르는 물속에 흐름방향의 직각으로 피토관을 세웠을 때, 유속에 의해 올라가는 수주의 높이는 약 몇 m인가?

① 0.46
② 0.92
③ 4.6
④ 9.2

17

공기가 기압 200kPa일 때, 20℃에서의 공기의 밀도는 약 몇 kg/m³인가? (단, 이상기체이며, 공기의 기체상수 $R=287$J/kg·K이다)

① 1.2
② 2.38
③ 1.0
④ 999

18

그림과 같이 경사관 마노미터의 직경 $D=10d$이고 경사관은 수평면에 대해 θ만큼 기울어져 있으며 대기 중에 노출되어 있다. 대기압보다 Δp의 큰 압력이 작용할 때, L과 Δp와 관계로 옳은 것은? (단, 점선은 압력이 가해지기 전 액체의 높이이고, 액체의 밀도는 ρ, $\theta = 30°$이다.)

14
답 ①

15
연속방정식
$\rho A V = C$
$d(\rho A V) = 0$
답 ①

16
$h = \dfrac{3^2}{2g} = 0.46\text{m}$
답 ①

17
$\rho = \dfrac{P}{RT} = \dfrac{200}{0.287 \times 293} = 2.38\,\text{kg/m}^3$
답 ②

18
답 ②

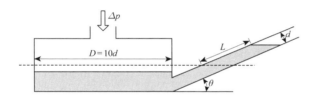

① $L = \dfrac{201}{2}\dfrac{\Delta p}{\rho g}$ 　② $L = \dfrac{1000}{51} = \dfrac{\Delta p}{\rho g}$

③ $L = \dfrac{51}{100}\dfrac{\Delta p}{\rho g}$ 　④ $L = \dfrac{2}{201}\dfrac{\Delta p}{\rho g}$

19

비점성, 비압축성 유체가 그림과 같이 작은 구멍을 향해 쐐기모양의 벽면 사이를 흐른다. 이 유동을 근사적으로 표현하는 무차원 속도 포텐셜이 $\phi = -2\ln r$로 주어질 때, $r=1$인 지점에서의 유속 V는 몇 m/s인가? (단, $\vec{A} \equiv \nabla\phi = \text{grad}\,\phi$로 정의한다.)

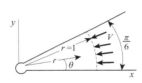

① 0 　② 1 　③ 2 　④ π

20

그림과 같은 노즐을 통하여 유량 Q만큼의 유체가 대기로 분출될 때, 노즐에 미치는 유체의 힘 F는? (단, A_1, A_2는 노즐의 단면 1, 2에서의 단면적이고 ρ는 유체의 밀도이다.)

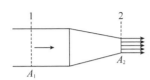

① $F = \dfrac{\rho A_2 Q^2}{2}\left(\dfrac{A_2 - A_1}{A_1 A_2}\right)^2$ 　② $F = \dfrac{\rho A_2 Q^2}{2}\left(\dfrac{A_1 + A_2}{A_1 A_2}\right)^2$

③ $F = \dfrac{\rho A_1 Q^2}{2}\left(\dfrac{A_1 + A_2}{A_1 A_2}\right)^2$ 　④ $F = \dfrac{\rho A_1 Q^2}{2}\left(\dfrac{A_1 - A_2}{A_1 A_2}\right)^2$

19

유속 $V = \dfrac{d\phi}{dr} = -2/r = -2/-1 = 2$

답 ③

20

$F = \rho Q V_2 - \rho Q V_1$

$\quad = \rho Q^2\left(\dfrac{1}{A_2} - \dfrac{1}{A_1}\right) = \rho Q^2\left(\dfrac{A_1 - A_2}{A_1 A_2}\right)$

답 ④

유체역학 제9회 기출문제

기계유체역학

01

다음 ΔP, L, Q, ρ변수들을 이용하여 만든 무차원수로 옳은 것은?
(단, ΔP : 압력차, ρ : 밀도, L : 길이, Q : 유량)

① $\dfrac{\rho \cdot Q}{\Delta P \cdot L^2}$

② $\dfrac{\rho \cdot L}{\Delta P \cdot Q^2}$

③ $\dfrac{\Delta P \cdot L \cdot Q}{\rho}$

④ $\dfrac{Q}{L^2}\sqrt{\dfrac{\rho}{\Delta P}}$

01

무차원은 분모 분자 약분해서 1이 되는 것

답 ④

02

수력 기울기선과 에너지 기울기선에 관한 설명 중 틀린 것은?

① 수력 기울기선의 변화는 총 에너지의 변화를 나타낸다.

② 수력 기울기선은 에너지 기울기선의 크기보다 작거나 같다.

③ 정압은 수력 기울기선과 에너지 기울기선에 모두 영향을 미친다.

④ 관의 진행방향으로 유속이 일정한 경우 부차적 손실에 의한 수력 기울기선과 에너지 기울기선의 변화는 같다.

02

에너지선=수력 구배선 + 속도 수두

답 ①

03

물의 높이 8cm와 비중 2.94인 액주계 유체의 높이 6cm를 합한 압력은 수은주(비중 13.6)높이의 약 몇 cm에 상당하는가?

① 1.03

② 1.89

③ 2.24

④ 3.06

03

$p = \gamma_1 h_1 + \gamma_2 h_2$
$= 1 \times 9800 \times 0.8 + 2.94 \times 9800 \times 6$
$= 13.6 \times 9800 \times h$
$\therefore \ h = 1.89\,cm$

답 ②

04

한 변이 30cm인 윗면이 개방된 정육면체 용기에 물을 가득 채우고 일정 가속도(9.8m/s²)로 수평으로 끌 때 용기 밑면의 좌측 끝단(A 부분)에서의 게이지 압력은?

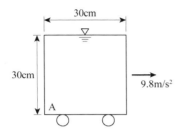

① 1470N/m²
② 2079N/m²
③ 2940N/m²
④ 4158N/m²

05

지름 5cm인 원관 내 완전발달 층류유동에서 벽면에 걸리는 전단응력이 4Pa이라면 중심축과 거리가 1cm인 곳에서의 전단응력은 몇 Pa인가?

① 0.8   ② 1   ③ 1.6   ④ 2

06

익폭 10m, 익현의 길이 1.8m인 날개로 된 비행기가 112m/s의 속도로 날고 있다. 익현의 받음각이 1°, 양력계수 0.326, 항력계수 0.0761일 때 비행에 필요한 동력은 약 몇 kW인가? (단, 공기의 밀도는 1.2173kg/m³이다.)

① 1172
② 1343
③ 1570
④ 6730

07

어뢰의 성능을 시험하기 위해 모형을 만들어서 수조 안에서 24.4m/s의 속도로 끌면서 실험하고 있다. 원형(prototype)의 속도가 6.1m/s라면 모형과 원형의 크기 비는 얼마인가?

① 1:2   ② 1:4   ③ 1:8   ④ 1:10

04

$$\tan\theta = \frac{\Delta h}{l} = \frac{a_x}{g} = 1$$

$\Delta h = l = 30\,\text{cm} = 0.3\,\text{m}$

$p_a = 9800 \times 0.3 = 2940\,\text{N/m}^2$

 답 ③

05

전단응력은 관 중심 = 0, 관벽 최대 1차 직선

$\therefore 2.5 : 4 = 1 : x$

$\tau = \dfrac{4}{2.5} = 1.6$

 답 ③

06

항력 $D = C_d \dfrac{\rho A V^2}{2}$

$\qquad = 0.0761 \times \dfrac{1.2173 \times 10 \times 1.8 \times 112^2}{2 \times 1000}$

$\qquad = 10.45\,\text{kN}$

동력 $H = DV = 10.45 \times 112 = 1173\,\text{kW}$

 답 ①

07

어뢰는 잠수함이므로 레이놀드수 적용

$\therefore V_m L_m = V_p L_p$

$24.4\,L_m = 6.1\,L_p$

$\therefore \dfrac{L_p}{L_m} = \dfrac{24.4}{601} = 4$

 답 ②

08

그림과 같은 원통 주위의 포텐셜 유동이 있다. 원통 표면상에서 상류
유속과 동일한 유속이 나타나는 위치(θ)는?

① 0°
② 30°
③ 45°
④ 90°

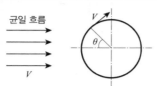

균일 흐름

V

V

θ

09

비중이 0.65인 물체를 물에 띄우면 전체 체적의 몇 %가 물속에 잠기
는가?

① 12　　　　② 35　　　　③ 42　　　　④ 65

10

선운동량의 차원으로 옳은 것은? (단, M : 질량, L : 길이, T : 시간
이다.)

① MLT
② $ML^{-1}T$
③ MLT^{-1}
④ MLT^{-2}

11

그림과 같이 노즐이 달린 수평관에서 압력계 읽음이 0.49MPa이었다.
이 관의 안지름이 6cm이고 관의 끝에 달린 노즐의 출구 지름이 2cm
라면 노즐 출구에서 물의 분출속도는 약 몇 m/s인가? (단, 노즐에서
의 손실은 무시하고, 관 마찰계수는 0.025로 한다.)

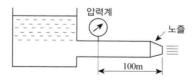

압력계

노즐

100m

① 16.8　　　② 20.4　　　③ 25.5　　　④ 28.4

08

답 ②

09

무게＝부력
$s\gamma_w V = 1 \times \gamma_w \times V_w$
$\dfrac{V_w}{V} = 0.65$

답 ④

10

운동방정식의 차원 $= MLT^{-2}$
운동량의 차원 $= MLT^{-1}$

답 ③

11

답 ③

12

비중 0.8의 알콜이 든 U자관 압력계가 있다. 이 압력계의 한 끝은 피토관의 전압부에 다른 끝은 정압부에 연결하여 피토관으로 기류의 속도를 재려고 한다. U자관의 읽음의 차가 78.8mm, 대기 압력이 1.0266×10^5Pa abs, 온도 21℃일 때 기류의 속도는? (단, 기체상수 $R=287$N·m/kg·K이다.)

① 38.8m/s   ② 27.5m/s

③ 43.5m/s   ④ 31.8m/s

13

다음 중 질량보존의 법칙과 가장 관련이 깊은 방정식은 어느 것인가?

① 연속 방정식   ② 상태 방정식

③ 운동량 방정식   ④ 에너지 방정식

14

안지름이 50mm인 180° 곡관(bend)을 통하여 물이 5m/s의 속도와 0의 계기압력으로 흐르고 있다. 물이 곡관에 작용하는 힘은 약 몇 N인가?

① 0   ② 24.5

③ 49.1   ④ 98.2

15

평판을 지나는 경계층 유동에서 속도 분포를 경계층 내에서는 $u = U\dfrac{y}{\delta}$, 경계층 밖에서는 $u = U$로 가정할 때, 경계층 운동량 두께 (boundary layer momentum thickness)는 경계층 두께 δ의 몇 배인가? (단, $U=$자유흐름 속도, $y=$평판으로부터의 수직거리)

① 1/6   ② 1/3   ③ 1/2   ④ 7/6

16

$\dfrac{P}{\gamma} + \dfrac{v^2}{2g} + z =$const로 표시되는 Bernoulli의 방정식에서 우변의 상수 값에 대한 설명으로 가장 옳은 것은?

① 지면에서 동일한 높이에서는 같은 값을 가진다.

② 유체 흐름의 단면상의 모든 점에서 같은 값을 가진다.

③ 유체 내의 모든 점에서 같은 값을 가진다.

④ 동일 유선에 대해서는 같은 값을 가진다.

12

밀도 $\rho = \dfrac{P}{RT} = \dfrac{1.0266 \times 10^5}{287 \times 274} = 1.216$

속도 $V = \sqrt{2gR\left(\dfrac{S_0}{S} - 1\right)}$

$\qquad = \sqrt{2 \times 9.8 \times 0.0788 \times \left(\dfrac{0.8 \times 1000}{1.216}\right)}$

$\qquad = 31.8$ m/s

답 ④

13

답 ①

14

$F = 2\rho QV = 2\rho A V^2$

$\quad = 2 \times 1000 \times \dfrac{\pi 0.05^2 \times 5^2}{4} = 98.125$ N

답 ④

15

운동량 두께

$\delta^* = \displaystyle\int \dfrac{u}{U_0}\left(1 - \dfrac{u}{U_0}\right) dy$

$\quad = \displaystyle\int \dfrac{U_0 y}{U_0 \delta}\left(1 - \dfrac{U_0 y}{U_0 \delta}\right) dy$

$\quad = \displaystyle\int \left(\dfrac{y}{\delta} - \dfrac{y^2}{\delta^2}\right) dy = \dfrac{\delta}{6}$

답 ①

16

답 ④

17

다음 중 유선(steam line)에 대한 설명으로 옳은 것은?

① 유체의 흐름에 있어서 속도 벡터에 대하여 수직한 방향을 갖는 선이다.
② 유체의 흐름에 있어서 유동단면의 중심을 연결한 선이다.
③ 유체의 흐름에 있어서 모든 점에서 접선 방향이 속도 벡터의 방향을 갖는 연속적인 선이다.
④ 비정상류 흐름에서만 유동의 특성을 보여주는 선이다.

18

간격이 10mm인 평행 평판 사이에 점성계수가 14.2poise인 기름이 가득 차 있다. 아래쪽 판을 고정하고 위의 평판을 2.5m/s인 속도로 움직일 때, 평판 면에 발생되는 전단응력은?

① 316N/cm^2
② 316N/m^2
③ 355N/m^2
④ 355N/cm^2

19

2m × 2m × 2m의 정육면체로 된 탱크 안에 비중이 0.8인 기름이 가득차 있고, 위 뚜껑이 없을 때 탱크의 옆 한 면에 작용하는 전체압력에 의한 힘은 약 몇 kN인가?

① 1.6
② 15.7
③ 31.4
④ 62.8

20

파이프 내 유동에 대한 설명 중 틀린 것은?

① 층류인 경우 파이프 내에 주입된 염료는 관을 따라 하나의 선을 이룬다.
② 레이놀즈수가 특정 범위를 넘어가면 유체 내의 불규칙한 혼합이 증가한다.
③ 입구 길이란 파이프 입구부터 완전 발달된 유동이 시작하는 위치까지의 거리이다.
④ 유동이 완전 발달되면 속도분포는 반지름 방향으로 균일(uniform)하다.

해설 및 정답

17 답 ③

18
뉴턴의 점성법칙
$\tau = \mu \frac{du}{dy} = 14.2 \times \frac{1}{10} \times \frac{2.5}{0.01} = 355$
답 ③

19
$F = \gamma \frac{h}{2} A = 0.8 \times 9.8 \times \frac{2}{2} \times 2 \times 2 = 31.4\,kN$
답 ③

20 답 ④

유체역학 제10회 기출문제

기계유체역학

01

그림과 같이 수평 원관 속에서 완전히 발달된 층류 유동이라고 할 때 유량 Q의 식으로 옳은 것은? (단, μ는 점성계수, Q는 유량, P_1과 P_2는 1과 2지점에서의 압력을 나타낸다.)

① $Q = \dfrac{\pi R^4}{8\mu\ell}(P_1 - P_2)$

② $Q = \dfrac{\pi R^3}{6\mu\ell}(P_1 - P_2)$

③ $Q = \dfrac{8\pi R^4}{\mu\ell}(P_1 - P_2)$

④ $Q = \dfrac{6\pi R^2}{\mu\ell}(P_1 - P_2)$

01

하겐－포아젤 방정식

$$Q = \frac{\Delta P \pi d^4}{128\mu L} = \frac{\Delta P \pi R^4}{8\mu L}$$

답 ①

02

다음 중 동점성계수(kinematic viscosity)의 단위는?

① $N \cdot s/m^2$ 　② $kg/(m \cdot s)$ 　③ m^2/s 　④ m/s^2

02

답 ③

03

그림과 같이 속도 3m/s로 운동하는 평판에 속도 10m/s인 물 분류가 직각으로 충돌하고 있다. 분류의 단면적이 0.01m²이라고 하면 평판이 받는 힘은 몇 N이 되겠는가?

① 295

② 490

③ 980

④ 16900

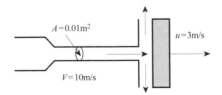

03

$$\begin{aligned} F &= \rho A (V - U)^2 \\ &= 1000 \times 0.01 \times 7^2 \\ &= 490 \end{aligned}$$

답 ②

04

그림에서 $h = 100cm$이다. 액체의 비중이 1.50일 때 A점의 계기압력은 몇 kPa인가?

① 9.8
② 14.7
③ 9800
④ 14700

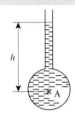

04
$P = \gamma h = 1.5 \times 9.8 \times 1 = 14.7$

 답 ②

05

물제트가 연직하 방향으로 떨어지고 있다. 높이 12m 지점에서의 제트 지름은 5cm, 속도는 24m/s였다. 높이 4.5m 지점에서의 물제트의 속도는 약 몇 m/s인가? (단, 손실수두는 무시한다.)

① 53.9 ② 42.7
③ 35.4 ④ 26.9

05
$$h_1 + \frac{v_1^2}{2g} = h_2 + \frac{v_1^2}{2g}$$
$$\therefore\ 12 + \frac{24^2}{2g} = 4.5 + \frac{v_2^2}{2g},$$
$$v_2 = \sqrt{7.5 \times 2g + 24^2} = 26.9$$

 답 ④

06

Navier-Stokes 방정식을 이용하여, 정상, 2차원, 비압축성 속도장 $V = axi - ayj$에서 압력을 x, y의 방정식으로 옳게 나타낸 것은? (단, a는 상수이고, 원점에서의 압력은 0이다.)

① $P = -\frac{\rho a^2}{2}(x^2 + y^2)$
② $P = -\frac{\rho a}{2}(x^2 + y^2)$
③ $P = \frac{\rho a^2}{2}(x^2 + y^2)$
④ $P = \frac{\rho a}{2}(x^2 + y^2)$

06
velocity diagram이 $x^2 + y^2$형태
$$\Delta p = -\gamma \frac{v^2}{2g}$$
$$= -\gamma \frac{(ax)^2 + (ay)^2}{2g}$$
$$= -\frac{\rho a^2}{2}(x^2 + y^2)$$

답 ①

07

30m의 폭을 가진 개수로(open channel)에 20cm의 수심과 5m/s의 유속으로 물이 흐르고 있다. 이 흐름의 Froude수는 얼마인가?

① 0.57 ② 1.57
③ 2.57 ③ 3.57

07
$$\frac{v}{\sqrt{lg}} = \frac{5}{\sqrt{0.2 \times 9.8}} = 3.57$$

답 ④

08

수평으로 놓인 지름 10cm, 길이 200m인 파이프에 완전히 열린 글로브 밸브가 설치되어 있고, 흐르는 물의 평균속도는 2m/s이다. 파이프의 관 마찰계수가 0.02이고, 전체 수두손실이 10m이면, 글로브 밸브의 손실계수는?

① 0.4   ② 1.8

③ 5.8   ④ 9.0

09

물이 흐르는 관의 중심에 피토관을 삽입하여 압력을 측정하였다. 전압력은 20mAq, 저압은 5mAq일 때 관 중심에서 물의 유속은 몇 약 m/s인가?

① 10.7   ② 17.2

③ 5.4   ④ 8.6

10

그림과 같은 통에 물이 가득 차 있고 이것이 공중에서 자유 낙하할 때, 통에서 A점의 압력과 B점의 압력은?

① A점의 압력은 B점의 압력의 1/2이다.
② A점의 압력은 B점의 압력의 1/4이다.
③ A점의 압력은 B점의 압력의 2배이다.
④ A점의 압력은 B점의 압력과 같다.

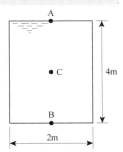

11

어떤 액체가 800kPa의 압력을 받아 체적이 0.05% 감소한다면, 이 액체의 체적탄성계수는 얼마인가?

① 1265kPa   ② 1.6×10^4kPa

③ 1.6×10^6kPa   ④ 2.2×10^6kPa

08

$$h_l = f \frac{l}{d} \frac{v^2}{2g} + k \frac{v^2}{2g}$$

$$\therefore\ 10 = 0.02 \times \frac{200}{0.1} \times \frac{2^2}{2g} + k \frac{2^2}{2g}$$

$$\therefore\ k = 9$$

답 ④

09

동압 = 정체압 − 정압

$$= 20 - 5 = 15 = \frac{v^2}{2g}$$

$$\therefore\ v = \sqrt{2g \times 15} = 17.2$$

답 ②

10

자유 낙하이므로 $a_y = g$

$$\therefore\ \Delta p = p_2 - p_1 = \gamma \Delta h \left(1 - \frac{g}{g}\right) = 0$$

$$\therefore\ p_1 = p_2$$

답 ④

11

체적탄성계수

$$k = \frac{800}{0.05 \times 10^{-2}} = 1.6 \times 10^6$$

답 ③

12

골프공(지름 D=4cm, 무게 W=0.4N)이 50m/s의 속도로 날아가고 있을 때, 골프공이 받는 항력은 골프공 무게의 몇 배인가? (단, 골프공의 항력계수 C_D=0.24이고, 공기의 밀도는 1.2kg/m³이다.)

① 4.52배   ② 1.7배

③ 1.13배   ④ 0.452배

12

항력

$$D = C_D \frac{\rho A\, V^2}{2}$$

$$= 0.24 \times \frac{1.2 \times 0.04^2 \times 50^2}{2} = 0.452$$

$$\therefore \ \frac{0.452}{0.4} = 1.13$$

답 ③

13

그림과 같이 비점성, 비압축성 유체가 쐐기 모양의 벽면 사이를 흘러 작은 구멍을 통해 나간다. 이 유동을 극좌표계(r, θ)에서 근사적으로 표현한 속도포텐셜은 $\phi = 3\ln r$일 때 원호 $r = 2(0 \le \theta \le \frac{\pi}{2})$를 통과하는 단위길이당 체적유량은 얼마인가?

① $\dfrac{\pi}{4}$

② $\dfrac{3}{4}\pi$

③ π

④ $\dfrac{3}{2}\pi$

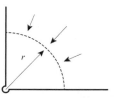

13

$$\phi = 3\ln r, \quad \frac{d\phi}{dr} = \frac{3}{r}$$

유량 $q = \dfrac{\pi r}{2} \times \dfrac{3}{r} = \dfrac{3\pi}{2}$

답 ④

14

다음 중 수력기울기선(Hydraulic Grade Line)은 에너지 구배선 (Energy Grade Line)에서 어떤 것을 뺀 값인가?

① 위치 수두값

② 속도 수두값

③ 압력 수두값

④ 위치 수두와 압력 수두를 합한 값

14

전수두＝수력구배선＋속도 수두

답 ②

15

반지름 R인 원형 수문이 수직으로 설치되어 있다. 수면으로부터 수문에 작용하는 물에 의한 전압력의 작용점까지의 수직거리는? (단, 수문의 최상단은 수면과 동일 위치에 있으며 h는 수면으로부터 원판의 중심(도심)까지의 수직거리이다.)

① $h + \dfrac{R^2}{16h}$ ② $h + \dfrac{R^2}{8h}$

③ $h + \dfrac{R^2}{4h}$ ④ $h + \dfrac{R^2}{2h}$

15

$$y_p = h + \frac{\pi R^4/4}{h \times \pi R^2} = h + \frac{R^2}{4h}$$

답 ③

16

안지름 D_1, D_2의 관이 직렬로 연결되어 있다. 비압축성 유체가 관 내부를 흐를 때 지름 D_1인 관과 D_2인 관에서의 평균유속이 각각 V_1, V_2이면 D_1/D_2은?

① V_1/V_2
② $\sqrt{V_1/V_2}$
③ V_2/V_1
④ $\sqrt{V_2/V_1}$

17

1/10 크기의 모형 잠수함을 해수에서 실험한다. 실제 잠수함을 2m/s로 운전하려면 모형 잠수함은 약 몇 m/s의 속도로 실험하여야 하는가?

① 20
② 5
③ 0.2
④ 0.5

18

비중 0.9, 점성계수 5×10^{-3}N·s/m²의 기름이 안지름 15cm의 원형관 속을 0.6m/s의 속도로 흐를 경우 레이놀즈수는 약 얼마인가?

① 16200
② 2755
③ 1651
④ 3120

19

점성계수는 0.3poise, 동점성계수는 2stokes인 유체의 비중은?

① 6.7
② 1.5
③ 0.67
④ 0.15

20

평판에서 층류 경계층의 두께는 다음 중 어느 값에 비례하는가? (단, 여기서 x는 평판의 선단으로부터의 거리이다.)

① $x^{-\frac{1}{2}}$
② $x^{\frac{1}{4}}$
③ $x^{\frac{1}{7}}$
④ $x^{\frac{1}{2}}$

16

$$Q = A_1 V_1 = A_2 V_2$$

$$\therefore D_1^2 V_1 = D_2^2 V_2 에서 \quad \frac{D_1}{D_2} = \sqrt{V_2/V_1}$$

답 ④

17

상사법칙에서 : 잠수함은 레이놀즈 수 적용

$$\frac{VL}{\nu} = \frac{2 \times 10}{\nu} = \frac{1 \times V_m}{\nu}$$

$$\therefore V_m = 20$$

답 ①

18

$$R_e = \frac{\rho VD}{\mu}$$

$$= \frac{0.9 \times 1000 \times 0.6 \times 0.15}{5 \times 10^{-3}}$$

$$= 16200$$

답 ①

19

$$\mu = s\, \rho_w \times \nu$$

$$\therefore s = \frac{\mu}{\rho_w \nu} = \frac{0.3}{1000 \times 10^{-6} \times 2} = 0.15$$

답 ④

20

$$\frac{\delta}{x} = \frac{5}{\sqrt{R_{ex}}}$$

$$\therefore \delta \propto x^{\frac{1}{2}}$$

답 ④

유체역학 제11회 기출문제

기계유체역학

01

정지된 액체 속에 잠겨있는 평면이 받는 압력에 의해 발생하는 합력에 대한 설명으로 옳은 것은?

① 크기가 액체의 비중량에 반비례한다.
② 크기는 도심에서의 압력에 면적을 곱한 것과 같다.
③ 작용점은 평면의 도심과 일치한다.
④ 수직평면의 경우 작용점이 도심보다 위쪽에 있다.

01
수평면에 작용하는 힘 : 면 위의 가상적인 유체 무게
수직면에 작용하는 힘 : 투영면에 도심압력과 투영면적과의 곱

답 ②

02

조종사가 2000m의 상공을 일정속도로 낙하산으로 강하하고 있다. 조종사의 무게가 1000N, 낙하산 지름이 7m, 항력계수가 1.3일 때 낙하 속도는 약 몇 m/s인가? (단, 공기 밀도는 1kg/m³이다.)

① 5.0
② 6.3
③ 7.5
④ 8.2

02
$$D = Cp \frac{\rho A V^2}{2}$$
$$V = \sqrt{\frac{2D}{\rho A Cp}} = 6.3 \text{m/s}$$

답 ②

03

국소 대기압이 710mmHg일 때, 절대압력 50kPa은 게이지 압력으로 약 얼마인가?

① 44.7Pa 진공
② 44.7Pa
③ 44.7kPa 진공
④ 44.7kPa

03
$$P_{abs} = P_0 + P_g$$
$$P_g = -44.7 \text{kPa}$$

답 ③

04

수면의 높이 차이가 H인 두 저수지 사이에 지름 d, 길이 ℓ인 관로가 연결되어 있을 때 관로에서의 평균 유속(V)을 나타내는 식은? (단, f는 관마찰계수이고, g는 중력가속도이며, K_1, K_2는 관입구와 출구에서 부차적 손실계수이다.)

① $V = \sqrt{\dfrac{2gdH}{K_1 + f\ell + K_2}}$

② $V = \sqrt{\dfrac{2gH}{K_1 + f + K_2}}$

③ $V = \sqrt{\dfrac{2gH}{K_1 + \dfrac{f}{\ell} + K_2}}$

④ $V = \sqrt{\dfrac{2gH}{K_1 + f\dfrac{\ell}{d} + K_2}}$

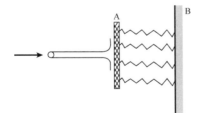

05

스프링 상수가 10N/cm인 4개의 스프링으로 평판 A를 벽 B에 그림과 같이 장착하였다. 유량 $0.01\text{m}^3/\text{s}$, 속도 10m/s인 물 제트가 평판 A의 중앙에 직각으로 충돌할 때, 평판과 벽 사이에서 줄어드는 거리는 약 몇 cm인가?

① 2.5

② 1.25

③ 10.0

④ 5.0

06

수면에 떠 있는 배의 저항문제에 있어서 모형과 원형 사이에 역학적 상사(相似)를 이루려면 다음 중 어느 것이 중요한 요소가 되는가?

① Reynolds number, Mach number

② Reynolds number, Froude number

③ Weber number, Euler number

④ Mach number, Weber number

해설 및 정답

04

$$H_0 = \left(k_1 + k_2 + f\frac{\ell}{d} \right) \frac{v^2}{2g}$$

$$v = \sqrt{\frac{2gH}{k_1 + k_2 + f\dfrac{\ell}{d}}}$$

답 ④

05

$F = \rho QV = 100N = 4k\delta = 40\delta$

$\delta = 2.5$

답 ①

06

자유표면 : Froude수 적용

답 ②

07

지름은 200mm에서 지름 100mm로 단면적이 변하는 원형관 내의 유체 흐름이 있다. 단면적 변화에 따라 유체 밀도가 변경 전 밀도의 106%로 커졌다면, 단면적이 변한 후의 유체 속도는 약 몇 m/s인가? (단, 지름 200mm에서 유체의 밀도는 800kg/m³, 평균 속도는 20m/s이다.)

① 52

② 66

③ 75

④ 89

08

2차원 속도장이 $\vec{A} = y^2\hat{i} - xy\hat{j}$로 주어질 때 (1, 2) 위치에서의 가속도의 크기는 약 얼마인가?

① 4

② 6

③ 8

④ 10

09

다음 중 유량을 측정하기 위한 장치가 아닌 것은?

① 위어(weir)

② 오리피스(orifice)

③ 피에조미터(piezo meter)

④ 벤투리미터(venturi meter)

10

낙차가 100m이고 유량이 500m³/s인 수력발전소에서 얻을 수 있는 최대 발전용량은?

① 50kW

② 50MW

③ 490kW

④ 490MW

11

다음 <보기> 중 무차원수를 모두 고른 것은?

〈보기〉	
a. Reynolds 수	b. 관마찰계수
c. 상대조도	d. 일반기체상수

① a, c

② a, b

③ a, b, c

④ b, c, d

07

$\dot{M} = \rho_1 A_1 V_1 = \rho_2 A_2 V_2$

$\rho_1 A_1 V_1 = 1.06 \rho_2 A_2 V_2$

$2^2 \times 20 = 1.06 \times V_2$

$V_2 = \dfrac{4 \times 20}{1.06} = 75.4$

답 ③

08

답 ④

09

유량측정 : 벤츄리미터, 오리피스, 위어
압력측정 : 피에조미터

답 ③

10

동력
$H = rhQ = 9.8 \times 100 \times 500 = 490MW$

답 ④

11

$R_e = \dfrac{관성력}{점성력}, \quad f = \dfrac{64}{R_e}$

상대조도 $= \dfrac{e}{d}$

답 ③

12

Blasius의 해석결과에 따라 평판 주위의 유동에 있어서 경계층 두께에 관한 설명으로 틀린 것은?

① 유체 속도가 빠를수록 경계층 두께는 작아진다.
② 밀도가 클수록 경계층 두께는 작아진다.
③ 평판 길이가 길수록 평판 끝단부의 경계층 두께는 커진다.
④ 점성이 클수록 경계층 두께는 작아진다.

13

노즐을 통하여 풍량 $Q=0.8\text{m}^3/\text{s}$일 때 마노미터 수두 높이차 h는 약 몇 m인가? (단, 공기의 밀도는 1.2kg/m^3, 물의 밀도는 1000kg/m^3이며, 노즐 유량계의 송출계수는 1로 가정한다.)

① 0.13
② 0.27
③ 0.48
④ 0.62

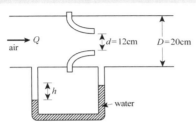

14

지름 D인 파이프 내에 점성 μ인 유체가 층류로 흐르고 있다. 파이프 길이가 L일 때, 유량과 압력 손실 Δp의 관계로 옳은 것은?

① $Q=\dfrac{\pi\Delta pD^2}{128\mu L}$
② $Q=\dfrac{\pi\Delta pD^2}{256\mu L}$
③ $Q=\dfrac{\pi\Delta pD^4}{128\mu L}$
④ $Q=\dfrac{\pi\Delta pD^4}{256\mu L}$

15

무차원수인 스트라홀 수(Strouhal number)와 가장 관계가 먼 항목은?

① 점도
② 속도
③ 길이
④ 진동흐름의 주파수

12

$$\frac{\delta}{x}=\frac{5}{\sqrt{Rex}}\propto\frac{1}{\sqrt{\frac{v_x}{v}}}\propto\frac{1}{\sqrt{\frac{\rho v_x}{\mu}}}$$

$$\delta\propto\sqrt{x}$$

답 ④

13

답 ②

14

$$\theta=\frac{\Delta p\pi d^4}{128\mu L}$$

답 ③

15

$$str=\frac{fd}{v}\ \text{(소원특성에 관한 무차원수)}$$

답 ①

16

지름비가 $1:2:3$인 모세관의 상승높이 비는 얼마인가? (단, 다른 조건은 모두 동일하다고 가정한다.)

① $1:2:3$
② $1:4:9$
③ $3:2:1$
④ $6:3:2$

17

다음 중 단위계(System of Unit)가 다른 것은?

① 항력(Drag)
② 응력(Stress)
③ 압력(Pressure)
④ 단위면적당 작용하는 힘

18

지름이 0.01m인 관 내로 점성계수 $0.005N \cdot s/m^2$, 밀도 $800kg/m^3$인 유체가 1m/s의 속도로 흐를 때 이 유동의 특성은?

① 층류 유동
② 난류 유동
③ 천이 유동
④ 위 조건으로는 알 수 없다.

19

평판으로부터의 거리를 y라고 할 때 평판에 평행한 방향의 속도분포 $(u(y))$가 아래와 같은 식으로 주어지는 유동장이 있다. 여기에서 U와 L은 각각 유동장의 특성속도와 특성길이를 나타낸다. 유동장에서는 속도 $u(y)$만 있고, 유체는 점성계수가 μ인 뉴턴 유체일 때 $y = L/8$에서의 전단응력은?

$$u(y) = U\left(\frac{y}{L}\right)^{2/3}$$

① $\dfrac{2\mu U}{3L}$
② $\dfrac{4\mu U}{3L}$
③ $\dfrac{8\mu U}{3L}$
④ $\dfrac{16\mu U}{3L}$

20

포텐셜 함수가 $K\theta$인 선와류 유동이 있다. 중심에서 반지름 1m인 원주를 따라 계산한 순환(circulation)은?

(단, $\vec{V} = \nabla\phi = \dfrac{\partial\phi}{\partial r}\hat{i_r} + \dfrac{1}{r}\dfrac{\partial\phi}{\partial\theta}\hat{i_\theta}$이다.)

① 0
② K
③ πK
④ $2\pi K$

16

$h = \dfrac{4\sigma\cos\beta}{rd}$

$h_1 : h_2 : h_3 = 1 : 1/2 : 1/3 = 6 : 3 : 2$

답 ④

17

답 ①

18

$R_e = \dfrac{\rho vd}{\mu} = \dfrac{800 \times 1 \times 0.01}{6.005} = 1000$이므로 층류

답 ①

19

답 ②

20

답 ④

유체역학 제12회 기출문제

기계유체역학

01

안지름 0.25m, 길이 100m인 매끄러운 수평강판으로 비중 0.8, 점성계수 0.1Pa·s인 기름을 수송한다. 유량이 100L/s일 때의 관 마찰손실 수두는 유량이 50L/s일 때의 몇 배 정도가 되는가? (단, 층류의 관 마찰계수는 64/Re이고, 난류일 때의 관 마찰계수는 $0.3164\mathrm{Re}^{-1/4}$이며, 임계레이놀즈 수는 2300이다.)

① 1.55 ② 2.12
③ 4.13 ④ 5.04

01

레이놀즈 수 $Q = 100\,\mathrm{L/s}$

$$R_e = \frac{4Q}{\pi dv} = \frac{4 \times 100 \times 10^{-3}}{\pi \times 0.25 \times \dfrac{0.1}{0.8 \times 1000}}$$

$$= 4074 \text{ 난류}$$

관마찰 $f = 0.3164 R_e^{-\frac{1}{4}} = 0.039$

$\therefore\ h_{l1} = f\dfrac{l}{d}\dfrac{1}{2g}\left(\dfrac{\theta}{A}\right)^2 = 3.0354$

$Q = 50\,\mathrm{L/s},\ R_e = \dfrac{4\theta}{\pi dv} = 2037$

$\therefore\ f = \dfrac{64}{R_e} = \dfrac{64}{2037} = 0.03142$

$h_{l2} = f\dfrac{l}{d}\dfrac{1}{2g}\left(\dfrac{\theta}{A}\right)^2 = 0.6653$

$\dfrac{h_{l1}}{h_{l2}} = 5.05$

답 ④

02

다음과 같은 수평으로 놓인 노즐이 있다. 노즐의 입구는 면적이 $0.1\mathrm{m}^2$이고 출구의 면적은 $0.02\mathrm{m}^2$이다. 정상, 비압축성이며 점성의 영향이 없다면 출구의 속도가 50m/s일 때 입구와 출구의 압력차(P_1-P_2)는 약 몇 kPa인가? (단, 이 공기의 밀도는 $1.23\mathrm{kg/m}^3$이다.)

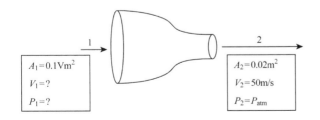

$A_1 = 0.1\mathrm{Vm}^2$
$V_1 = ?$
$P_1 = ?$

$A_2 = 0.02\mathrm{m}^2$
$V_2 = 50\mathrm{m/s}$
$P_2 = P_{\mathrm{atm}}$

① 1.48   ② 14.8   ③ 2.96   ④ 29.6

02

답 ①

03

지름이 2cm인 관에 밀도 $1000kg/m^3$, 점성계수 $0.4N \cdot s/m^2$인 기름이 수평면과 일정한 각도로 기울어진 관에서 아래로 흐르고 있다. 초기 유량 측정위치의 유량이 $1 \times 10^{-5}m^3/s$이었고, 초기 측정위치에서 10m 떨어진 곳에서의 유량도 동일하다고 하면, 이 관은 수평면에 대해 약 몇 ° 기울어져 있는가? (단, 관 내 흐름은 완전발달 층류유동이다.)

① 6° ② 8° ③ 10° ④ 12°

04

물이 흐르는 어떤 관에서 압력이 120kPa, 속도가 4m/s일 때, 에너지선(Energy Line)과 수력기울기선(Hydraulic Grade Line)의 차이는 약 몇 cm인가?

① 41 ② 65 ③ 71 ④ 82

05

관로 내에 흐르는 완전발달 층류유동에서 유속을 1/2로 줄이면 관로 내 마찰손실수두는 어떻게 되는가?

① 1/4로 줄어든다. ② 1/2로 줄어든다.
③ 변하지 않는다. ④ 2배로 늘어난다.

06

절대압력 700kPa의 공기를 담고 있고 체적은 $0.1m^3$, 온도는 20℃인 탱크가 있다. 순간적으로 공기는 밸브를 통해 바깥으로 단면적 $75mm^2$를 통해 방출되기 시작한다. 이 공기의 유속은 310m/s이고, 밀도는 $6kg/m^3$이며 탱크 내의 모든 물성치는 균일한 분포를 갖는다고 가정한다. 방출하기 시작하는 시각에 탱크 내 밀도의 시간에 따른 변화율은 몇 $kg/(m^3 \cdot s)$인가?

① -12.338 ② -2.582
③ -20.381 ④ -1.395

03 답 ①

04
$$EL = HGL + \frac{v^2}{2g}$$
$$\therefore \frac{v^2}{2g} = \frac{16}{2g} = \frac{16}{19.6} = 0.816$$
$$0.816 \times 100 = 82$$
답 ④

05
$$h_\ell = f \frac{l}{d} \frac{v^2}{2g}$$
$$f = \frac{64}{K_e} = \frac{64 \cdot \mu}{Q V d}$$
$$\therefore h_\ell \propto V$$
$$\therefore \frac{1}{2}배$$
답 ②

06
$Q = \frac{v}{t}[m^3/s]$: 밀도의 시간에 따른 변화율
$$\frac{d\rho}{dt} = \frac{\rho}{t} = \frac{\rho}{\frac{v}{Q}} = \frac{\rho}{\frac{0.1}{AV}} = \frac{\rho A V}{0.1}$$
$$= 1.395 kg/m^3 s$$
답 ④

07

비점성, 비압축성 유체의 균일한 유동장에 유동방향과 직각으로 정지된 원형 실린더가 놓여있다고 할 때, 실린더에 작용하는 힘에 관하여 설명한 것으로 옳은 것은?

① 항력과 양력이 모두 영(0)이다.
② 항력은 영(0)이고 양력은 영(0)이 아니다.
③ 양력은 영(0)이고 항력은 영(0)이 아니다.
④ 항력과 양력 모두 영(0)이 아니다.

08

일률(power)을 기본 차원인 M(질량), L(길이), T(시간)로 나타내면?

① L^2T^{-2} ② $MT^{-2}L^{-1}$ ③ ML^2T^{-2} ④ ML^2T^{-3}

09

그림과 같이 45° 꺾어진 관에 물이 평균속도 5m/s로 흐른다. 유체의 분출에 의해 지지점 A가 받는 모멘트는 약 몇 N·m인가? (단, 출구 단면적은 10^{-3}m²이다.)

① 3.5
② 5
③ 12.5
④ 17.7

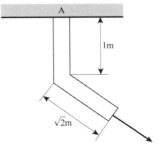

10

비중 8.16의 금속을 비중 13.6의 수은에 담근다면 수은 속에 잠기는 금속의 체적은 전체 체적의 약 몇 %인가?

① 40%   ② 50%   ③ 60%   ④ 70%

07

비점성 모두=0

 답 ①

08

동력
$$FV = FLT^{-1} = MLT^{-2}LT^{-1} = ML^2T^{-3}$$

 답 ④

09

$$F = \rho Q v = \rho A V^2 = 25\text{N}$$
$$M_A = 25\cos 45 \times 1 - 25 \times \sqrt{2}\cos 45$$
$$= \frac{25}{\sqrt{2}} - 25 = 25\left(1 - \frac{\sqrt{2}}{2}\right)$$

 답 ④

10

$$r_1 V = r_2 V_w$$
$$8.16 \times V = 13.6 \times V_w$$
$$\frac{V_w}{V} = \frac{r}{r_2} = \frac{8.16}{13.6}$$

 답 ③

11

동점성 계수가 $15.68 \times 10^{-6} \text{m}^2/\text{s}$인 공기가 평판 위를 길이 방향으로 0.5m/s의 속도로 흐르고 있다. 선단으로부터 10cm 되는 곳의 경계층 두께의 2배가 되는 경계층의 두께를 가지는 곳은 선단으로부터 몇 cm 되는 곳인가?

① 14.14   ② 20   ③ 40   ④ 80

12

그림과 같이 비중 0.85인 기름이 흐르고 있는 개수로에 피토관을 설치하였다. $\triangle h=30\text{mm}$, $h=100\text{mm}$일 때 기름의 유속은 약 몇 m/s인가?

① 0.767
② 0.976
③ 6.25
④ 1.59

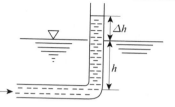

13

원관(pipe) 내에 유체가 완전 발달한 층류 유동일 때 유체 유동에 관계한 가장 중요한 힘은 다음 중 어느 것인가?

① 관성력과 점성력   ② 압력과 관성력
③ 중력과 압력   ④ 표면장력과 점성력

14

주 날개의 평면도 면적이 21.6m^2이고 무게가 20kN인 경비행기의 이륙속도는 약 몇 km/h 이상이어야 하는가? (단, 공기의 밀도는 1.2kg/m^3, 주 날개의 양력계수는 1.20이고, 항력은 무시한다.)

① 41   ② 91   ③ 129   ④ 141

15

유체 내에 수직으로 잠겨있는 원형판에 작용하는 정수력학적 힘의 작용점에 관한 설명으로 옳은 것은?

① 원형판의 도심에 위치한다.
② 원형판의 도심 위쪽에 위치한다.
③ 원형판의 도심 아래쪽에 위치한다.
④ 원형판의 최하단에 위치한다.

11

$$2\delta = \frac{25}{12}$$

$$\delta = \frac{5}{\sqrt{Rex}} = \frac{5}{\sqrt{\frac{u10}{v}}}$$

2배 되는 곳

$$2\delta = \frac{5}{\sqrt{\frac{ux}{v}}}$$

답 ③

12

$$v = \sqrt{2g \Delta h} = \sqrt{2 \times 9.8 \times 0.03}$$

답 ①

13

$$R_e = \frac{관성력}{점성력}$$

답 ①

14

$$L = 20 \times 10^3 = C_L \times \frac{\rho A V^2}{2}$$

$$= 1.2 \times \frac{1.2 \times 21.6 \times V^2}{2}$$

$$V = 35.86 \text{m/s}$$

$$= 35.86 \times \frac{3600}{1000} \text{km/h} = 129 \text{km/h}$$

답 ③

15

$$y_p = \bar{y} + \frac{I_e}{\bar{y} A}$$

답 ③

16

다음 중 2차원 비압축성 유동의 연속방정식을 만족하지 않는 속도 벡터는?

① $V = (16y - 12x)i + (12y - 9x)j$

② $V = -5xi + 5yj$

③ $V = (2x^2 + y^2)i + (-4xy)j$

④ $V = (4xy + y)i + (6xy + 3x)j$

17

잠수함의 거동을 조사하기 위해 바닷물 속에서 모형으로 실험을 하고자 한다. 잠수함의 실형과 모형의 크기 비율은 7 : 1이며, 실제 잠수함이 8m/s로 운전한다면 모형의 속도는 약 몇 m/s인가?

① 28   ② 56   ③ 87   ④ 132

18

뉴턴의 점성법칙은 어떤 변수(물리량)들의 관계를 나타낸 것인가?

① 압력, 속도, 점성계수

② 압력, 속도기울기, 동점성계수

③ 전단응력, 속도기울기, 점성계수

④ 전단응력, 속도, 동점성계수

19

그림과 같은 밀폐된 탱크 안에 각각 비중이 0.7, 1.0인 액체가 채워져 있다. 여기서 각도 θ가 20°로 기울어진 경사관에서 3m 길이까지 비중 1.0인 액체가 채워져 있을 때 점 A의 압력과 점 B의 압력 차이는 약 몇 kPa인가?

① 0.8

② 2.7

③ 5.8

④ 7.1

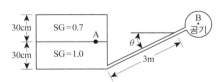

16

답 ④

17

$L_p : L_m = 7 : 1$

$L_p = 7L_m$

$V_m L_m = V_p L_p = V_p 7 L_m$

$V_m = 7 V_p = 56$

답 ②

18

답 ③

19

$P_c = P_b = P_a + 0.3r = P_b + 3r\sin 20$

$P_a - P_b = 9.8(3\sin 20 - 0.3) = 7.1153$

답 ④

20

그림과 같이 U자관 액주계가 x방향으로 등가속 운동하는 경우 x방향 가속도 a_x는 약 몇 m/s^{2}인가? (단, 수은의 비중은 13.6이다.)

① 0.4

② 0.98

③ 3.92

④ 4.9

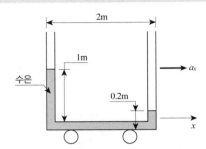

20

$$\tan\theta = \frac{\Delta h}{l} = \frac{a_x}{g} = 0.8\frac{1}{2} = \frac{a_x}{9.8}$$
$$a_x = 0.4 \times 9.8 = 3.92$$

답 ③

유체역학 제13회 기출문제

기계유체역학

01

유체의 정의를 가장 올바르게 나타낸 것은?

① 아무리 작은 전단응력에도 저항할 수 없어 연속적으로 변형하는 물질
② 탄성계수가 0을 초과하는 물질
③ 수직응력을 가해도 물체가 변하지 않는 물질
④ 전단응력이 가해질 때 일정한 양의 변형이 유지되는 물질

02

지름 0.1mm이고 비중이 7인 작은 입자가 비중이 0.8인 기름 속에서 0.01m/s의 일정한 속도로 낙하하고 있다. 이 때 기름의 점성계수는 약 몇 kg/(m·s)인가? (단, 이 입자는 기름 속에서 Stokes 법칙을 만족한다고 가정한다.)

① 0.003379
② 0.009542
③ 0.02486
④ 0.1237

03

체적 $2\times10^{-3}\text{m}^3$의 돌이 물속에서 무게가 40N이었다면 공기 중에서의 무게는 약 몇 N인가?

① 2
② 19.6
③ 42
④ 59.6

해설 및 정답

01
유체 : 힘을 가하면 정지할 수 없는 물질
답 ①

02
무게＝부력＋항력
Stokes law $D = 3\pi\mu d v$
$$\therefore\ W = s \times \gamma_w \times \frac{\pi 0.1^3}{6}$$
$$= 7 \times 9800 \times \frac{\pi \times 0.1^3}{6} \times 10^{-9}$$
$$\therefore\ W = F_B + 3\pi\mu d v$$
$$= 0.8 \times 9800 \times \frac{\pi \times 0.1^3}{6} \times 10^{-9}$$
$$+ 3\pi\mu \times 0.1 \times 10^{-3} \times 0.01$$
$$\mu = 6.2 \times 9800 \times \frac{\pi 0.1^3}{6} \times 10^{-9} \div 3\pi \times 0.1^{-6}$$
$$= 3.376 \times 10^{-3}$$
답 ①

03
무게＝부력＋물속무게
$$= 2 \times 10^{-3} \times 9800 + 40$$
$$= 59.6\text{N}$$
답 ④

04

새로 개발한 스포츠카의 공기역학적 항력을 기온 25℃(밀도는 1.184 kg/m^3, 점성계수는 1.849×10^{-5}kg/(m·s), 100km/h 속력에서 예측하고자 한다. 1/3 축척 모형을 사용하여 기온이 5℃(밀도는 1.269kg/m^3, 점성계수는 1.754×10^{-5}kg/(m·s))인 풍동에서 항력을 측정할 때 모형과 원형 사이의 상사를 유지하기 위해 풍동 내 공기의 유속은 약 몇 km/h가 되어야 하는가?

① 153　　　② 266　　　③ 442　　　④ 549

해설 및 정답　　　②④④④

04

상사법칙 : 레이놀즈 수 일치

$$\left(\frac{\rho VL}{\mu}\right)_n = \left(\frac{\rho VL}{\mu}\right)_p = \frac{1.184\times100\times L_m}{1.849}$$

$$= \frac{1.269\times V_p\times\frac{L_m}{3}}{1.754}$$

$$V_p = 266\text{km}/\text{h}$$

 ②

05

안지름이 20mm인 수평으로 놓인 곧은 파이프 속에 점성계수 0.4N·s/m^2, 밀도 900kg/m^{3}인 기름이 유량 2×10^{-5}m^3/s로 흐르고 있을 때, 파이프 내의 10m 떨어진 두 지점 간의 압력강하는 약 몇 kPa인가?

① 10.2

② 20.4

③ 30.6

④ 40.8

05

$$Q = \frac{\Delta p\pi d^2}{128\mu l}$$

$$\therefore \Delta p = \frac{128\mu l Q}{\pi d^4}$$

$$= \frac{128\times0.4\times10\times2\times10^{-5}}{\pi\times0.02^4}$$

$$= 20382\text{Pa} = 20.4\text{kPa}$$

 ②

06

공기 중에서 질량이 166kg인 통나무가 물에 떠 있다. 통나무에 납을 매달아 통나무가 완전히 물속에 잠기게 하고자 하는 데 필요한 납(비중 : 11.3)의 최소질량이 34kg이라면 통나무의 비중은 얼마인가?

① 0.600

② 0.670

③ 0.817

④ 0.843

06

$$S\times g(166+34) = m_1g+m_2g = r_wv$$
$$= g(166+34) = 9800\times v$$

$$v = \frac{9.8\times200}{9800} = 0.2\text{m}^3$$

$$\therefore m_1g = 166\times9.8 = s\times r_w\times0.2,$$

$$\therefore s = \frac{9.8\times166}{9800\times0.2} = 0.83$$

 ④

07

안지름 35cm인 원관으로 수평거리 2000m 떨어진 곳에 물을 수송하려고 한다. 24시간 동안 15000m^{3}을 보내는 데 필요한 압력은 약 몇 kPa인가? (단, 관마찰계수가 0.032이고, 유속은 일정하게 송출한다고 가정한다.)

① 296　　　② 423　　　③ 537　　　④ 351

07

$$Q = \frac{15000}{24\times3600} = 0.173\text{m}^3/\text{s}$$

$$h_l = f\frac{l}{d}\frac{v^2}{2g}$$

$$= 0.032\times\frac{2000}{0.35}\times\frac{1}{2g}\times\left(\frac{4\times0.173}{\pi0.35^2}\right)^2$$

$$= 30.2$$

$$\therefore \triangle p = rh_l = 9.8\times30.2 = 295.96\text{kPa}$$

 ①

08

지면에서 계기압력이 200kPa인 급수관에 연결된 호스를 통하여 임의의 각도로 물이 분사될 때, 물이 최대로 멀리 도달할 수 있는 수평거리는 약 몇 m인가? (단, 공기저항은 무시하고, 발사점과 도달점의 고도는 같다.)

① 20.4

② 40.8

③ 61.2

④ 81.6

09

입구 단면적이 20cm^{2}이고 출구 단면적이 10cm^{2}인 노즐에서 물의 입구 속도가 1m/s일 때, 입구와 출구의 압력차이 $P_{입구} - P_{출구}$는 약 몇 kPa인가? (단, 노즐은 수평으로 놓여 있고 손실은 무시할 수 있다.)

① −1.5

② 1.5

③ −2.0

④ 2.0

10

뉴턴 유체(Newtonian fluid)에 대한 설명으로 가장 옳은 것은?

① 유체 유동에서 마찰 전단응력이 속도구배에 비례하는 유체이다.

② 유체 유동에서 마찰 전단응력이 속도구배에 반비례하는 유체이다.

③ 유체 유동에서 마찰 전단응력이 일정한 유체이다.

④ 유체 유동에서 마찰 전단응력이 존재하지 않는 유체이다.

11

지름의 비가 1 : 2인 2개의 모세관을 물속에 수직으로 세울 때, 모세관 현상으로 물이 관 속으로 올라가는 높이의 비는?

① 1 : 4

② 1 : 2

③ 2 : 1

④ 4 : 1

08

$$\frac{v^2}{2g} = \frac{p}{r}$$

$$v = \sqrt{\frac{2gp}{r}} = 20 = gt$$

$$t = \frac{20}{9.8} = 2.04$$

$$s = vt = 20 \times 2.04 = 40.8$$

답 ②

09

$$Q = A_1 V_1 = A_2 V_2 = 20 \times 1 = 10 \times V_2$$

$$V_2 = 2\,\text{m/s}$$

$$\therefore \ \frac{P_1}{r} + \frac{1^2}{2g} = \frac{P_2}{r} + \frac{2^2}{2g}$$

$$P_1 - P_2 = r\left(\frac{2^2 - 1^1}{2g}\right) = 9.8 \times \frac{3}{2 \times 9.8} = 1.5$$

답 ②

10

$$\tau = \mu \frac{du}{dy}$$

답 ①

11

$$h = \frac{4\sigma \cos\beta}{rd}$$

답 ③

12

다음과 같은 비회전 속도장의 속도 퍼텐셜을 옳게 나타낸 것은? (단, 속도 퍼텐셜 ϕ는 $\vec{V} \equiv \nabla \phi = grad\ \phi$로 정의되며, a와 C는 상수이다.)

$$u = a(x^2 - y^2),\ v = -2axy$$

① $\phi = \dfrac{ax^4}{4} - axy^2 + C$

② $\phi = \dfrac{ax^3}{3} - \dfrac{axy^2}{2} + C$

③ $\phi = \dfrac{ax^4}{4} - \dfrac{axy^2}{2} + C$

④ $\phi = \dfrac{ax^3}{3} - axy^2 + C$

12

답 ④

13

경계층 밖에서 퍼텐셜 흐름의 속도가 10m/s일 때, 경계층의 두께는 속도가 얼마일 때의 값으로 잡아야 하는가? (단, 일반적으로 정의하는 경계층 두께를 기준으로 삼는다.)

① 10m/s

② 7.9m/s

③ 8.9m/s

④ 9.9m/s

13

$\dfrac{u}{u_\infty} = 0.99$

답 ④

14

그림과 같은 (1), (2), (3), (4)의 용기에 동일한 액체가 동일한 높이로 채워져 있다. 각 용기의 밑바닥에서 측정한 압력에 관한 설명으로 옳은 것은? (단, 가로 방향 길이는 모두 다르나, 세로 방향 길이는 모두 동일하다.)

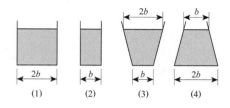
(1)　　(2)　　(3)　　(4)

① (2)의 경우가 가장 낮다.　② 모두 동일하다.

③ (3)의 경우가 가장 높다.　④ (4)의 경우가 가장 낮다.

14

$p = rh : h = c$

답 ②

15

지름 5cm의 구가 공기 중에서 매초 40m의 속도로 날아갈 때 항력은 약 몇 N인가? (단, 공기의 밀도는 1.23kg/m³이고, 항력계수는 0.6 이다.)

① 1.16
② 3.22
③ 6.35
④ 9.23

16

다음 무차원 수 중 역학적 상사(inertia force)개념이 포함되어 있지 않은 것은?

① Froude number
② Reynolds number
③ Mach number
④ Fourier number

17

안지름 10cm의 원관 속을 0.0314m³/s의 물이 흐를 때 관 속의 평균 유속은 약 몇 m/s인가?

① 1.0
② 2.0
③ 4.0
④ 8.0

18

그림과 같이 속도 V인 유체가 속도 U로 움직이는 곡면에 부딪혀 90°의 각도로 유동방향이 바뀐다. 다음 중 유체가 곡면에 가하는 힘의 수평방향 성분 크기가 가장 큰 것은? (단, 유체의 유동단면적은 일정하다.)

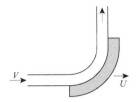

① $V=10$m/s, $U=5$m/s
② $V=20$m/s, $U=15$m/s
③ $V=10$m/s, $U=4$m/s
④ $V=25$m/s, $U=20$m/s

해설 및 정답

15

$$D = C_D \times \frac{\rho A V^2}{2}$$

답 ①

16

$$\text{Froude number} = \frac{\text{관성력}}{\text{중력}}$$
$$\text{Reynolds number} = \frac{\text{관성력}}{\text{점성력}}$$
$$\text{Mach number} = \frac{\text{실속}}{\text{음속}}$$

답 ④

17

$$V = \frac{4 \times 0.0314}{\pi 0.11^2} = 4$$

답 ③

18

$V - U$가 가장 큰 값

답 ③

19

원관 내의 완전 발달된 층류 유동에서 유체의 최대 속도(V_c)와 평균 속도(V)의 관계는?

① $V_c = 1.5\,V$ ② $V_c = 2\,V$

③ $V_c = 4\,V$ ④ $V_c = 8\,V$

20

비압축성 유동에 대한 Navier-Stokes 방정식에서 나타나지 않는 힘은?

① 체적력(중력) ② 압력

③ 점성력 ④ 표면장력

19

원관 $V = \dfrac{U_{max}}{2}$

평판 $V = \dfrac{2\,U_{max}}{3}$

답 ②

20

답 ④

유체역학 제14회 기출문제

기계유체역학

01

압력 용기에 장착된 게이지 압력계의 눈금이 400kPa를 나타내고 있다. 이 때 실험실에 놓여진 수은 기압계에서 수은의 높이는 750mm이었다면 압력 용기의 절대압력은 약 몇 kPa인가? (단, 수은의 비중은 13.60이다.)

① 300

② 500

③ 410

④ 620

01

$p_{abs} = p_0 + \gamma h$
$= 400 + 13.6 \times 9.8 \times 0.75$
$= 500 \, kPa$

 답 ②

02

나란히 놓인 두 개의 무한한 평판 사이의 층류 유동에서 속도 분포는 포물선 형태를 보인다. 이 때 유동의 평균 속도(V_{av})와 중심에서의 최대 속도(V_{max})의 관계는?

① $V_{av} = \frac{1}{2} V_{max}$

② $V_{av} = \frac{2}{3} V_{max}$

③ $V_{av} = \frac{3}{4} V_{max}$

④ $V_{av} = \frac{\pi}{4} V_{max}$

02

원관 $v = \frac{V_{max}}{2}$

평판 $v = \frac{2 V_{max}}{3}$

 답 ②

03

점성계수의 차원으로 옳은 것은? (단, F는 힘, L은 길이, T는 시간의 차원이다.)

① FLT^{-2}

② FL^2T

③ $FL^{-1}T^{-1}$

④ $FL^{-2}T$

03

점성계수차원 : $\mu = FTL^{-2}$

 답 ④

04

무게가 1000N인 물체를 지름 5m인 낙하산에 매달아 낙하할 때 종속도는 몇 m/s가 되는가? (단, 낙하산의 항력계수는 0.8, 공기의 밀도는 1.2kg/m³이다.)

① 5.3
② 10.3
③ 18.3
④ 32.2

05

2m/s의 속도로 물이 흐를 때 피토관 수두 높이 h는?

① 0.053m
② 0.102m
③ 0.204m
④ 0.412m

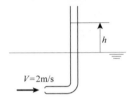

$V=2\text{m/s}$

06

안지름 10cm인 파이프에 물이 평균속도 1.5cm/s로 흐를 때(경우 ⓐ)와 비중이 0.6이고 점성계수가 물의 1/5인 유체 A가 물과 같은 평균속도로 동일한 관에 흐를 때(경우 ⓑ), 파이프 중심에서 최고속도는 어느 경우가 더 빠른가? (단, 물의 점성계수는 0.001kg/(m·s)이다.)

① 경우ⓐ
② 경우ⓑ
③ 두 경우 모두 최고속도가 같다.
④ 어느 경우가 더 빠른지 알 수 없다.

07

다음 중 2차원 비압축성 유동이 가능한 유동은 어떤 것인가? (단, u는 x방향 속도 성분이고, v는 y방향 속도 성분이다.)

① $u = x^2 - y^2,\ v = -2xy$
② $u - 2x^2 - y^2,\ v = 4xy$
③ $u = x^2 + y^2,\ v = 3x^2 - 2y^2$
④ $u = 2x + 3xy,\ v = -4xy + 3y$

04

항력 $D = C_D \dfrac{\rho A V^2}{2}$

$= 0.8 \times 1.2 \times \dfrac{\pi 5^2}{2 \times 4} \times V^2 = 1000$

$V = 10.3 \,\text{m/s}$

답 ②

05

$h = \dfrac{v^2}{2g} = \dfrac{2^2}{2 \times 9.8} 0.204 \,\text{m}$

답 ③

06

답 ①

07

비압축성 $\dfrac{du}{dx} + \dfrac{dv}{dy} = 0$

답 ①

08

유량측정장치 중 관의 단면에 축소부분이 있어서 유체를 그 단면에서 가속시킴으로써 생기는 압력강하를 이용하여 측정하는 것이 있다. 다음 중 이러한 방식을 사용한 측정 장치가 아닌 것은?

① 노즐   ② 오리피스
③ 로터미터   ④ 벤투리미터

09

그림과 같이 폭이 2m, 길이가 3m인 평판이 물속에 수직으로 잠겨있다. 이 평판의 한쪽 면에 작용하는 전체 압력에 의한 힘은 약 얼마인가?

① 88kN
② 176kN
③ 265kN
④ 353kN

10

정상 2차원 속도장 $\vec{V} = 2x\vec{i} - 2y\vec{j}$ 내의 한 점 (2, 3)에서 유선의 기울기 $\frac{dy}{dx}$는?

① $-3/2$ ② $-2/3$
③ $2/3$ ④ $3/2$

11

동점성계수가 $0.1 \times 10^{-5}\,\mathrm{m^2/s}$인 유체가 안지름 10cm인 원관 내에 1m/s로 흐르고 있다. 관마찰계수가 0.022이며 관의 길이가 200m일 때의 손실수두는 약 몇 m인가? (단, 유체의 비중량은 9800N/m³이다.)

① 22.2   ② 11.0
③ 6.58   ④ 2.24

12

평판 위의 경계층 내에서의 속도분포(u)가 $\dfrac{u}{U} = \left(\dfrac{y}{\delta}\right)^{1/7}$ 일 때 경계층 배제두께(boundary layer displacement thickness)는 얼마인가? (단, y 는 평판에서 수직한 방향으로의 거리이며, U는 자유유동의 속도, δ 는 경계층의 두께이다.)

① $\dfrac{\delta}{8}$　　② $\dfrac{\delta}{7}$　　③ $\dfrac{6}{7}\delta$　　④ $\dfrac{7}{8}\delta$

13

다음 변수 중에서 무차원 수는 어느 것인가?

① 가속도　　　② 동점성계수
③ 비중　　　　④ 비중량

14

그림과 같이 반지름 R인 원추와 평판으로 구성된 점도측정기(cone and plate viscometer)를 사용하여 액체시료의 점성계수를 측정하는 장치가 있다. 위쪽의 원추는 아래쪽 원판과의 각도를 0.5° 미만으로 유지하고 일정한 각속도 ω로 회전하고 있으며 갭 사이를 채운 유체의 점도는 위 평판을 정상적으로 돌리는데 필요한 토크를 측정하여 계산한다. 여기서 갭 사이의 속도 분포가 반지름 방향 길이에 선형적일 때, 원충의 밑면에 작용하는 전단응력의 크기에 관한 설명으로 옳은 것은?

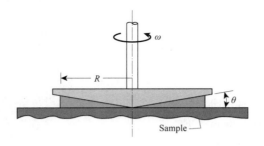

① 전단응력의 크기는 반지름 방향 길이에 관계없이 일정하다.
② 전단응력의 크기는 반지름 방향 길이에 비례하여 증가한다.
③ 전단응력의 크기는 반지름 방향 길이의 제곱에 비례하여 증가한다.
④ 전단응력의 크기는 반지름 방향 길이의 1/2승에 비례하여 증가한다.

12
배제두께
$$\delta^* = \int_0^\delta \left(1 - \dfrac{u}{u_\infty}\right) dy = \int_0^\delta \left(1 - \dfrac{y^{1/7}}{\delta^{1/7}}\right) dy$$
$$= \delta - \dfrac{7}{8\delta^{1/7}} \times \delta^{8/7}$$
$$= \dfrac{\delta}{8}$$

답 ①

13
질량유량 $= \rho A V = C$

답 ③

14

답 ①

15

5℃의 물[밀도 1000kg/m³, 점성계수 1.5×10^{-3}kg/(m·s)]이 안지름 3mm, 길이 9m인 수평파이프 내부를 평균속도 0.9m/s로 흐르게 하는 데 필요한 동력은 약 몇 W인가?

① 0.14   ② 0.28

③ 0.42   ④ 0.56

16

유효 낙차가 100m인 댐의 유량이 10m³/s일 때 효율 90%인 수력터빈의 출력은 약 몇 MW인가?

① 8.83   ② 9.81

③ 10.9   ④ 12.4

17

그림과 같은 수압기에서 피스톤의 지름이 $d_1 = 300$mm, 이것과 연결된 램(ram)의 지름이 $d_2 = 200$mm이다. 압력 P_1이 1MPa의 압력을 피스톤에 작용시킬 때 주램의 지름이 $d_3 = 400$mm이면 주램에서 발생하는 힘(W)은 약 몇 kN인가?

① 226

② 284

③ 334

④ 438

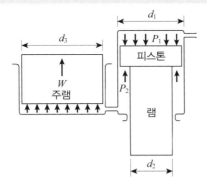

15
층류 유량
$$Q = \frac{\Delta p \, \pi \, d^4}{128 \, \mu \, l} \text{에서 } \Delta p = \frac{128 \, \mu \, l \, Q}{\pi \, d^4}$$
동력
$$H = \Delta p \times Q = \frac{128 \, \mu \, l \, (Q = A \, V)^2}{\pi \, d^4}$$
$$= \frac{128 \times 1.5 \times 10^{-3} \times 9 \times \pi^2 0.003^4 \times 0.9^2}{\pi 0.003^4 \times 4^2}$$
$$= 0.28 \text{W}$$

답 ②

16
동력
$$H = \gamma \, h \, Q \, \eta = 9.8 \times 100 \times 10 \times 0.9 / 1000$$
$$= 8.83 \text{MW}$$

답 ①

17
최초 미는 힘
$$F = p_1 \times \frac{\pi \, d_1^2}{4} = p_2 \times \frac{\pi \, (d_1^2 - d_2^2)}{4}$$
$$\therefore \; p_2 = 1.8 \, \text{MPa} = p_3$$
$$\therefore \; W = p_3 \times \frac{\pi \, d_3^2}{4} = 1.8 \times \frac{3.14 \times 400^2}{4}$$
$$= 226000 \text{N} = 226 \, \text{kN}$$

답 ①

18

스프링클러의 중심축을 통해 공급되는 유량은 총 3L/s이고 네 개의 회전이 가능한 관을 통해 유출된다. 출구 부분은 접선 방향과 30°의 경사를 이루고 있고 회전 반지름은 0.3m이고 각 출구 지름은 1.5cm로 동일하다. 작동 과정에서 스프링클러의 회전에 대한 저항토크가 없을 때 회전 각속도는 약 몇 rad/s인가? (단, 회전축상의 마찰은 무시한다.)

① 1.225
② 42.4
③ 4.24
④ 12.25

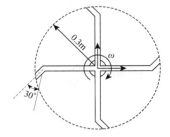

원래 분출속도와 회전속도는 다르나 회전축상의 마찰무시하면 분출구
4개 중 하나

$$\therefore v = \frac{Q}{4A} = \frac{4Q}{4\pi d^2}$$
$$= \frac{3 \times 10^{-3}}{\pi \times 0.015^2} = 4.245\,\text{m/s}$$

원주방향 속도 $u = 4.245\cos30 = 3.676$

$\omega = \frac{u}{0.3} = 12.253 ≒ 12.25\,\text{rad/s}$

답 ④

19

높이 1.5m의 자동차가 108km/h의 속도로 주행할 때의 공기흐름 상태를 높이 1m의 모형을 사용해서 풍동 실험하여 알아보고자 한다. 여기서 상사법칙을 만족시키기 위한 풍동의 공기 속도는 약 몇 m/s인가? (단, 그 외 조건은 동일하다고 가정한다.)

① 20   ② 30
③ 45   ④ 67

$R_e = \frac{V_m L_m}{\mu} = \frac{V_p L_p}{\mu}$ 에서

$1.5 \times 108 = 1 \times V$
$\therefore V = 45\,\text{m/s}$

답 ③

20

밀도가 ρ인 액체와 접촉하고 있는 기체 사이의 표면장력이 σ라고 할 때 그림과 같은 지름 d의 원통 모세관에서 액주의 높이 h를 구하는 식은? (단, g는 중력가속도이다.)

① $\frac{\sigma \sin\theta}{\rho g d}$

② $\frac{\sigma \cos\theta}{\rho g d}$

③ $\frac{4\sigma \sin\theta}{\rho g d}$

④ $\frac{4\sigma \cos\theta}{\rho g d}$

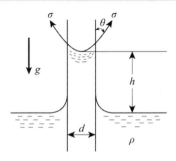

상승높이 $h = \frac{4\sigma \cos\beta}{\gamma d}$

답 ④

유체역학 제15회 기출문제

기계유체역학

01

그림과 같이 유량 $Q= 0.03\text{m}^3/\text{s}$의 물 분류가 $V= 40\text{m/s}$의 속도로 곡면판에 충돌하고 있다. 판은 고정되어 있고 휘어진 각도가 135°일 때 분류로부터 판이 받는 총 힘의 크기는 약 몇 N인가?

① 2049
② 2217
③ 2638
④ 2898

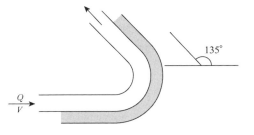

01

$$F_x = \rho Q V(1+\cos 45)$$
$$= 1000 \times 0.03 \times 40(1+\cos 45) = 2049\,\text{N}$$
$$F_y = \rho Q V \sin 45 = 1000 \times 0.03 \times 40 \times \sin 45$$
$$= 848$$
$$\therefore F = \sqrt{2049^2 + 848^2} = 2217$$

답 ②

02

대기압을 측정하는 기압계에서 수은을 사용하는 가장 큰 이유는?

① 수은의 점성계수가 작기 때문에
② 수은의 동점성계수가 크기 때문에
③ 수은의 비중량이 작기 때문에
④ 수은의 비중이 크기 때문에

02

답 ④

03

단면적이 10cm^2인 관에, 매분 6kg의 질량유량으로 비중 0.8인 액체가 흐르고 있을 때 액체의 평균속도는 약 몇 m/s인가?

① 0.075
② 0.125
③ 6.66
④ 7.50

03

$$M' = \rho A V = 6\text{kg/min}$$
$$= 0.1\text{kg/s} = 0.8 \times 1000 \times 10 \times 10^{-4}\,V$$
$$V = 0.125\text{m/s}$$

답 ②

04

그림과 같이 지름이 D인 물방울을 지름 d인 N개의 작은 물방울로 나누려고 할 때 요구되는 에너지양은? (단, $D \gg d$이고, 물방울의 표면장력은 σ이다.)

① $4\pi D^2\left(\dfrac{D}{d}-1\right)\sigma$

② $2\pi D^2\left(\dfrac{D}{d}-1\right)\sigma$

③ $\pi D^2\left(\dfrac{D}{d}-1\right)\sigma$

④ $2\pi D^2\left[\left(\dfrac{D}{d}\right)^2-1\right]\sigma$

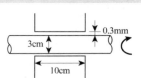

05

그림과 같은 원통형 축 틈새에 점성계수가 0.51Pa·s인 윤활유가 채워져 있을 때, 축을 1800rpm으로 회전시키기 위해서 필요한 동력은 약 몇 W인가? (단, 틈새에서의 유동은 Couette 유동이라고 간주한다.)

① 45.3

② 128

③ 4807

④ 13610

06

관 마찰계수가 거의 상대조도(relative roughness)에만 의존하는 경우는?

① 완전난류유동   ② 완전층류유동

③ 임계유동   ④ 천이유동

07

안지름 20cm의 원통형 용기의 축을 수직으로 놓고 물을 넣어 축을 중심으로 300rpm의 회전수로 용기를 회전시키면 수면의 최고점과 최저점의 높이 차(H)는 약 몇 cm인가?

① 40.3cm

② 50.3cm

③ 60.3cm

④ 70.3cm

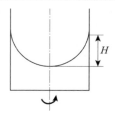

해설 및 정답

04

$p\dfrac{\pi D^2}{4} = \sigma\pi D$ 에서 $p = \dfrac{4\sigma}{D} = \dfrac{2\sigma}{r}$

$W = \displaystyle\int_{r_1}^{r_2} p\,dv = \int_{r_1}^{r_2} \dfrac{2\sigma}{r}\times 4\pi r^2 dr$

$\quad = 4\pi\sigma(r_2^2 - r_1^2) = \pi\sigma D^2\left[\left(\dfrac{d}{D}\right)^2 - 1\right]$

답 정답 없음

05

$F = \mu\dfrac{v}{y}A$

$\quad = 0.51 \times \dfrac{1000}{0.3}$

$\qquad \times \dfrac{\pi\,0.03\times 1800}{60}\times \pi\times 0.03\times 0.1$

$\quad = 128$

답 ②

06

답 ①

07

$h = \dfrac{v^2}{2g} = \dfrac{1}{2g}\times\left(\dfrac{\pi\,0.2\times 300}{60}\right)^2$

$\quad = 0.503\text{m} = 50.3\text{m m}$

답 ②

08

물이 5m/s로 흐르는 관에서 에너지선(E.L)과 수력기울기선(H.G.L)의 높이 차이는 약 몇 m인가?

① 1.27

② 2.24

③ 3.82

④ 6.45

08

$$EL = HGL + \frac{v^2}{2g}$$

답 ①

09

그림과 같은 물탱크에 Q의 유량으로 물이 공급되고 있다. 물탱크의 측면에 설치한 지름 10cm의 파이프를 통해 물이 배출될 때, 배출구로부터의 수위 h를 3m로 일정하게 유지하려면 유량 Q는 약 몇 m³/s 이어야 하는가? (단, 물탱크의 지름은 3m이다.)

① 0.03

② 0.04

③ 0.05

④ 0.06

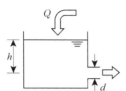

09

유량이 h의 속도에 일정

$$Q = A\sqrt{2gh} = \frac{\pi 0.1^2}{4} \times \sqrt{2g \times 3} = 0.06\,\text{m}^3/\text{s}$$

답 ④

10

다음 중 유체 속도를 측정할 수 있는 장치로 볼 수 없는 것은?

① Pitot-static-tube

② Laser Doppler Velocimetry

③ Hot Wire

④ Piezometer

10

피에조메터 : 압력측정기

답 ④

11

레이놀즈수가 매우 작은 느린 유동(creeping flow)에서 물체의 항력 F는 속도 V, 크기 D 그리고 유체의 점성계수 μ에 의존한다. 이와 관계하여 유도되는 무차원수는?

① $\dfrac{F}{\mu VD}$

② $\dfrac{VD}{F\mu}$

③ $\dfrac{FD}{\mu V}$

④ $\dfrac{F}{\mu DV^2}$

11

무차원=분모분자 약분하여 1이 되는 것

답 ①

12

정상, 비압축성 상태의 2차원 속도장이 (x, y)좌표계에서 다음과 같이 주어졌을 때 유선의 방정식으로 옳은 것은? (단, u와 v는 각각 x, y방향의 속도성분이고, C는 상수이다.)

$$u = -2x, \quad v = 2y$$

① $x^2 y = C$
② $xy^2 = C$
③ $xy = C$
④ $\dfrac{x}{y} = C$

13

부차적 손실계수가 4.5인 밸브를 관마찰계수가 0.02이고, 지름이 5cm인 관으로 환산한다면 관의 상당길이는 약 몇 m인가?

① 9.34 ② 11.25 ③ 15.37 ④ 19.11

14

어떤 물체의 속도가 초기 속도의 2배가 되었을 때 항력계수가 초기 항력계수의 $\dfrac{1}{2}$로 줄었다. 초기에 물체가 받는 저항력이 D라고 할 때 변화된 저항력은 얼마가 되는가?

① $\dfrac{1}{2}D$ ② $\sqrt{2}\,D$ ③ $2D$ ④ $4D$

15

자동차의 브레이크 시스템의 유압장치에 설치된 피스톤과 실린더 사이의 환형 틈새 사이를 통한 누설유동은 두 개의 무한 평판 사이의 비압축성, 뉴턴유체의 층류유동으로 가정할 수 있다. 압력차를 2배로 늘렸을 때, 작동유체의 누설유량은 몇 배가 될 것인가?

① 2배 ② 4배 ③ 8배 ④ 16배

16

속도성분이 $u = 2x$, $v = -2y$인 2차원 유동의 속도 포텐셜 함수 ϕ로 옳은 것은? (단, 속도 포텐셜 ϕ는 $\vec{V} = \nabla\phi$로 정의된다.)

① $2x - 2y$ ② $x^3 - y^3$ ③ $-2xy$ ④ $x^2 - y^2$

12 유선방정식 $\dfrac{dx}{u} = \dfrac{dy}{v} = \dfrac{dx}{-2x} = \dfrac{dy}{2y}$
$\ln y = -\ln x + c \quad \therefore xy = c$
답 ③

13 $L_e = \dfrac{Kd}{f} = \dfrac{4.5 \times 0.05}{0.02} = 11.25\text{m}$
답 ②

14 항력 $D = C_D \dfrac{\rho A V^2}{2} \propto \dfrac{1}{2} \times 2^2 = 2$
답 ③

15 누설유량 $\triangle V = p_0 v_0 \left(\dfrac{1}{p_1} + \dfrac{1}{p_2} \right) = p_0 v_0 \left(\dfrac{p_2 - p_1}{p_1 p_2} \right)$
$\therefore \triangle p$가 2배이면 $\triangle v$도 2배
답 ①

16 속도 포텐셜
$\psi = \int u\,dx + \int v\,dy = \int 2x\,dx - \int 2y\,dy$
답 ④

17

평판 위에서 이상적인 층류 경계층 유동을 해석하고자 할 때 다음 중 옳은 설명을 모두 고른 것은?

> ㉮ 속도가 커질수록 경계층 두께는 커진다.
> ㉯ 경계층 밖의 외부유동은 비점성유동으로 취급할 수 있다.
> ㉰ 동일한 속도 및 밀도일 때 점성계수가 커질수록 경계층 두께는 커진다.

① ㉯ ② ㉮, ㉯ ③ ㉮, ㉰ ④ ㉯, ㉰

18

다음 중 체적탄성계수와 차원이 같은 것은?

① 체적 ② 힘

③ 압력 ④ 레이놀즈(Reynolds) 수

19

실제 잠수함 크기의 1/25인 모형 잠수함을 해수에서 실험하고자 한다. 만일 실형 잠수함을 5m/s로 운전하고자 할 때 모형 잠수함의 속도는 몇 m/s로 실험해야 하는가?

① 0.2 ② 3.3 ③ 50 ④ 125

20

액체 속에 잠겨진 경사면에 작용되는 힘의 크기는? (단, 면적을 A, 액체의 비중량을 γ, 면의 도심까지의 깊이를 h_c라 한다.)

① $\dfrac{1}{3}\gamma h_c A$

② $\dfrac{1}{2}\gamma h_c A$

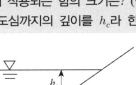

③ $\gamma h_c A$

④ $2\gamma h_c A$

17

답 ④

18

답 ③

19

잠수함 Reynolds 수
$V_m L_m = V_p L_p = V_p 25 L_m$
$\therefore \ V_m = 5 \times 25 = 125$

답 ④

20

$F = \gamma h_p A$

답 ③

기계시리즈 **3**

유 체 역 학

값 20,000원

| 저 자 | 김 정 배 |
| 발행인 | 문 형 진 |

2014년 1월 10일   제1판 제1쇄 발행
2016년 4월 12일   제1판 제2쇄 발행
2017년 4월   5일   제2판 제1쇄 발행
2018년 4월 11일   제3판 제1쇄 발행

발행처 🔺 세 진 사

㉾02859 서울특별시 성북구 보문로 38 세진빌딩
TEL : 02)922-6371~3, 923-3422 / FAX : 02)927-2462
Homepage : www.sejinbook.com
〈등록. 1976. 9. 21 / 서울 제307-2009-22호〉